钱家店铀矿床

夏毓亮 著

中国原子能出版社

图书在版编目（CIP）数据

钱家店铀矿床 / 夏毓亮著 . — 北京 : 中国原子能出版社 , 2015.4

ISBN 978-7-5022-6591-5

Ⅰ . ①钱… Ⅱ . ①夏… Ⅲ . ①砂岩型铀矿床 – 通辽市 Ⅳ . ① P619.14

中国版本图书馆 CIP 数据核字 (2015) 第 075347 号

钱家店铀矿床

出版发行	中国原子能出版社（北京市海淀区阜成路 43 号 100048）
责任编辑	孙凤春
技术编辑	冯莲凤
责任印制	潘玉玲
美术编辑	井晓明
印　　刷	北京画中画印刷有限公司
经　　销	全国新华书店
开　　本	787 mm × 1092 mm 1/16
印　　张	15.75　　字　数　393 千字
版　　次	2015 年 5 月第 1 版 2015 年 5 月第 1 次印刷
书　　号	ISBN 978-7-5022-6591-5　　定　价　88.00 元

网址：http://www.aep.com.cn　　E-mail:atomep123@126.com

发行电话：010-68452845

· 内容简介 ·

本书通过对松辽盆地钱家店凹陷石油探井放射性异常工业评价、成矿预测、揭露勘探、提交铀资源/储量报告编写和成矿规律、成因机制研究成果的总结，全面论述了钱家店砂岩型铀矿床区域地质、矿床地质、矿体地质、水文地质、矿床地球化学和矿床成因机制、成矿模式及找矿模式等。书中提出的一个重要观点是：在沉积盆地找矿，首要的科技攻关问题是探索和确定该盆地的找矿目的层，而找矿目的层的重要特征是具有沉积期铀的预富集；其次要探索和确定目的层的地层结构和后生改造作用（构造抬升作用、层间氧化作用、还原条件、水动力条件等）。这个观点对我国在中新生代沉积盆地找矿具有重要指导意义。

钱家店大型砂岩铀矿床的发现和落实不仅增加了我国地浸砂岩型铀矿的资源量，还对进一步在松辽盆地乃至其他沉积盆地寻找铀矿都有重要的启示作用。这不仅坚定了在我国东北部地区继续寻找和突破新的砂岩铀资源的信心，而且对我国同类型铀矿的勘查也具有重要的实践和理论意义。

本书是首部专门论述我国砂岩型铀矿床的著作，对从事铀矿地质勘查和研究的高等院校师生、铀矿地质科研和勘查单位的技术人员有较重要的参考价值。

（2007年在野外）

作者简介

夏毓亮，男，1940年生，二级研究员，博士生导师，享受国务院政府特殊津贴，1964年毕业于中国科学技术大学地球化学系，曾任核工业北京地质研究院科技委副主任。主要从事同位素地质和铀矿勘查工作，先后获国防科工委和部级科技进步一、二、三等奖26项，发表论文（著）70余篇（部）。2013年荣获第十三次李四光地质科学奖。E-mail：yuliangxia@sina.com

· 序 ·

可地浸砂岩型铀矿是资源量大、易开采、环保、经济效益好的铀矿床类型，近年来我国有多处发现并有重大突破，已引起广泛关注和研究。摆在我们面前的《钱家店铀矿床》是我国首部专门论述砂岩型铀矿床的著作。作者负责了松辽盆地钱家店砂岩型铀矿床从石油探井的放射性异常工业评价、成矿预测、勘探揭露，到提交铀矿储量报告和成因机制、成矿规律研究的全过程。本书是这些工作成果的全面总结，也反映了作者对钱家店铀矿床的发现和落实所做出的重要贡献。

本书全面介绍了钱家店铀矿床的区域地质、矿床特征、矿体地质、水文地质、矿床地球化学和矿床成因机制及找矿模式等。阐明了松辽盆地西南部地质构造演化对铀成矿有利；确定上白垩统姚家组是该区寻找砂岩型铀矿的目的层，是继我国西部侏罗系含矿目标层以后新发现的工业铀矿化层位，实现了我国砂岩型铀矿含矿层位的新突破；确立了钱家店凹陷姚家组主要的沉积体系类型，阐明该姚家组沉积充填演化及其与铀矿化的关系；查明了矿石物质成分和铀的存在形式、伴生元素及综合利用价值；建立了钱家店铀矿床的成矿模式及找矿标志。

本书建立的钱家店铀矿床的“预富集—构造—层间氧化—油气还原—热改造”成矿模式，其核心内容是强调原始沉积地层富铀加上后生改造的叠加成矿作用，成矿铀源主要是沉积地层中自身的铀。这一成矿模式凝练了砂岩型铀矿的成矿过程和机理，具有重要的参考和借鉴意义。

书中进一步提出：在沉积盆地找矿的首要科学问题是探索和确定在该盆地的找矿目的层，而该目的层的最主要特征是具有沉积期铀的预富集；其次要研究和确定目的层的地层结构和后生改造作用（构造抬升作用、层间氧化作用、还原条件、水动力条件等）。这一重要观点对我国在中新生代沉积盆地找寻铀矿具有指导意义。

松辽盆地是我国北方中新生代第三大陆相沉积盆地，钱家店大型砂岩铀矿床的发现和探明不仅增加了我国地浸砂岩型铀矿的资源量，而且对进一步在松辽盆地乃至其他沉积盆地寻找铀矿都有重要启示作用；这不仅坚定了在我国东北部地区继续寻找和突破新的砂岩铀矿的信心，而且对我国其他盆地同类型铀矿的勘查也具有重要的理论和实践意义。

我衷心祝贺这一专著的问世，并对作者为国探矿的科学执着精神表示钦佩和敬意！

翟裕生

2014年9月20日

·前 言·

钱家店铀矿床是可地浸砂岩型铀矿床。可地浸砂岩型铀矿是指铀元素富集在砂岩中并能够采用地浸方法采矿的铀矿床。自20世纪六七十年代原地浸出采铀技术试验获得成功后，使得许多低品位铀资源的利用成为现实，使原先被认为只具有潜在经济意义的某些砂岩型铀资源一跃成为最具经济价值的铀资源。目前可地浸回收的边界铀品位降低到0.01 %，边界每平方米铀量降低到1 kg/m^2，使得原先一些无价值的“呆矿”变成可利用的财富，经济效益差的矿变成经济效益好的矿，因而使可利用的砂岩型铀资源有了巨大幅度的增长。地浸采铀技术具有技术先进、工艺简单、建矿周期短、劳动强度低、经济成本低、效益高、环境污染少等特点，引起了世界核工业界的极大关注。世界上从砂岩中地浸采出的铀量已占全球年产量的15 %~17 %，位居第二位，且有继续发展的强劲势头。地浸砂岩型铀矿床已成为目前世界上产出规模大、埋藏浅、易开采、环境污染小、经济效益好的铀矿床类型之一。

地浸采铀技术促进了世界范围内积极寻找低成本可地浸砂岩型铀矿的热潮，许多国家将其作为铀矿勘查的首选目标。美国、哈萨克斯坦、乌兹别克斯坦、俄罗斯、蒙古已发现许多举世瞩目的大型、超大型可地浸砂岩型铀矿，它标志着铀矿找矿已经进入一个新的历史时期。

从20世纪90年代起，我国铀矿地质勘查工作进行了重大的战略转移，即从以寻找“硬岩”中的热液铀矿为主转向以寻找中新生代盆地可地浸砂岩型铀矿为主的战略转移。中国多年的铀矿找矿实践表明，寻找可地浸砂岩型铀矿是解决我国核军工和民用核能资源的重要途径。可喜的是，经过近20年的实践，我国北方几个大的中新生代盆地如伊犁盆地、吐哈盆地、二连盆地、鄂尔多斯盆地、松辽盆地等的铀矿找矿工作有了重大突破，在这些盆地相继发现和落实了多个万吨级以上的大型或超大型地浸砂岩型铀矿床，使我国已探明的铀资源量有了大幅度增加，有的矿床已建地浸矿山投产。

笔者毕生精力大部分时间是从事铀矿地质领域的同位素地质研究和找矿工作，对砂岩型铀矿研究涉猎很少。从20世纪90年代后期紧跟我国铀矿找矿重点指向地浸砂岩型铀矿的战略转移，笔者首先对伊犁盆地砂岩型铀矿开展了铀成矿的同位素地质和铀成矿条件研究，并参观了现场地浸矿山；相继又开展了我国北方主要产铀盆地（如吐哈盆地、海拉尔盆地、鄂尔多斯盆地等）砂岩型铀矿成矿年代学及成矿铀源研究课题。这段经历使笔者认识到：同位素地质学在砂岩型铀矿成矿和找矿领域里大有用武之地；可地浸砂岩型铀矿资源量大、易开采、环保、经济效益好。这便增强了对地浸砂岩型铀矿研究和找矿的兴趣和信心。

笔者有幸从1997—2013年亲自经历了松辽盆地钱家店砂岩型铀矿床的原石油探井放射性异常的工业评价、成矿预测、揭露验证、勘查工程部署等，并连续三次（2001年、2008年、2013年）负责提交资源/储量报告的全过程，其中还负责了多个研究项目。身边的同事多次督促我应把多年来的资料整理整理，写本著作，以飨读者。最近我手头工作也不忙，有时间把积累的资料综合整理一下，于是便逐渐形成了对钱家店铀矿床写本书的念头。

资料都是现成的，来源于笔者负责的一些科研和生产报告。通过对这些资料的重新处理、加工、编撰，便写成本书。本书在第一章第二节中有关对钱家店铀矿床发现和落实做出贡献的人员都分别一一列出，他们是作者的后盾。但还应该特别指出的是，李胜祥研究员和李子颖研究员在初期对钱家店凹陷铀成矿条件和成矿评价以及工程部署方面提供了很有价值的见解；陈戴生研究员在区域地质和矿床地质方面提供了重要的调查和研究成果；董文明博士提供了钱家店凹陷上白垩统姚家组沉积体系与铀矿化的研究成果。还应该指出的是，书中所涉及水文地质方面的内容，主要是辽河油田提供的由核工业西北地质调查院金有生、叶阳等同志完成的研究成果。应该说，本书所涉及的内容是集体劳动的成果。

本书由十章构成，第一章介绍自然地理和经济概况，重点阐明钱家店铀矿床发现和勘查历史。第二章介绍盆地基底和盖层，阐明区域地质构造及盆地构造发展史、区域水文地质特征、区域铀成矿条件等。第三章简述高分辨率层序地层学原理和研究方法、姚家组层序地层特征、沉积体系类型、沉积相划分以及沉积物充填与铀矿化关系等。第四章介绍矿区地层及岩性、矿区构造、沉积相、古地理及其与铀矿化关系、氧化带特征，特别对矿区内红色砂岩进行成因的讨论。第五章重点论述矿床水文地质特征、水文地质结构特征、地下水动态、水文地球化学及放射性水化学特征、供水水源评价、地浸水文地质条件评价等。第六章介绍含矿砂体特征、矿体特征、矿石类型及矿石成分特征、铀的赋存状态和浸出率研究。第七章简介地球物理场和地球化学场特征、矿区岩层物性参数特征，重点阐明资源量估算物性参数。第八章论述常量元素、稀土元素、伴生元素和微量元素地球化学、铀与还原剂的关系、辉绿岩侵位、成矿流体地球化学特征、铀成矿年代学研究。第九章阐述矿床成因类型、矿床成矿模式、控矿因素、找矿模式，提出沉积盆地铀矿找矿框架。第十章为结论。

建立的钱家店铀矿床“预富集—构造—层间氧化—油气还原—热改造”的成矿模式，其核心内容是强调原始沉积地层富铀加后生改造叠加的成矿作用，成矿铀源主要是沉积地层中自身的铀。这个成矿理论很可能具有普遍性，坚持这种观点将使盆地找矿大放异彩！

感谢我国著名矿床学家翟裕生院士为本书写序！

夏毓亮

2014年9月22日

·目 录·

第一章 绪论

第二章 区域地质概况

第三章　沉积体系与铀矿化

第四章　矿床地质

第五章　矿床水文地质、工程地质和环境地质

第六章 矿体（层）地质

第七章　地球物理、地球化学场特征

第八章　矿床地球化学

第九章　矿床成因及成矿模式

第十章　结 论

感　　谢

参 考 文 献

第一章

绪论

松辽盆地是我国东部的大型中新生代盆地，是地浸砂岩型铀矿找矿的重点地区之一，20世纪90年代后期核工业地质系统曾投入大量勘查工作，但一直没有突破。松辽盆地钱家店铀矿床的发现和铀资源量不断扩大，是我国东部地区首次发现的大型或超大型的可地浸砂岩铀矿床，这不仅为松辽盆地的铀矿找矿提供了地质信息和依据，也为建设新的铀生产基地创造了条件，已列入我国铀矿大基地规划。

第一节　自然地理和经济概况

松辽盆地钱家店铀矿床位于内蒙古自治区通辽市东北60 km处的高林屯种畜场，矿区距场部约6 km。行政区划隶属通辽市管辖。

矿区交通十分方便，通辽市至白城市及齐齐哈尔市的铁路从矿区旁侧经过，离高林屯火车站直线距离仅4 km，离通辽市直线距离42 km。区内还有东西向和南北向铁路贯通，通辽市为铁路交会的枢纽，东可通长春市，南可通沈阳市，西可通赤峰市，北可通霍林郭勒市。公路更是四通八达，自通辽市有公路可直通矿区（如图1－1所示）。

矿区地处松辽平原西南部，内蒙古高原的东南部，属西辽河、新开河冲积平原，为部分沙化的草甸草原，地形平坦，由西南向东北逐渐倾斜，地面坡度小于5°，海拔

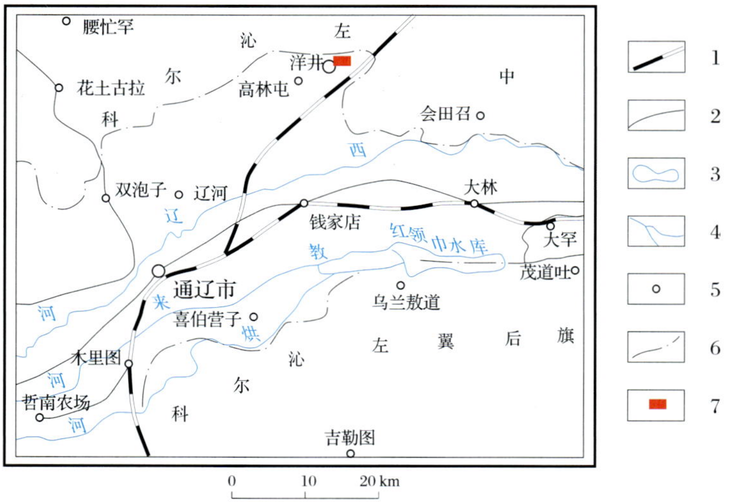

图1-1　钱家店铀矿床矿区交通位置图

1-铁路；2-公路；3-水库；4-河流；5-居民点；6-旗（县）界；7-矿床位置

高度158~166 m，地面略有起伏，地貌组合以平川地为主体，相对高度不超过10 m的固定、半固定沙丘相次之，坨、沼、甸相间，形成通辽地区的组合地貌。

气候属内蒙古东部的温带季风区，处于半湿润向半干旱的过渡地带，为温带大陆性半干旱气候。年平均气温5~6 ℃，极端最高气温36 ℃，极端最低气温－35 ℃，1月最低平均气温－12~－17 ℃，7月最高平均气温23~24 ℃，年平均降雨量381 mm，年降雨量变化范围为320~450 mm。降雨量分布为：春季（3—5月）35~70 mm，夏季（6—8月）250~320 mm，秋季（9—11月）50~70 mm，冬季（12月至次年2月）5~10 mm。春夏秋冬降雨分别占年降雨量的10 %、70 %、16 %、1 %左右。无霜期130~140 d，相对湿度50%~65%，平均60%，5—10月以南风为主，11月至次年4月以西北风为主，全年平均风速3.6 m/s，最大风速31 m/s。年平均蒸发量1 800~2 000 mm，蒸发量远大于降雨量。按日降雨量 ≥50 mm计，通辽地区每年平均4~5次，出现暴雨时间为4—10月，往往因涝成灾造成河流泛滥。矿区所在地干旱发生频率较高，干旱范围广，持续时间长，干旱发生频率为每10年发生5~6次。

区域地表水系属辽河水系，矿区以北有新开河，总长383.6 km，在矿区之东南汇入西辽河，该河总长363.5 km。河道有很强槽蓄能力，流域产水量很少，年平均实测径流量9.513亿 m^3。矿区生产生活用水来自浅层地下水，其埋深1~4 m，地下水资源丰富，浅部含水层为第四系全新统冲积层，含水层厚度25~180 m，矿化度0.5~1 g/L，主要受大气降水及河川径流补给。

通辽地区历史上地震共发生≥2级地震70次，其中最大的地震分别于1940年和

1942年冬发生6.0级地震，从震中分布图看，矿区所处范围地震震级小。

区内电力供应方便且充足，有10 kV高压电路通至矿区南侧的洋井村。

通辽地区人口最集中地方为通辽市，近77万人。矿区位于高林屯种畜场范围内，人口稀少，仅南侧有洋井村（小村仅数十户），种畜场人口5 400人，职工2 500人，集中在距矿区6 km的场部居住。

通辽地区工业主要集中在通辽市，它是内蒙古自治区的重要工业城市，有电力、机械、化工、毛纺、皮革、玻璃、酿造等工业。农业经济也是通辽的主体经济，区内有肥沃耕地，广阔的草牧场，林业、牧业均较发达。近十年来，通辽市的经济飞速发展，1998年国民生产总值达46亿元人民币，第二产业增加值达16亿元人民币，第三产业增长产值达15.5亿元人民币，地方财政收入达1.86亿元人民币。矿区附近的高林屯种畜场年产值达2 300万元人民币，种牛的存栏数为2 000头，经济效益良好。

通辽地区的土地资源丰富，土地面积60 984.98 km^2，其中耕地占总土地面积15.6%，林业用地占14.4%，牧业用地占58.9%。人均土地面积为全国平均水平的2.58倍，林地为1.86倍，牧草地为6.63倍，土地数量多，农牧业生产有很大潜力。

通辽地区的地表水自有资源7.1亿m^3，地下水资源35.2亿m^3，重复量0.9亿m^3，水资源总量41.4亿m^3，在水资源总量中有19.3亿m^{3}为外来水量。

矿产资源以硅砂资源具有优势，水泥、灰岩及配料矿产具潜力，稀土资源极为丰富，麦饭石矿产著称于世，矿区附近还发现有石油、天然气。

第二节 钱家店铀矿床发现和勘查历史

钱家店铀矿床到底是怎样发现和落实的呢？经历过哪些鲜为人知的故事呢？因为作者经历了钱家店铀矿床发现和落实的全过程，因此有必要也有责任对这段历史交代清楚，也不得不涉及有关人员，笔者承诺所叙述情况的真实性。

（一）石油探井的放射性异常

从1990年起，作者利用其单位（核工业北京地质研究院）的技术优势，积极开展横向技术服务，先后承担了辽河油田委托的沉积盆地油气化探、沉积盆地热演化历史等研究项目十多个。1995年上半年，时任辽河油田勘探处副处长的吴泽坚同志对我讲："老夏呀，你们是搞铀矿研究的，我给你讲一个情况，就是前几年我们在辽河油田外围盆地勘查油气资源时，发现许多探井浅部差不多同一层位有放射性异常，也不知是什么放射性元素引起的，有没有价值，有机会帮助看一下 。”我回答说：“好！好！等有机会再看吧。”我当时就对吴泽坚副处长讲：“沉积地层中的放射性异常一般不会是钍或钾引起的，很可能是铀富集的结果，这一定是个很好的找矿线索。”

1996年作者承担了“伊犁盆地砂岩型铀矿铀成矿同位素地球化学研究”课题，同年8—9月赴现场地质调研和取样。虽然我从事铀矿找矿和铀矿同位素地质研究多年，但这是我首次接触可地浸砂岩型铀矿床，当然受益匪浅。通过此课题，使我对可地浸砂岩型铀矿地质特征和地浸采矿情况有了初步了解。

1996年11月去辽河油田汇报完油气化探工作成果时，我找到吴泽坚副处长说：“吴处长，我最近刚从伊犁盆地工作回来，对可地浸砂岩型铀矿有了初步了解，请你找几个有放射性异常的钻孔给我看看吧。”不一会儿，吴泽坚拿来钱家店凹陷三张有放射性异常的石油探井综合柱状图，打开一看，哇！在柱状图上看到在深度200~350 m范围内确实存在较高的放射性异常，虽然仪器未标定，也不晓得计量单位，但我简单估计其γ异常强度是本底的7~13倍，异常厚度达5~10 m以上。吴还说，像这样的探井在钱家店凹陷和陆家堡凹陷还有好多。我喜出望外地对吴讲：“能否把这些资料提供给我，我回去申请研究课题。”吴笑着对我说：“这可不行啊，我没有那个权利，你得去问问你的老同学。”（我的老同学陈义贤时任辽河油田总地质师）。我随即到了陈总的办公室，把来龙去脉说清楚。陈总说：“现在提倡综合找矿，你可以帮我们评价一下，如果具有工业价值，我们也可以投资勘查呀。 ”在20世纪90年代末期正是核工业地质系统投资环境不景气年代，我一听陈总说叫我对这些石油探井的放射性异常进行工业评价，感到工作经费有保障了。立即说：“这样更好，我就不用为经费犯愁了。”然后，我又把去伊犁盆地工作的情况、地浸砂岩型铀矿要求的地质条件，地浸采矿的大概情况等与陈介绍了一番。并提议陈准备一下资料，找机会与核工业北京地质研究院领导沟通一下，以便早日达成协议。

以上情况表明隔行如隔山，辽河油田在勘查油气资源的探井中发现的放射性异常起初只有个别人员注意到，而且他们不晓得引起放射性异常的原因，也不可能做任何深入研究。

（二）首份工业评价报告

1997年1月，辽河油田陈义贤总地质师和辽河油田勘探开发研究院孟卫工总地质师（时任）来到北京，与时任核工业北京地质研究院院长赵凤民会面（本人全程参与），特请铀矿地质专业人员对辽河外围盆地石油探井的放射性异常层进行评价，期望尽早查明其工业意义。赵院长说：“没问题，春节后就组织有关专家去考查、洽谈。”会面是在非常友好真诚的气氛中进行的。

1997年3月以核工业北京地质研究院赵凤民院长为首一行（笔者也在其中）去辽河油田（在辽宁省盘锦市），听取了吴泽坚副处长有关情况介绍，查看了部分资料，进行了座谈讨论。核工业铀矿地质专家总体认为该区放射性异常的发现具有重要意义，值得进一步工作。座谈会上陈义贤总地质师指出："应该尽快进行定性、定量研究，即尽快查明放射性异常引起的原因，其强度是否达到工业利用品位。"应该肯定，陈义贤总地质师的意见开创了我国石油系统参与铀矿勘查的先河。

座谈会后，笔者留下继续探讨协作事宜。最终由辽河油田外围盆地勘探开发公司委托核工业北京地质研究院对钱家店凹陷和陆家堡凹陷西段石油探井中的放射性异常进行工业评价研究，签订了《钱－陆凹陷放射性异常层工业评价研究》合同。这是该区第一份有关铀矿评价的工作合同，其主要任务是：①对石油探井进行γ能谱测井，了解放射性异常引起的原因，铀的异常强度是否达到工业利用品位；②含矿层地质特征及沉积环境研究，了解是否有形成可地浸砂岩型铀矿的地质环境；③岩石、矿石样品的化学分析，进一步了解矿石样品及铀成矿的地球化学特征。

《钱－陆凹陷放射性异常层工业评价研究》项目由夏毓亮全面负责，其他研究人员有李胜祥、陈戴生、李子颖、涂江汉、张鹏、刘汉彬等。

1997年4月中旬，夏毓亮率张鹏、刘汉彬赴现场对相关石油探井进行γ能谱测井。应该指出的是，辽河油田外围盆地勘探开发公司总地质师李真济（时任）给我们现场γ能谱测井很大帮助，他亲自带我们寻找原石油探井孔位。现场调研了十几口石油探井，因有的探井有石油，有的探井被堵塞，所以现场只对4口探井进行了γ能谱测井。其中值得一提的是钱家店凹陷的原石油探井钱12井，经γ能谱解释成果得出：铀矿化深度267.68~283.48 m，铀品位0.01%以上连续达15.8 m厚，其中铀品位＞0.1%的连续厚达5.40 m。说实在话，我当时真的非常高兴，当晚兴奋得一夜不眠！随后，我们又对钱家店凹陷和陆家堡凹陷近20口石油探井的综合测井资料进行了重新解释，还对Qc-1井（下节详谈）的岩、矿石样品进行了粒度、有效孔隙度及密度、常量元素、伴生元素、微量元素、稀土元素、铀、镭、钍、硫、有机碳、ΔEh、pH、岩石酸解烃、铀浸取实验、矿石样品的核乳胶照相、U-Pb同位素、岩矿石薄片鉴定等进行了研究。于1998年3月提交了《钱－陆凹陷放射性异常层工业评价研究》报告。报告由夏毓亮、李胜祥、陈戴生、张鹏、李子颖分别执笔，最后由夏毓亮进行综合统编、修改、补充定稿。报告的重要结论是："钱家店凹陷具有较稳定的泥岩－砂岩－泥岩地层结构和岩相条件、地层产状平缓、含矿砂体厚度适中、透水性较好并有一定的有机质、硫化物等还原剂、含矿层埋深较浅，因此有可能发育较大规模的可地浸砂岩型铀矿床。"

这是首份有关对辽河油田外围盆地石油探井放射性异常工业评价的报告，首次提出了钱家店凹陷有形成地浸砂岩型铀矿床的有利地质环境，并可能发育大型可地浸砂岩型铀矿床的观点。

此外，我们在《钱－陆凹陷放射性异常层工业评价研究》报告中还提出今后的工作建议：先施工1~2个参数孔、普查阶段、勘探阶段、外围扩大阶段四步曲。

（三）第一口铀矿参数孔和工作部署建议

当1997年4月我们对钱家店凹陷钱Ⅱ块地段石油探井γ能谱测井发现高品位、大厚度的铀矿化现象后，笔者和赵云龙（时任测试中心主任）及时向时任核工业地质总局局长张伟星汇报。张局长得悉后非常重视，考虑到国家核电的发展对铀资源的需求越来越大，越来越紧迫，随即于1997年7月率队（笔者也在其中）赴盘锦市与辽河油田有关领导（陈义贤总地质师、吴泽坚副处长等）洽谈，提出了“出技术、出人力、出资金都可，只要能为国家找到铀矿，我们核工业可以与辽河油田进行任何形式的合作。”我当时就觉得张伟星局长的表态是站在国家利益层面上发表上述意见的。

随后张伟星局长于1997年8月派核工业地质总局郑大瑜总工程师（时任）一行（笔者也在其中）到辽河油田进一步洽谈合作事宜，双方在融洽的气氛中达成协议：先在钱家店凹陷钱Ⅱ块地段施工一口铀矿参数孔，以进一步了解450 m以上的地质结构、岩性特点、沉积环境、铀矿化品位、铀矿化特征、伴生元素及浸出性能等，为下一步对该区开展铀矿勘探和研究提供重要依据。于是立即由辽河油田经济贸易置业总公司委托中国核工业总公司地质总局按照有关铀矿地质勘查规范的要求完成第一口铀矿参数孔工程及全部地质研究工作。该参数孔由核工业北京地质研究院负责设计，核工业东北地质局负责野外施工，由核工业北京地质研究院负责现场样品采集、室内样品测试和研究，并负责对资料的综合、编写报告，提出下一步工作部署初步方案。

夏毓亮负责设计了钱家店凹陷钱Ⅱ块地段第一口铀矿参数井（即Qc-1孔），于1997年10月2日启程、10月3日赶赴现场布置孔位。由核工业东北地质局243大队负责施工和测井。整个野外施工用时26天，进尺431.12 m，圆满完成钻探、测井、地质、物探和水文地质编录以及取样工作。

经过认真的室内工作，于1998年2月由夏毓亮、陈戴生、李子颖、李胜祥等编写出《钱家店凹陷Qc-1钻孔放射性异常评价报告暨98年工作部署初步方案》报告，这是在钱家店凹陷见到铀矿化实物的第一份报告。报告由两部分组成，第一部分就Qc-1钻孔的地层岩性对比、沉积相、岩石地球化学及铀矿化特征、γ测井及综合测井曲线解释等实际资料进行了综合，进一步肯定了钱家店凹陷姚家组具备形成可地浸砂岩型铀矿的地质条件和地质环境，获得的几点认识是：①盆地内岩石具有丰富的物源供给区；②上白垩统具有泥岩－砂岩－泥岩的地层结构；③含矿主岩具近源搬运沉积的特点；④铀矿化受一定层位控制；⑤岩石具良好的渗透性能；⑥地层产状平缓有利于地浸法开采；⑦含矿层埋深适中，矿化较好部位在300 m以上，也有利于地浸法开采。第二部分对1998年在钱家店凹陷地区进行铀矿地质勘查的工作部署提出了初步方案。在工作部署初步方案中提出了钻探布置方案（钻探范围、钻探网度、钻孔剖面布置及编号原则）、钻孔施工顺序及施工过程中的资料综合整理等。钻孔编号原则一直沿用至今。

（四）揭露验证及成矿预测

1998年，为了加强铀矿勘查，辽河油田成立了铀矿公司，并在原石油探矿权基础上又申请了铀矿探矿权。通过参考《钱－陆凹陷放射性异常层工业评价研究》和《钱家店凹陷Qc-1钻孔放射性异常评价报告暨98年工作部署初步方案》报告中提出的建议和方案，铀矿公司于1998年在钱Ⅱ块地段施工14个孔，在钱Ⅱ块外围施工3个铀矿参数孔。这两项施工都委托核工业北京地质研究院负责：①现场技术监督指导；②编写年度勘探工作报告；③铀成矿地质特征和成矿规律研究；④对3个参数孔进行铀矿地质评价。

1998—1999年我们完成了以下报告：

（1）《开鲁盆地钱Ⅱ块外围BC-1、QC-2、QC-3钻井铀矿地质评价报告》（1998年）；

（2）《钱Ⅱ块99年度铀矿勘探地质报告》（1999年）；

（3）《钱Ⅱ块铀成矿地质特征和铀成矿规律研究》（1999年）。

完成上述工作的主要技术人员是：夏毓亮（项目负责）、林锦荣、郑懋公、朱杰辰、孙丕诺、陈戴生、涂江汉、范光、胡振铎等。

应该特别指出的是1999年9月完成的《钱Ⅱ块铀成矿地质特征和铀成矿规律研究》这份报告，该报告是根据1998年在钱家店凹陷钱Ⅱ块地段揭露验证所施工的14口铀矿探井所取得的大量野外和室内的实际资料进行综合研究，并结合已完成的三份评价报告（即《钱－陆凹陷放射性异常层工业评价研究》《钱家店凹陷Qc-1钻孔放射性异常评价报告暨98年工作部署初步方案》和《开鲁盆地钱Ⅱ块外围BC-1、QC-2、QC-3钻井铀矿地质评价报告》），从区域地质背景、含矿主岩岩石学及岩石地球化学、含矿主岩沉积环境分析、砂岩型铀矿化特征、铀成矿及伴生元素地球化学、钱Ⅱ块砂岩型铀矿成因等方面进行了比较详尽的论述，最后提出了1999年度钱Ⅱ块铀矿勘探设计方案。该报告明确指出：“综合研究表明，松辽盆地西南缘有着形成可地浸砂岩型铀矿较好的地质条件，是一个值得深入研究的有良好铀成矿远景的地区。现在可以肯定，钱家店凹陷的钱Ⅱ块地段能够落实为我国一个大型的可地浸砂岩型铀矿床，初步估算其远景储量达1.3万吨左右。如果考虑到钱Ⅱ块外围的宝龙山、钱30、钱21等已表明有铀成矿远景的地段，则钱家店凹陷上白垩统铀的成矿远景更是相当可观的。很明显，这一重要的突破，对进一步在松辽盆地寻找可地浸砂岩型铀矿提供了重要的科学依据，也是对我国铀矿地质事业的极大贡献。”这些观点和预测的远景区都被后来在钱家店凹陷的勘查成果所证实。

（五）三次提交资源/储量报告

1. 第一次资源/储量报告

1999—2001年度，辽河油田加大了对钱Ⅱ块地段的铀矿勘查力度，工程间距已达到可以准确估算铀资源/储量的程度。这期间以夏毓亮为首的工作团队负责现场技术指导、放射性测井数据处理、放射性检查测井、水文孔研究、取样研究铀矿石铀镭平衡系数和相关大量分析测试等工作。为核工业北京地质研究院继续协助辽河油田在钱家店凹陷进行铀矿勘查和资源量估算，时任核工业北京地质研究院院长李德连于2000年5月带队（笔者也在其中）赴辽河油田洽谈关于负责编写和提交资源/储量报告事宜，洽谈在友好融洽的气氛中进行，最后决定钱家店凹陷第一份资源/储量报告由核工业北京地质研究院负责编写并负责向国土资源部矿产资源储量评审中心放射性矿产专业办公室专家评审答辩。

提交砂岩型铀矿地质资源/储量报告对一直从事铀矿地质科研工作的核工业北京地质研究院来说是一项挑战性的任务。为了圆满地完成任务，我们的技术骨干是：夏毓亮（全面负责）、林锦荣（负责人之一）、郑懋公、刘汉彬、王志明、朱杰辰、陆士立、陶铨、李月湘等，并特邀有经验的专家黄世杰（原核工业地质总局副总工程师）、彭永石（原核工业216大队总工办主任）、陈戴生（核工业北京地质研究院砂岩铀矿专家）、孙丕诺（原核工业243大队副总工程师）等为技术顾问，协同工作。我们认真学习和掌握有关规范，通过大量数据处理和综合研究、编制相关图件和图表。好在我们一直跟踪勘查工作的全过程，对各种资料比较熟悉，最终圆满完成《内蒙古通辽市钱家店（钱Ⅱ块）铀矿床06~07号勘探线勘探地质报告》。这是松辽盆地第一份砂岩型铀矿资源/储量勘探地质报告，也是核工业北京地质研究院建院以来第一份资源/储量勘探地质报告。该成果报告于2001年10月25日在丹东经国土资源部矿产资源储量评审中心放射性矿产专业办公室组织相关专家进行评审并顺利通过，最终审批认定（见国土资认储字[2002]156号），钱家店（钱Ⅱ块）铀矿床铀资源量属中等规模的可地浸砂岩型铀矿床。

2. 第二次资源/储量报告

我们也多次指出，在钱Ⅱ块地段已提交资源/储量地段以外还有很大的扩展空间，辽河油田在钱家店凹陷的铀矿勘查工作也在不断地扩大。经过2005—2007年的工程间距控制程度，钱家店（钱Ⅱ块）铀矿床已达到再次提交新的资源/储量地质勘探报告的阶段，这期间核工业北京地质研究院承担了岩（矿）心取样，做了大量室内分析测试研究工作。

在地质勘探成果基础上，受辽河油田的委托，2007—2008年核工业北京地质研究院承担了对钱Ⅱ块地段新的勘探成果和相关数据全面的综合分析和总结，负责提交了《内蒙古通辽市钱家店《钱Ⅱ块）铀矿床06~20及05~13线勘探地质报告》，其主要研究成员是：夏毓亮（全面负责）、黄世杰、李林强、陈戴生、李月湘、韩军等。该报告于2008年4月18日在北京通过国土资源部矿产资源储量评审中心放射性矿产专业办公室的评审验收，并颁发了资源/储量认定书（见国土资储备字[2008]311号）。获得资源量加上第一次审定的铀资源量，钱家店（钱Ⅱ块）铀矿床仍属于中等规模的可地浸砂岩型铀矿床。

3. 第三次资源/储量报告

2008年核工业矿冶系统与辽河油田达成协议，先开发钱家店（钱Ⅱ块）铀矿床第一次提交资源量地段的地浸采矿工作。几年来的投产效果表明，钱家店（钱Ⅱ块）铀矿床地浸效果良好，经济效益也不错，正在不断提高产能，目前已成为我国地浸铀矿山建设的标杆型矿山。

2008—2012年辽河油田对钱家店（钱Ⅱ块）铀矿床进一步加大勘查力度，并且已基本控制了钱家店（钱Ⅱ块）铀矿床的范围。这期间核工业北京地质研究院又受辽河油田的委托，先后承担了《钱家店铀矿床成矿规律及找矿模式研究》（2009年）、《2010年度铀矿岩（矿）心样品分析测试与研究》（2010年）项目和《内蒙古通辽市钱家店（钱Ⅱ块）铀矿床外围02~33线详查地质报告》（2011—2013年）。这个项目的主要研究人员是：夏毓亮（全面负责）、修群业、李林强、刘汉彬、韩军、欧光习、范光等。

特别是关于《内蒙古通辽市钱家店（钱Ⅱ块）铀矿床外围02~33线详查地质报告》，是对近五年来辽河油田在钱家店（钱Ⅱ块）铀矿床外围铀矿勘查工作的全面总结。由于核工业与辽河油田组建的地浸矿山联合体要提高产能，必须有矿床铀资源量的支持，要求提前提交新的资源/储量勘查报告。而本次的工程量多、数据量大、任务相当繁重。但经过项目组齐心协力，终于在2013年5月初完成数据处理、图件编制和报告的编写。该报告于2013年5月14日在北京通过国土资源部矿产资源储量评审中心放射性矿产专业办公室的评审验收，并颁发了资源/储量认定书（见国土资储备字[2013]156号）。

获得的资源量加上前两次审定的铀资源量，钱家店（钱Ⅱ块）铀矿床经国土资源部矿产资源储量评审中心审定备案的铀资源量已达万吨以上，这使钱家店（钱Ⅱ块）铀矿床一跃步入大型可地浸砂岩型铀矿床行列。

感到非常欣慰的是，我们在1999年《钱Ⅱ块铀成矿地质特征和铀成矿规律研究》报告中预测的钱家店（钱Ⅱ块）铀矿床的远景铀资源量，目前已经得到完全证实，而且吻合得几乎一致，这在铀矿床远景资源量预测方面可以说是一个奇迹。

（六）报告附录

历年来，受辽河油田的委托，核工业北京地质研究院完成了钱家店铀矿床评价预测、揭露验证、地质、物探、分析测试、综合研究等项目（笔者全程负责），先后提交的科技成果报告主要是：

（1）1997—1998年《钱－陆凹陷放射性异常层工业评价研究报告》

（2）1997—1998年《钱家店凹陷QC-1钻孔异常层工业评价研究报告暨98年工作部署初步方案》

（3）1998年《开鲁盆地钱Ⅱ块外围BC-1、QC-2、QC-3钻井铀矿地质评价报告》

（4）1999年《钱Ⅱ块铀成矿地质特征和铀成矿规律研究》

（5）2000年《钱Ⅱ块99年度铀矿勘探地质报告》

（6）2000年《钱Ⅱ块铀矿床水文地质研究》

（7）2000年《钱Ⅱ块铀矿床放射性测井资料解释和评价》

（8）2000年《钱Ⅱ块铀矿床铀－镭平衡系数特征研究》

（9）2000—2001年《内蒙古通辽市钱家店（钱Ⅱ块）铀矿床06~07号勘探线勘探地质报告》

（10）2001年《钱家店（钱Ⅱ块）铀矿床资源/储量估算参数研究》

（11）2001年《钱家店（钱Ⅱ块）铀矿床勘探和开发可行性评估》

（12）2003年《松辽盆地钱家店凹陷砂岩型铀矿预测评价和铀成矿规律研究》

（13）2005—2006年《钱Ⅱ块铀矿床分析测试研究报告》

（14）2007—2008年《内蒙古通辽市钱家店（钱Ⅱ块）铀矿床06~20及05~13线勘探地质报告》

（15）2009年《钱家店铀矿床成矿规律及找矿模式研究》

（16）2010年《2010年度铀矿岩（矿）心样品分析测试与研究》

（17）2010—2013年《内蒙古通辽市钱家店（钱Ⅱ块）铀矿床外围02~33线详查地质报告》

（七）获奖

2003年度，在总结前期工作的基础上，由夏毓亮主笔编写的《松辽盆地钱家店凹陷砂岩型铀矿预测评价和铀成矿规律研究》报告，阐述了松辽盆地区域地质背景、构造演化、盆地建造和演化特征，重点查明了钱家店凹陷砂岩型铀矿的成矿条件；厘定了铀矿的找矿目的层；对钱家店凹陷砂岩型铀矿的成矿潜力进行了总体评价，并进行成矿远景预测；对钱家店凹陷预测远景区进行揭露评价，并计算铀资源/储量；研究了钱家店凹陷砂岩型铀矿的地质特征和铀矿化特征，阐明了铀成矿规律与形成机理，建立了铀成矿模式和找矿判据。

该研究成果经省部级专家鉴定，一致认为达到国际先进水平，部分达到国际领先水平。我国地学界泰斗涂光炽院士在评价《松辽盆地钱家店凹陷砂岩型铀矿预测评价和铀成矿规律研究》成果时写道："作者以为数甚少的群体，在较短时限内，一气呵成地完成了矿床定位、勘探、评价、区域远景探讨等多位一体的工作，生产与科研密切结合，为国家提供了一个位于中国东部交通便利地区、易采易冶易运的铀矿资源，出色地体现了项目致力的国家目标。"著名矿床学家翟裕生院士指出："该项研究的一个特色是科学研究与矿产勘查密切结合，油气地质与铀矿资源研究相互融通，是跨学科跨部门研究取得显著成效的一个范例，代表着地矿工作的前进方向。"他又指出："报告的主要成果是发现并落实了我国第一个板状砂岩型铀矿，是松辽盆地找铀工作也是我国东部地区找寻可地浸砂岩型铀矿的重大突破，既丰富了铀矿地质学和盆地资源学理论基础，又对矿产勘查主要是找铀工作有实际指导意义……。"

《松辽盆地钱家店凹陷砂岩型铀矿预测评价和铀成矿规律研究》成果报告，由核工业北京地质研究院和辽河油田联合申报，荣获中国国防科学技术工业委员会2003年度国防科学技术一等奖。获奖成员依次是夏毓亮、林锦荣、李子颖、郑纪伟、李胜祥、李真济、刘汉彬、王志明、范　光、张明瑜、陆士立、李月湘、田时丰、张泽贵、孙希勇共15人。

（八）基本结论

通过钱家店铀矿床发现和落实的历史事实的叙述，可以获得的结论是：

（1）核工业北京地质研究院通过对松辽盆地构造演化历史调研、石油钻井资料的分析与现场进行放射性能谱定性和定量测井，首次确定了钱家店凹陷具备砂岩型铀矿成矿的有利环境，并在钱家店凹陷预测的三片成矿远景区都获得后来的勘探结果验证，并有望落实为我国特大或超大型的可地浸砂岩型铀矿床。

（2）核工业北京地质研究院始终坚持协助辽河油田开展铀矿勘查，制定铀矿勘查工程部署方案和研究课题设置。1997—2013年期间，核工业北京地质研究院先后承担多项研究和生产课题、三次负责编写钱家店（钱Ⅱ块）铀矿床资源/储量勘查地质报告并负责答辩，使钱家店（钱Ⅱ块）铀矿床已步入大型可地浸砂岩型铀矿床行列。

（3）核工业北京地质研究院和辽河油田联合申报《松辽盆地钱家店凹陷砂岩型铀矿预测评价和铀成矿规律研究》成果，荣获中国国防科学技术工业委员会2003年度国防科学技术一等奖，在理论和实践上都表明了在我国东部松辽盆地铀矿找矿的重大突破。

总而言之，钱家店铀矿床的发现和落实是核工业北京地质研究院与辽河油田大力协同的结果，是我国东部松辽盆地铀矿找矿的重大突破，是跨学科跨部门研究取得显著成效的一个范例。目前核工业地矿事业部与辽河油田已组建了我国第一个地浸铀矿山联合体，发挥各自优势，在地浸采矿技术、地浸采矿效果、地浸矿山管理等方面已成为我国地浸铀矿山建设的标杆，建成了绿色环保型矿山。目前对钱家店铀矿床外围预测的远景区段正在扩大勘探，铀资源量也在不断扩大，钱家店铀矿床有望成为我国东部一个超大型地浸砂岩型铀资源基地，也为在该区建立大型铀生产基地创造了基本条件。

第二章

区域地质概况

松辽盆地是我国东北最大的沉积盆地，西为大兴安岭海西早期褶皱带、内蒙古海西晚期褶皱带，东北及东部为小兴安岭－张广才岭海西褶皱带，南为库伦—法库的丘陵地带，为华北北缘加里东—海西褶皱带，中间是松花江、嫩江、辽河水系的大片平原和沼泽。松辽盆地是在前中生代海西褶皱带基础上发展起来的中新生代沉积盆地。盆地中新生代构造面貌是在众多断陷（K_1凹陷）之上叠置着的大型凹陷盆地。地面海拔一般在120~300 m之间。盆地呈北北东向展布，长750 km，宽330~370 km，面积约26万 km^2（如图2–1所示）。

开鲁坳陷是松辽盆地二级构造单元，位于松辽盆地西南部，总面积约3.1万 km^2，在内蒙古自治区通辽市境内。开鲁坳陷是上叠于海西地槽褶皱基底之上的中新生代断坳陷型盆地，而钱家店凹陷位于开鲁坳陷东北部，是松辽盆地三级构造单元（如图2–2所示）。盆地基底为古生代变质岩系，蚀源区岩性为中生代火山岩，海西期、燕山期花岗岩及古生代变质岩。盆地盖层主要为下白垩统义县组（K_1y）、九佛堂组（K_1jf）、沙海组（K_1sh）和阜新组（K_1f）断陷湖盆沉积，以及上白垩统泉头组（K_2q）、青山口组（K_2qn）、姚家组（K_2y）、嫩江组（K_2n）、四方台组（K_2s）和明水组（K_2m）坳陷型河流－湖相沉积。白垩系之上为上第三系大安组（N_1d）、泰康组（N_2t）砂岩、砂砾岩及第四系松散碎屑堆积物。现将区域地层、构造及岩浆岩、盆地演化史及区域铀矿化等简述于后。

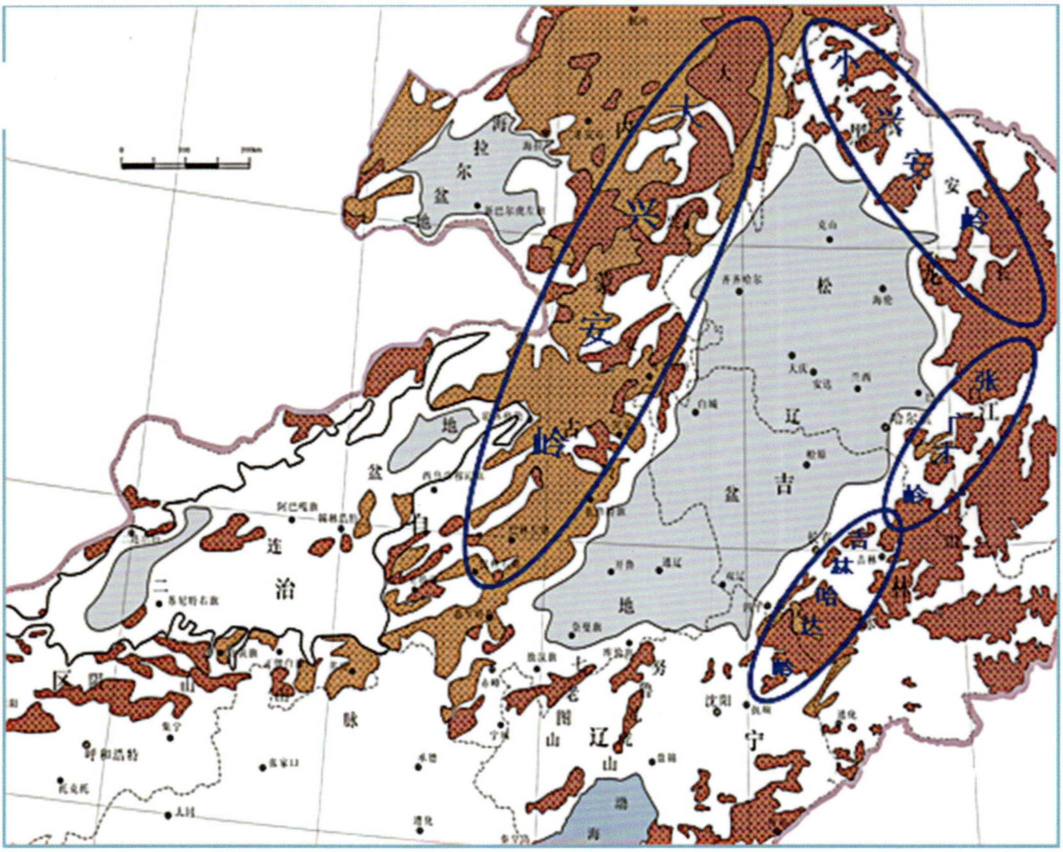

图例说明：-花岗岩类；-上白垩统；-火山熔岩类；-省界线；-盆地边界线；-国界线；-县；-省会；-市

图2-1　松辽盆地区域地质图

注：据雷安贵，2012，略加修改。

第一节　盆地基底

二百多口钻遇基底钻井的岩芯统计表明，松辽盆地的基底主要有中深变质岩、浅变质岩和花岗岩组成。中深变质岩主要由花岗片麻岩、片麻岩、各种片岩、大理岩和变质火山岩组成。浅变质岩主要为千枚岩、板岩和浅变质砂岩以及轻微变质的灰岩。

在浅变质岩石中现已发现蜓科化石（石炭－二叠系灰岩）和四射海绵骨针（下志留统），因而对于浅变质岩组合时代的认识比较统一，即主要为石炭－二叠系，可能还包括部分奥陶、志留或泥盆系。

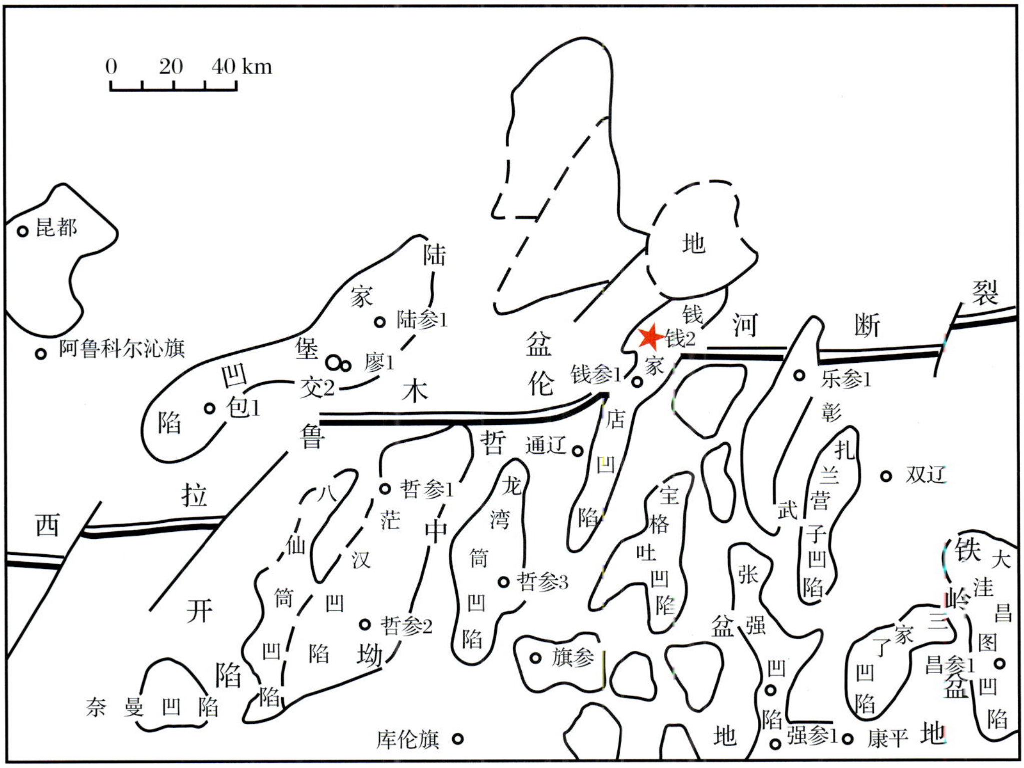

图2-2　开鲁坳陷次级凹陷分布略图

注：据辽河油田修改；★-矿床位置。

对于中深变质岩组合的时代归属目前存在较大的争议，一种观点认为其属于兴凯期；另一种观点认为它们是海西期的产物。兴凯期观点的主要依据是，基底与周边地层的联系与变质程度的可比性。松辽盆地存在前寒武纪结晶基底的认识，最早由地质部航空磁测904队提出，认为盆地大部分地区基底的下构造层由前震旦系深变质岩组成，中上元古界为上构造层。持海西观点的研究者，主要强调基底岩石的同位素年龄偏新和变质程度推断时代的不可靠性。杨继良（1989）根据30多块基底岩石的K/Ar同位素年龄范围为135~301 Ma，未发现大于350 Ma的数据，认为松辽盆地基底为海西期的产物。关于盆地基底属性也存在着两种截然不同的意见，一些研究者（如王鸿祯等）认为松辽盆地中部可能存在一些古老地块，主要依据是松辽中间地块与吉黑地区的老爷岭中间隆起同为平缓的高值异常区；地球物理场与华北地台基本一致；盆地中部大部分地区缺失石炭－二叠系。否认松辽盆地存在前寒武结晶基底者（如杨继良等）认为松辽盆地的基底为周边山区前中生代地层的自然延伸。

第二节 盆地盖层

（一）下白垩统

松辽盆地南部和辽西地区侏罗系和白垩系的分界问题，长期以来一直存在争议，争议的焦点是义县组－阜新组这套含有热河生物群的地层归属。20世纪70年代以来出版的地质图依据顾知微（1962年）观点，时代划分为晚侏罗世。80年代后期，沈阳地矿所通过大量同位素地质年代学研究，义县组底部年龄值为130~140 Ma，时代相当于早白垩世以后，其他学者（郝治纯，1982；夏毓亮等，1993；陈义贤等，90年代后期）也提出相似的认识。近年来，权威性文献——中国区域年代地层（地质年代表）（全国地层委员会，2001年）明确地将义县组－阜新组归属于下白垩统，而非上侏罗统，见表2-1。

表 2-1 区域地层简表

系	统	代号	距今时间 /Ma	厚度 /m	岩性简述	地层及接触关系
第四系		Q	2.0	100~140	残坡积砂、砾、黏土	第四系
新近系	上新统	N_2	6.0	21~113	杂色砂岩、砂砾岩类、粉砂质黏土	泰康组
	中新统	N_1	25.0	＜100	杂色砂岩、砂砾岩类、粉砂质黏土	大安组
古近系	渐新统	E_3	65.0	0~316.5	紫红色、灰绿色泥岩、粉砂岩夹黏土	依安组
白垩系	上白垩统	K_2m	67.7	20~200	紫红色、灰绿色泥岩、粉砂岩夹砂岩	明水组
		K_2s	73.0	40~200	紫红色、杂色泥岩夹红色砂、砂砾岩	四方台组
		K_2n	84.0	200	灰色、黑色泥岩夹粉砂岩、钙质砂岩，泥质中有铀矿化显示	嫩江组
		K_2y	上段87.5 下段87.8	60~240	中下部为浅灰色砂砾岩、砂岩与红色泥岩互层、上部为棕红色泥岩。是主要铀矿化层位	姚家组
		K_2qn	100	0~236	灰、灰黑色泥岩夹泥灰岩、砂岩	青山口组
		K_2q	116	1069	红色砾岩、砂砾岩、砂岩和泥岩、粉砂质泥岩夹灰色砂岩。粉砂岩，分选差	泉头组
	下白垩统	K_{1f}		142~737	灰色、深灰色泥岩夹炭质泥岩	阜新组
		K_1sh		111~472	深灰色泥岩、粉砂质泥岩	沙海组
		K_1jf		251~778	下部深灰色泥岩与油页岩互层，上部凝灰质砂岩、泥岩、油页岩	九佛堂组
		K_1y	底部年龄 135~140	748	灰绿、紫灰色凝灰岩夹安山质角砾岩或集块岩。火山碎屑岩中有放射性异常	义县组
前白垩系						

1. 义县组（K_1y）

为灰绿色、间呈紫灰色的凝灰岩夹安山质角砾岩或集块岩，普遍有水云母化、绿泥石化等蚀变现象。揭示最大厚度为748 m。在辽西山地，义县组火山碎屑岩中有放射性偏高场及异常点。

2. 九佛堂组（K_1jf）

下部为深灰色泥岩与灰褐色油质岩薄层互层，夹少量凝灰质泥岩和棕褐色油页岩、泥灰岩薄层，为典型的暗色湖相沉积。厚251~778 m。与下伏义县组呈整合接触。

3. 沙海组（K_1sh）

以深灰色泥岩为主、粉沙质泥岩次之。水体变浅，主要为浅湖相和水下分流河道亚相沉积。厚111~472 m。与下伏九佛堂组呈平行不整合接触关系。

4. 阜新组（K_1f）

深灰、灰色泥岩夹炭质泥岩及煤层、粉砂质泥岩。下部为浅湖相滨湖相沉积，上部为浅湖相至三角洲沉积，及泥炭沼泽相。厚142~737 m，与下伏沙海组呈整合接触关系。

纵观下白垩统地层，由火山碎屑沉积物 – 陆源暗色建造，由水深 – 水浅 – 泥炭沼泽沉积，是一个较为完整的水退沉积层序。

（二）上白垩统

上白垩统是区域上沉积主体，地层划分及标准比较一致，其分布有明显的特点：①上白垩统从泉头组 – 青山口组 – 姚家组 – 嫩江组存在着由东往西的超覆现象，代表了不同沉积期沉降中心由东往西的迁移；②上白垩统地层走向总体上以NE向为主，与松辽盆地展布方向相吻合。

1. 泉头组（K_2q）

泉头组分布于盆地东部及南部边缘，呈NE – SW向条带状分布，在四平市西呈东西向分布，宽窄不一。

据哲参1井揭露［中国石油地质志（卷3），1987］，泉头组为紫红、棕红和杂色砾质砂岩、砂砾岩和砾质泥岩。砾岩的砾石成分为火山岩，分层差，最大砾径10 cm，次棱角状 – 次圆状。本组厚1 019 m，与下伏的下白垩统呈角度不整合接触关系。主要分布于哲中凹陷及其以东地区，陆家堡凹陷缺失。

2. 青山口组（K_2qn）

呈NE – SW向条带状超覆于泉头组之上，至双辽一带分布宽度增大。中下部以浅灰色、深灰色泥岩为主，粉砂质泥岩次之。上部为浅灰色砂砾岩、砂岩及灰、绿色泥岩构成正韵律。具水平层理和波状层理。厚0~236 m，区域上常为背斜核部地层，后抬升剥蚀呈“天窗”构造。与下伏下白垩统阜新组为角度不整合接触。

3. 姚家组（K_2y）

呈NE－SW向狭窄条带状分布，至通辽以东宽度增大，超覆于青山口组之上。表明姚家组地层通辽以东地区有着一定的分布范围，最大宽度超过50 km。为区域上找铀的有利层位。

本组总体为一套紫红色洪积－冲积沉积物。中下部为浅灰色砂砾岩、砂岩与棕红色泥岩互层，上部为棕红色泥岩。厚60~240 m不等。与下伏青山口组为平行不整合接触。姚家组岩性特征总体反映半干旱－干旱的气候特征，但干旱程度不如泉头组沉积期。

4. 嫩江组（K_2n）

嫩江组超覆于姚家组之上，区域上可分为几个岩性段，下段下部为灰绿、灰黑色泥岩、泥质粉砂岩互层，含少量黄铁矿晶粒；下段上部为灰黑色泥岩夹钙质粉砂质条带；中段为灰黑色泥岩，致密，水平层理发育，其下部黑色泥质灰岩可作为标志层；上段为灰、灰黑色泥岩，夹粉砂质条带。嫩江组厚约200 m（哲参2井）。与下伏姚家组呈整合接触。嫩江组泥岩中有铀矿化显示。

5. 四方台组（K_2s）

石油系统文献中常将四方台组、明水组划入K_3，本报告依据国际上白垩系二分的原则，以及2001年全国地层会议文件，将四方台组、明水组划入上白垩统，不采纳白垩系三分法。

四方台组以棕红色粉砂质泥岩与泥质粉砂岩为主，夹有绿灰、灰绿、棕红色粉砂岩，含灰白色钙质团块。本组化石稀少，厚40~200 m。与下伏嫩江组呈角度不整合接触。

6. 明水组（K_2m）

下部为灰绿色、深灰黑色泥质、粉砂质薄层，底部砂岩增多。上部为浅黄灰色黏土质砾岩夹薄层砂质泥岩。本组厚20~200 m。与下伏四方台组呈整合接触。

（三）古近系

古近系渐新统（E_3）的依安组岩性为灰色粉砂质泥岩夹煤层，与下伏明水组呈角度不整合接触。由于新构造运动，盆地抬升，缺失古新统（E_1）和始新统（E_2）。

（四）新近系

1. 中新统－大安组（N_1d）

下部为灰白色松散砂砾岩，夹有绿色砂质泥岩或细砂岩，岩性变化大；上部为黄灰色、暗灰色、灰绿色泥岩；顶部夹粉砂质泥岩或泥质粉砂岩，含岩屑，厚度不大，一般不超过100 cm。与下伏地层呈微不整合接触。

2. 上新统－泰康组（N_2t）

泰康组是盆地最上部的沉积层，广泛分布于盆地中西部地区，地表无露头，埋藏在距地面20~143 m以下。岩性下部为灰白色疏松砂砾岩夹泥岩透镜体，上部为灰黄色、灰绿色砂质泥岩与灰白色泥质粉砂岩或粉砂岩互层，含炭屑及完整的植物化石。本组厚度变化大，一般为21~113 m，最大厚度可达200 m。

第三节　区域地质构造及盆地构造发展史

开鲁坳陷（盆地）是上叠于海西期地槽褶皱基底之上的中生代断陷型沉积盆地。石油系统通过多年来地球物理勘探，对盆地构造特征及发展、演化史已有比较深刻的了解，为在松辽盆地的铀资源勘查评价提供了比较充实的区域地质背景条件。

（一）基底结构及基底断裂

根据周边地层分布推测，开鲁盆地的基底为古生代变质岩系。西拉木伦河深断裂是中朝板块和西伯利亚板块的分界线，其两侧古生代地层呈对称分布，即由此界向北、向南地层由新变老。此带大致呈北东向展布，分布较广，南带呈东西向展布，分布较窄，向东延入盆地南部后构造方向并未改变。这可以从开鲁地区航磁ΔT平均磁场图上得到反映（如图2–3所示）。

区域上基底断裂十分发育，以NE－NNE向最为发育，其次为NW和EW向。形成时间上EW和SN向断裂形成较早，NE和NNE向形成较晚，NW向形成最晚。这种构造格局使开鲁坳陷（盆地）等众多次级凹陷大致以NE、NNE向为主，钱家店凹陷及其次级构造展布方向也明显地受基底断裂构造所影响，继承性强，其产生的作用和影响是有实际意义的。

（二）盖层构造

如前所述，基底断裂对盆地凹陷的形成有着明显的控制作用。根据大地电流、电测深等资料，前人确定了基地的基本构造格局是：两凸（哲东南凸起、舍伯吐凸起）、两凹（哲中凹陷、陆家坡凹陷）、一斜坡（西部斜坡）（如图2–4所示）。

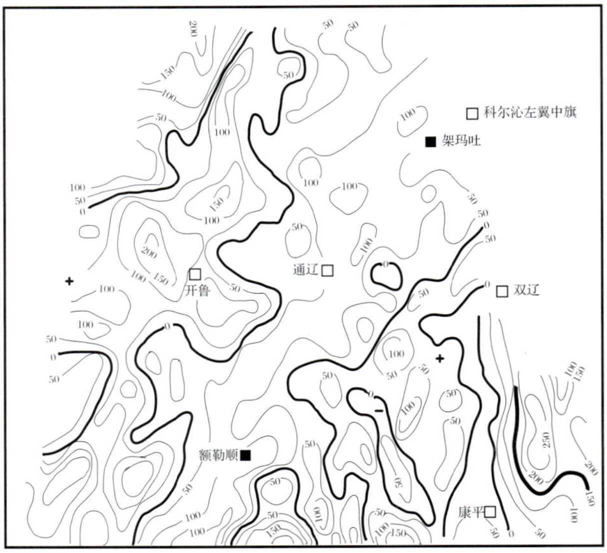

图2-3 开鲁地区航磁ΔT平均磁场图

注：1:200万；据中国石油地质志，1987。

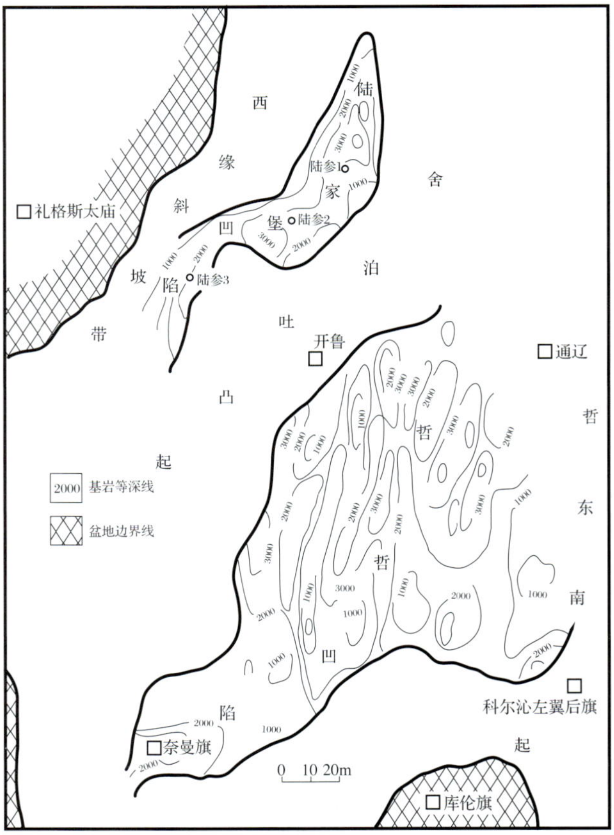

图2-4 开鲁坳陷区域构造图

注：等深线单位:m；据中国石油地质志，1987。

现自西向东将次级构造简述如下。

1.陆家堡凹陷

陆家堡凹陷位于开鲁坳陷的西北部，北依西部斜坡带，南靠舍伯吐凸起，为北东向展布的带状坳陷，面积2 500 km^2。由于舍伯吐凸起呈鼻状向凹陷伸出，可再分为陆东凹陷和陆西凹陷两部分。

陆东凹陷是一个双断式箕状凹陷，基底最大埋深4 000 m，凹陷面积1 340 km^2。陆西凹陷是一个单断式箕状凹陷，与陆东凹陷以断层为界。陆西凹陷可再分为五十家子洼陷带、包日温都断裂构造带、马家堡高垒带和马北斜坡等四个二级构造带。基底最大埋深2 500 m，凹陷面积760 km^2。陆西凹陷为开鲁坳陷除钱家店凹陷外另一片铀矿远景区。

2.舍伯吐凸起

舍伯吐凸起位于陆家堡凹陷东南，呈北东方向带状展布，上覆盖层为白垩系，厚500~1 000 m。开鲁县东北开$_{31}$孔于469.5 m处见有上白垩统姚家组覆盖在石炭－二叠系基底之上。

3.哲中凹陷

哲中凹陷位于舍伯吐凸起东南，是开鲁坳陷内最大的一个凹陷，基底最大埋深5 200 m。凹陷南界为北北东向断裂所限，此界为沉积边界，在凹陷东北边界有断裂通过，东部边界尚不清楚。通过航磁、重力、地震等地球物理勘探手段，凹陷内部的构造格局已基本清楚。凹陷内次级断裂共有两组，以北北东—南北向为主，后者将凹陷分割成南北方向展布、东西方向并列的凹凸相间的块断带，从而控制了二级构造带的分布。

4.哲东南凸起

位于哲中凹陷东南，与哲中凹陷以断裂为界，其范围相当于甘旗卡隆起，航磁表现为剧烈变化的正负相间的磁异常，主要由上侏罗统火山岩引起。

钱Ⅱ块所在的钱家店凹陷位于哲东南凸起的东北部，呈北北东向带状分布，可进一步分为三个洼陷、二个突起，即胡力海洼陷、喜伯营洼陷、衙门营洼陷和查干花、额尔吐突起。据重力解释，凹陷内断裂发育，主要有NNE、NW、EW三组，NNE向断裂控制凹陷沉积，EW向断裂为前中生代基底断裂，NW向断裂早期形成，早白垩世复活。

（三）岩浆活动

松辽盆地南部前第四纪地质图（如图2–5所示）可以看出，盆地蚀源区岩浆岩以海西期、燕山期酸性、中酸性侵入岩和火山岩为主，其次为燕山期中性次火山岩、基性超基性侵入岩及新近纪、第四纪玄武岩等。

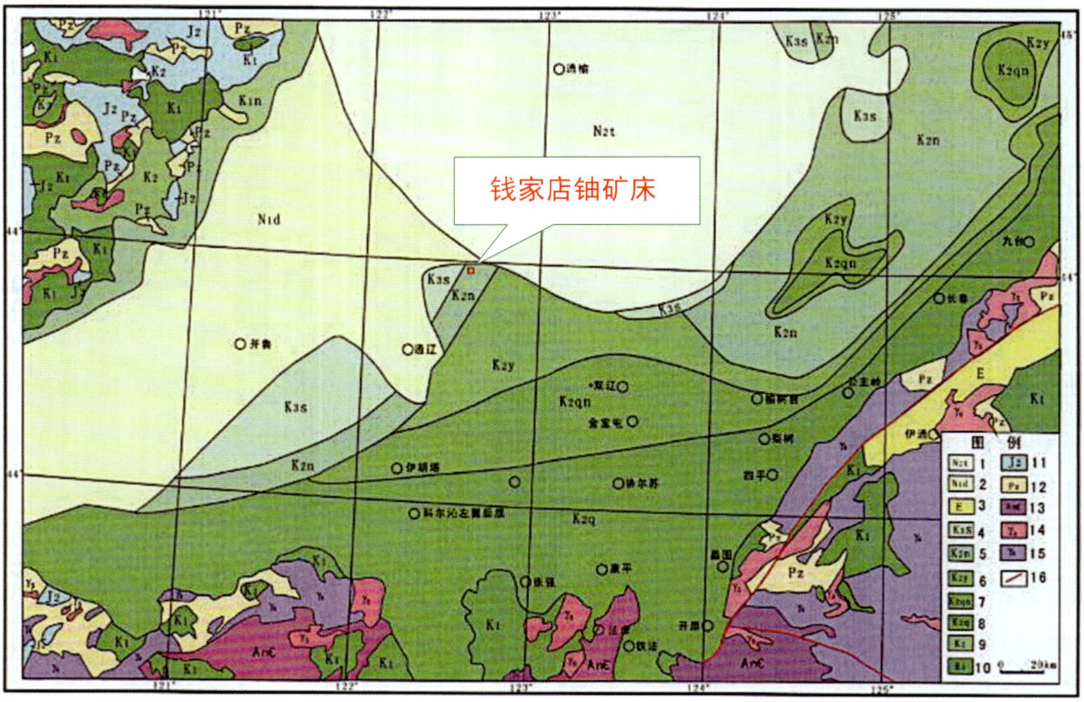

图2-5 松辽盆地南部前第四纪地质图

1-泰安组;2-大安组；3-下第三系；4-四方台组；5-嫩江组；6-姚家组；7-青山口组；8-泉头组；9-白垩系上统；10-白垩系下统；11-侏罗系中统；12-古生界；13-前寒武系；14-燕山期花岗岩；15-海西期花岗岩；16-断裂

松辽盆地东部岩浆岩以海西期侵入岩为主，其次为燕山期侵入岩。海西期主要为海西中期（γ_4^2）、海西晚期（γ_4^3），岩性为似斑状黑云母花岗岩、斜长花岗岩、花岗闪长岩，少量碱性花岗岩。常呈岩基状产出，系多次侵入的复式花岗岩体。燕山期主要为燕山中期（γ_5^2）、燕山晚期（γ_5^3），岩性为花岗斑岩、花岗正长岩、文象花岗岩等。常呈岩株、岩墙产出，规模较小，分布零星，往往受与断裂有关的裂隙所控制。

松辽盆地西部岩浆岩以燕山期酸性、中酸性侵入岩为主，其次为海西期（γ_4^3）侵入岩。此外，在盆地西部及西南部中生代地层中常见有火山岩及火山碎屑岩，如义县组（K_1y）为安山岩、英安岩、熔结凝灰岩及流纹岩的岩石组合，系中心式、裂隙式火山喷发形成。

应该认为上述酸性、中酸性侵入岩和火山岩是盆地砂岩型铀矿形成的重要铀源，是区域上铀成矿的有利因素。

（四）盆地构造发展史

开鲁地区乃至整个内蒙古和东北的此部在古生代时期是一片海洋，海底是大洋壳，通过北部西伯利亚地台和南部中朝地台边缘地禮褶皱相向增生，致使在古生代末期沿西拉木伦河断裂带两个地台相拼合，形成古欧亚大陆，此为开鲁盆地基底构造发展的基本概况。

三叠纪至晚侏罗纪，开鲁地区属隆起区，未接受沉积。在早白垩世地壳大面积隆起和大规模中酸性火山喷发及花岗岩侵入的背景下，开始了盆地的形成和发展阶段。

1. 断陷阶段

早白垩世早期义县组火山岩的喷发活动，大致以NE－NNE向大兴安岭为轴线，向东进入松辽盆地，活动减弱，沉积减薄，主要发育在NE－NNE向的断陷槽内。

义县期火山活动，在不同方向和期次的断裂共同作用下，盆地内凹凸相间的构造格局的雏形开始形成（如陆家堡凹陷、哲中凹陷及哲东南凸起上的小型凹陷）。早白垩世晚期水体变浅，出现了河、湖、沼泽并存的古地理景观（如阜新组煤系地层），由于盆地的整体抬升剥蚀，下白垩统于上白垩统之间为不整合接触。

2. 拗陷阶段

晚白垩世时，盆地进入拗陷发育阶段。泉头组广泛分布，直接覆盖于阜新组并超覆于凸起之上，产状平缓，表现出典型的拗陷沉积特点。与松辽盆地内部不同，受临近山区上隆的影响，盆地西北一侧时升时降，泉头组向西北边缘迅速减薄。青山口组为浅湖相，分布局限。直到姚家组沉积期，盆地内才开始出现大面积的河流相沉积（为区域上砂岩型铀成矿的有利沉积环境）和相继的滨湖、浅湖相沉积。晚白垩世末，盆地又大面积抬升，嫩江组遭受剥蚀（除哲中凹陷尚存嫩一、二段外，陆家堡凹陷仅见嫩一段）。嫩江组与四方台组之间为区域不整合。

从沉积旋回分析，泉头组－青山口组，姚家组－嫩江组，各为一个完整的沉积旋回。每个旋回都显示出沉积物由粗－细，沉积环境由活动－平静、由干旱半干旱古气候－相对湿润的古气候沉积环境变化的特点。

3. 萎缩阶段

晚白垩世末期，由于嫩江运动的影响，盆地大面积抬升，致使嫩江组（K_2n）与四方台组（K_2s）之间表现为区域不整合接触，嫩江组因遭受剥蚀而出露不全。其构造运动特点是东强西弱，东早北晚。由于掀斜作用，使上白垩统层位在盆地东部广泛出露。盆地沉降中心由东向西迁移，四方台组、明水组向西迁移并萎缩。由于持续缓慢上升，湖盆消失，全部为河流相沉积。

如上所述，盆地经历了断陷、拗陷和萎缩三个构造发展阶段。受盆地所处的构造背景的控制，其构造演化与松辽大盆地相比有着很大的差异：主要表现为断陷阶段持续稳定的沉降（有利于生油岩的形成）和断陷阶段的间歇性升降（使盆地边缘地区出现多次地层超覆和不整合）。

值得重视的是与铀成矿作用紧密相关的新构造运动在本区表现明显。明水组后，盆地一直抬升，与古近系渐新统依安组（E_3y）之间呈角度不整合接触关系。依安组与大安组（N_1d）之间也为不整合接触。大安组与泰康组（N_2t）之间为平行不整合接触（详见表2–1）。

以上新构造运动以白垩纪与古近纪之间，古近纪与新近纪之间尤为重要。上述多期次新构造运动与本区砂岩型铀矿的成矿年龄相吻合。

第四节　区域水文地质特征

（一）自然地理特征

矿区处于松辽平原的西南部，西辽河平原中部，地势平坦，一般海拔高度在158~166 m之间，土质肥沃，防风林带纵横交织；矿区南部约15 km处的西辽河呈东西向通过，西辽河是辽河的最大支流，其上源为西拉木伦河，经开鲁到通辽流向东北注入辽河，据通辽水文站1965—1973年资料，年最大流量29.4~238 m^3/s，年平均流量0.1~11.2 m^3/s，年径流量0.032~3.33亿 m^3。矿区北部约16 km处新开河自西而东流过，为季节性河流，雨季年平均流量3.79 m^3/s，最大水深3.47 m，最大断面流速1.35 m/s。

区域上还有教来河、洪河，由西南流向东北，流量较小，旱时干枯，在巴苏西北两河汇流入红领巾水库，后经中部平原于潘店东北流出本区，这些河流因上源抗旱截蓄，已成为灌期有水，平时干枯，受人为控制的间歇性河流。

红领巾水库是本区域最大的水库，库区面积30 km2，位于矿区的南部(偏东)约32 km处。

地貌特征本区属西辽河平原中部，堆积地形十分发育，南部和北部的大片地区是风沙的频繁活动区，其上坨、沼漫布，坨、甸相间，风成微地形颇为发育，下伏为断续出露的冲积平原。本区在冲积、风积两个主要外营力的长期作用下，形成了一个以冲积地形为基础而又具有风成特色的地貌景观。中部和东北部是河流长期活动、汇集的地区，在河流长期冲刷、搬运和堆积过程中，形成了一个近东西向延续的、宽阔平坦的河谷平原地形。综上所述，堆积作用是形成本区地貌形态的主要因素，而冲积、风积作用则是塑造堆积地形面貌的两个主要外营力作用。主要地貌形态有：河谷冲积平原河滩型、风积冲积平原沼地型、坨间甸地型、沙坨地型和微起伏平地型等。

（二）地下水类型及含水岩系

本区属松辽平原的西南部西辽河盆地开鲁坳陷水文地质区，在垂向上盆地内有巨厚的中新生界碎屑岩及松散堆积层，形成了丰富的孔隙潜水和孔隙裂隙承压水。根据本区水文地质特征，将其划分为两大类地下水含水岩组：即为前第四系孔隙裂隙承压水含水岩组和第四系松散沉积物孔隙潜水含水岩组。

1. 前第四系孔隙–裂隙承压水含水岩组

该组地层主要为上白垩统和上第三系，在地表很少出露，多埋藏于116~160 m以下，被第四系所覆盖，主要岩性为砂岩、砂砾岩、粉砂岩、泥岩和页岩等组成，含水层呈多层结构，隔水层相对较稳定。根据区域性资料，可划分为三个较稳定的含水岩组。

（1）上第三系泰康组下段承压水含水岩组。

主要岩性为砂岩、砂砾岩，其中夹多层泥岩，含水层厚度30~60 m，岩石疏松，孔隙发育，富水性较强，单井涌水量大于1 000 m^3/d，局部地段为100~1 000 m^3/d，水化学类型主要为HCO_3–Na和HCO_3–Na・Ca型水，矿化度＜1 g/L，pH值为7.5~8.0。

（2）上白垩统姚家组孔隙承压水含水岩组。

主要岩性为砂砾岩、砂岩、粉砂岩夹有泥岩和粉砂质泥岩，含水层稳定，呈现多层结构，每层厚在20~50 m之间，富水性贫乏至中等，单井涌水量50~200 m^3/d，单位涌水量0.01~0.04 L/(s・m)，渗透系数0.01~0.30 m/d，水化学类型为HCO_3–Na、HCO・Cl–Na型水，矿化度1.0~6.0 g/L，属微咸水，pH值为7.2~8.0，个别为8.5。

（3）上白垩统泉头组承压水含水岩组。

主要岩性为粉砂岩、砂岩、砾岩和泥岩、泥质粉砂岩组成，多层结构，每一含水层厚10~40 m，富水性较弱。区域上其总体特征是：水质类型单一，属于HCO_3–Na型水，矿化度为1.7~13 g/L。

2. 隔水层的结构和组成

区域性隔水层有三组：

（1）上第三系泰康组上段隔水岩组，主要隔水岩性为黄色、蓝灰色、灰绿色粉砂质泥岩夹少量粉砂岩，是第四系孔隙潜水的稳定隔水底板。

（2）上白垩统嫩江组一段隔水岩组，主要岩性为灰黑色泥岩，致密，水平层理发育，下部为黑色泥页岩是嫩江组的标志层，作为区域性稳定隔水层。是姚家组含水岩组的隔水顶板。

（3）上白垩统青山口组一段隔水岩组，主要岩性为黑色泥岩，厚度为10~20 m，为良好的隔水层，其分布面积广、稳定性好，是姚家组含水岩组的隔水底板。

另外，上白垩统姚家组、泉头组也有泥岩、粉砂质泥岩、泥质粉砂岩等透水性差的岩性互层，其厚度不均。姚家组上段和下段之间也分布有稳定的隔水岩层。

3. 第四系松散沉积物孔隙潜水含水岩组

该岩组地层在区域上广泛分布，沉积厚度大，约110 m，自上而下由四个第四系不同时代的含水岩组组成，上部由全新统、上更新统顾乡屯组粉砂、细砂和淤泥细砂组成；中部由中更新统大青沟组粗砂、中砂、细砂和淤泥粉砂、细砂组成；下部由下更新统白土山组卵砾石、砂卵石，含高岭土砂砾石和粗砂、中细砂夹砾石组成。这四个不同时代的含水层虽有各自的不同的水文地质特点，但在整个区域水文地质条件上都有相依共存的密切水力联系，都有一个统一的补给来源，因而形成一个具有自由水面的相互沟通的第四系松散堆积层孔隙潜水单一类型的统一含水体，蕴藏着丰富的地下水资源。

根据不同地区的埋藏条件、岩性结构、含水层厚度和富水性等条件，本区地下水的分布主要有如下规律：

（1）含水层结构及岩性由西南向东北具有与地层结构及岩性相一致的分布规律。西部和南部地区含水层岩性粒度较粗，结构比较单一，向东北黏性土夹层增多增厚，含水层岩性粒度变细，淤泥成分增加，含水岩组由比较单一的结构变为由多个含水层组成的统一含水体。

（2）含水层岩组厚度由西部向东北及由西部向东南逐渐变薄，西部地区含水层厚度大于130 m，由通辽西向东北→钱家店南→高林屯及由通辽西向东南→乌尔塔拉，含水层厚度分别呈现有130 m→100 m→60 m→$<$60 m及130 m→120 m→$<$120 m的分带规律(如图2-6所示)。

（3）含水层富水性由西南向北和由西向东南逐渐变差，含水层涌水量具有明显变化，并呈现有与含水层厚度分带近于一致的不规则的环带状分布规律。

在西部的敖宝、育新地区，含水层厚度较大，岩性颗粒较粗，含水层富水性较好，涌水量较大，在降深5 m时单井涌水量在3000~5 000 m^3/d，个别地段大于5 000 m^3/d。含水层受基底构造隆起和岩性、岩相的变化影响，厚度变薄，颗粒变细，泥质含量增多，富水性变差，如中乌力吉塔拉、花吐古拉等地，单井涌水量在1 000~2 000 m^3/d，在东北部，白兴吐一带受架马吐隆起构造影响，含水层厚度薄，颗粒细，泥质成分高，富水性较差，单井涌水量500~1 000 m^3/d。

（4）地形地貌条件与地下水的埋藏条件具有一致性的分布特点。在河谷平原，地下水埋深一般较浅，大部分地区在1~3 m，如西辽河一带，沼地、坨间、甸地埋深较浅，在1~3 m之间，局部小于1.0 m，地形起伏较大和地形相对较高的地区，埋深相对较深，水位埋深大于3.0 m，如大吐尔基山—茂道吐一带，白兴吐一带。

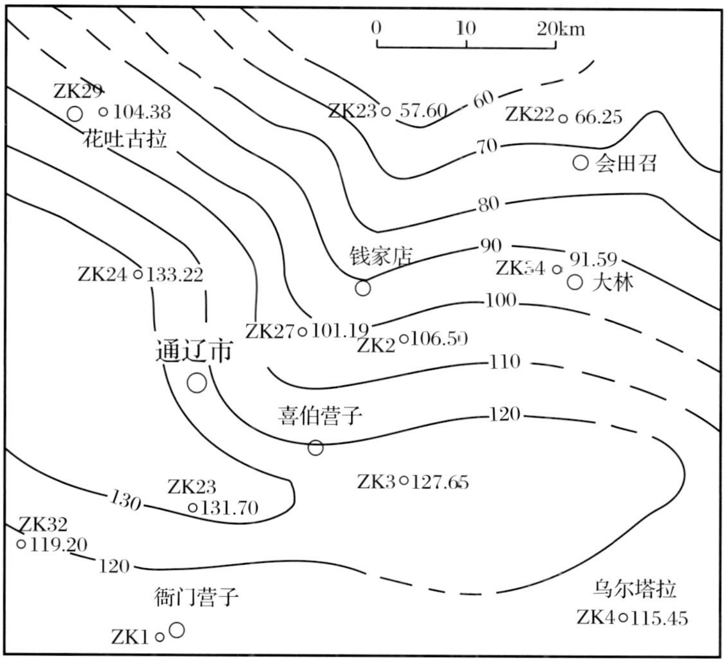

图2-6 第四系含水层等厚度图

1-水文地质钻孔：ZK23，131.70，前者为钻孔编号，后者为含水层厚度（m）；
2-含水层等厚度线：-120-，数字为含水层厚度（m）

综上所述：地质构造条件是控制本区地下水形成与分布的基本条件，地下水富水性与地层的岩性结构、粒度大小有着极为密切的内在联系，地形地貌条件是控制地下水埋藏条件的基本因素。

（三）区域地下水补给、径流和排泄条件

对整个开鲁坳陷而言，它是一个完整的水文地质单元，具有自流水盆地的特征，地下水由盆地周边蚀源区补给，地下水径流向中心汇集；研究区属于开鲁坳陷的一部分，处于其东北部第四系松散堆积平原，具有西高东低和南北高、中间低的地形特点，这一特点和岩性结构为本区地下水的补给、径流创造了有利条件。

（1）前第四系孔隙－裂隙承压水的主要补给来源是由大气降水、周边蚀源区地下水的补给，接受第四系松散沉积物孔隙潜水的渗入补给和各层间地下水的越流补给。

根据松辽盆地NOAA、AVHRR、1∶50万气象卫星图像、1∶500万TM图像资料，结合航磁、重力断裂解释成果，综合分析了上白垩统姚家组地下水补给、径流、排泄

条件，可基本反映该区深部地下水的运动规律(如图2–7所示)。凹陷中心为姚家组承压水的汇水中心，嫩江组的剥蚀区即为承压水层的补给区。西拉木伦河断裂和奈曼—通辽断裂的夹持区为开鲁地区的主要排泄区，所控制的陆家堡、钱家店凹陷的NE、NNE向断裂为局部的排泄区，铀异常分布与排泄构造的NE、NW向断裂关系密切。

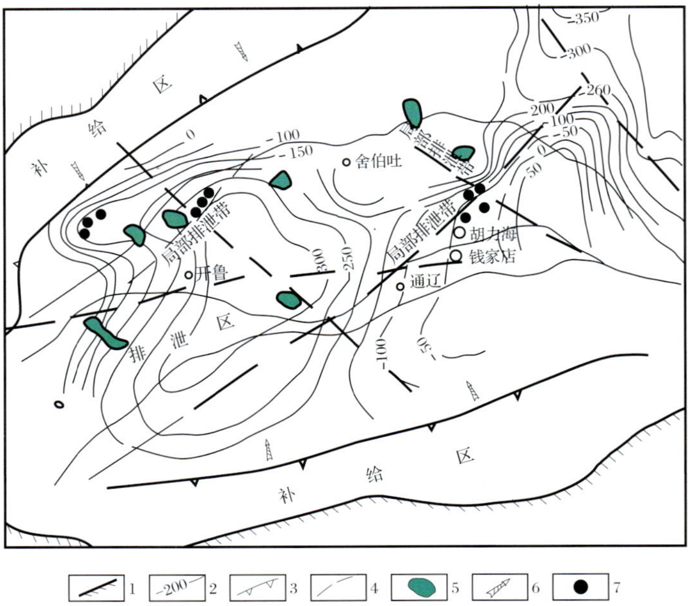

图2-7　姚家组承压水水动力示意图

1-盆地边界；2-姚家组顶界等深线；3-姚家组顶界剥蚀界线；4-推测断裂；5-河流、水泡子；6-承压水流向；7-铀异常矿化孔

（2）第四系松散层孔隙潜水的补给来源：直接受大气降水的补给，在沿河两侧受河水渗漏补给和大面积的地表水漫灌入渗补给，西部和西南部、南部受地下水的径流补给，经中部地区流向东北(如图2–8所示)。

本区地下水的径流条件较好，地层岩性松散，颗粒较粗，西部、西南部和南部地区水力坡度较大，地下水径流畅通，东南部地区尤为突出。由西、南向东北随地形标高降低，岩性粒度变细，水力坡度减少，西、南部分别为1/560和1/780，东北部为1/2 500，地下水径流由畅通变滞缓；地下水渗透系数为5~15 m/d，最高达24.1 m/d，个别地段为1.96 m/d。河流除汇水期补给地下水外，平时则以排泄地下水为主。

西辽河是开鲁坳陷的区域排泄区。本区地下水排泄条件，除坨间甸地泄水能力较差，一般较好。地下水在运移过程中主要消耗于土壤蒸发和植物蒸腾，部分则以地下径流泄于区外。

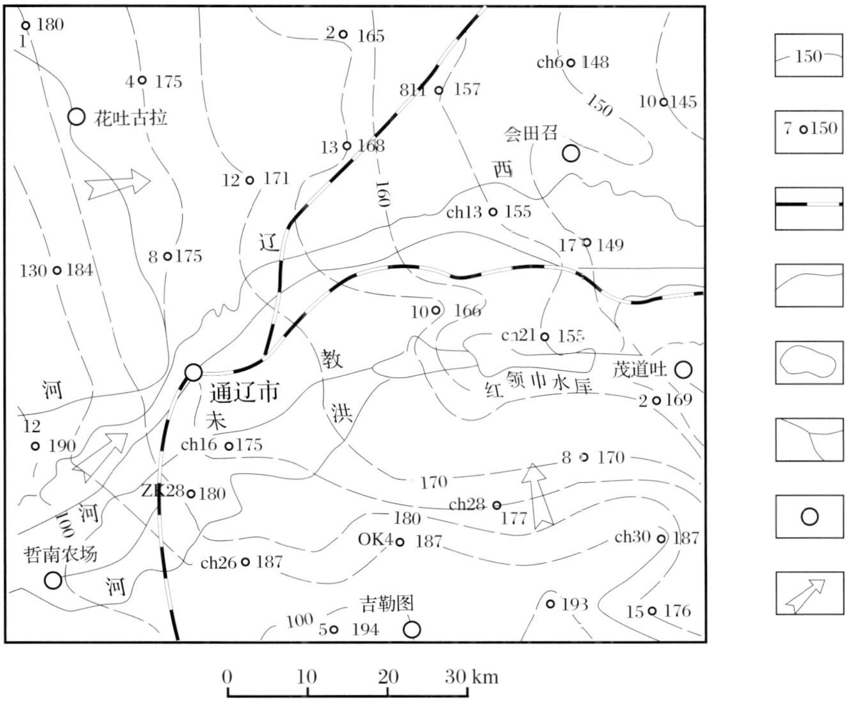

图2-8　第四系地下水等水位线图

1-等水位线（m）；2-控制点，左侧为编号，右侧为水位标高（m）；3-铁路；4-公路；5-水库；6-河流；7-居民点；8-地下水流向

（四）区域地下水水化学特征

1.潜水水化学特征

本区地下水水化学类型的形成与分布是受多种因素相互作用的结果。它与地貌形态、岩性成分和地下水的补给来源、径流、排泄条件等均有密切联系，其主要特征如下：

（1）阴离子类型单一，为重碳酸型水，这与直接接受大气降水补给有关，且地下水径流条件颇为良好，水力坡度较大，地下水循环交替比较强烈，运移畅通等有关。

（2）阳离子类型是控制本区水化学类型变化和分布的基本因素。按阳离子分为五种基本类型：即Ca、Ca·Mg、Ca·Na、Ca·Mg·Na、Na型。从东向西，从南向北有明显的分带性，由东向西呈现出HCO_3–Ca→HCO_3–Ca·Mg→HCO_3–Ca·Mg·Na→HCO_3–Ca·Na型水的水化学分带规律；由南向北呈现出HCO_3–Ca·Mg→HCO_3–Ca·Mg·Na→HCO_3–Ca·Na→HCO_3–Na型水的水化学分带规律，这与地下水径流条件、地下水循环交替强弱以及岩性有关。由西、南向东北随地形变缓，岩性颗粒变细和淤泥成分增加，地下水径流渐变滞缓，地下水循环交替能力减弱，坨地地下水埋藏变浅，给钠离子淋滤累积创造了有利条件，北部钠离子逐渐增高，形成HCO_3–Na型水。

（3）矿化度低，一般在0.3 g/L左右，最高0.88 g/L。矿化度的变化规律与潜水水质类型分布相一致，东南部多为小于0.3 g/L的HCO_3–Ca·Mg和HCO_3–Ca型水，中部和西部多为0.3~0.5 g/L的HCO_3–Ca·Mg·Na和HCO_3–Ca·Na型水，北部多为大于0.5 g/L的HCO_3–Na·Ca和HCO_3–Na型水（如图2–9所示）。

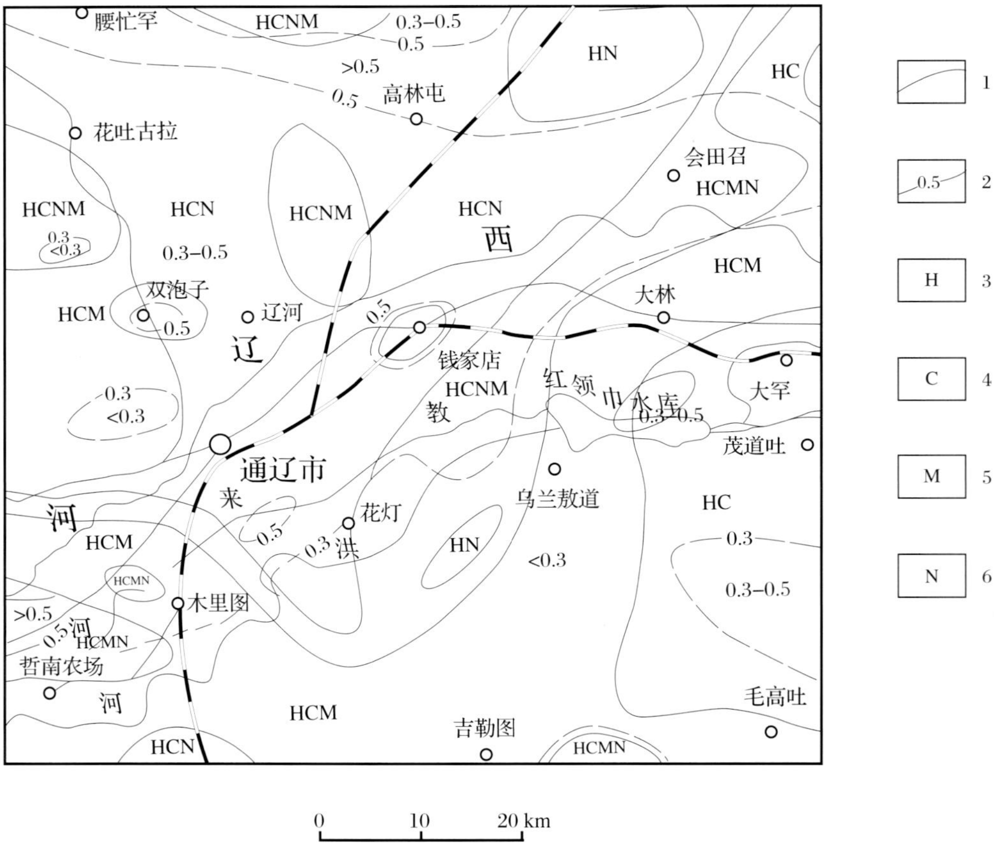

图2-9 潜水水化学图

1-水化学类型分区界线；2-矿化度等值线及量值（g/L）；3-HCO_3^-；4-Ca^{2+}；5-Mg^{2+}；6-Na^+

2.深部承压水水化学特征

深部承压水水化学类型比较单一，以HCO_3–Na·Ca和HCO_3·Cl–Na型水为主，矿化度随着深度的增加有增高的趋势，如姚家组上段矿化度1.0~3.0 g/L，姚家组下段矿化度3.0~6.0 g/L，泉头组矿化度为1.7~13 g/L，pH值7.2~8.41，属弱碱性水。泉头组含水层水文地球化学环境较特殊，根据油田资料划分为油田水，属HCO_3–Na型水，矿化度高。

第五节　区域铀成矿条件

砂岩型铀矿成矿作用一般受控于铀源、构造条件、岩性岩相条件、古气候条件、水文地质条件等五个方面。通过综合分析，认为松辽盆地钱家店凹陷上白垩统姚家组具备了层间氧化带砂岩型铀矿成矿的基本地质条件，找矿前景较好。具体分析如下。

（一）铀源条件

形成砂岩型铀矿需要丰富的铀源，它可来自于两个方面。一是蚀源区岩石中的铀；二是含矿层本身遭受后生氧化浸出的铀。

1. 蚀源区铀源条件

钱家店凹陷位于松辽盆地西南缘，其物源主要来自于盆地东南部及南部的加里东–燕山期花岗岩和中生代酸性火山岩类，这可以从区内岩石的砾石成分、砂岩物质组成及岩石化学等多方面加以证实。

工作区砾岩的砾石成分大致可以分为两类：一类为近源的泥岩砾石，即泥砾，泥砾呈不规则状，棱角明显，圆度差，这一类泥岩砾石来自于下伏岩层中的泥岩层，经二次剥蚀–搬运–沉积而成；另一类为远源的砾石，砾石圆度相对较好，成分复杂，砾石较为坚硬，大致有花岗岩类和火山岩类两种砾石。如QC–1井250 m处见有流纹岩、流纹斑岩角砾、次流纹斑岩角砾、石英粗面岩或石英粗安岩角砾，代表砾石的源岩为火山岩（酸性或中酸性火山岩）。在钻孔中所见的片麻状黑云母花岗岩角砾（2~8 mm），镜下所见的微斜长石角砾均代表其源岩为花岗岩类岩石。此外，本区姚家组砂岩一般为长石砂岩，以及趋于花岗质岩石的化学成分特征（如$K_2O > Na_2O$），都代表了其源岩为花岗岩类岩石。

事实上，松辽盆地东南部张广才岭蚀源区富铀岩体发育，蚀源区岩石时代及类型主要有海西期酸性、中酸性侵入岩（γ_4）、燕山早期中酸性侵入岩（γ_5^2）、前寒武系地层（An∈）、少量发育燕山晚期酸性中酸性侵入岩（γ_5^3）、加里东期酸性中酸性侵入岩（γ_3）。盆地东南部蚀源区伊通–辽源–西丰（山城）一带海西期酸性、中酸性侵入岩占50%以上，其次为燕山早期酸性、中酸性侵入岩，两者构成蚀源区的主体。盆地南部蚀源区大孤家–清库–卫星–大甸子一带以前寒武系及海西期酸性、中酸性侵入岩为主；说明蚀源区岩体主要为酸性、中酸性侵入岩。此外，大兴安岭东坡的中生代火山岩也是以酸性火山岩为主。这些岩性特征表明盆地蚀源区为有利蚀源区。

根据地表能谱测量结果（见表2–2、表2–3），盆地西缘大兴安岭东坡的侏罗纪火山岩铀含量较高，达（5.5~8.7）$\times 10^{-6}$。盆地东缘昌图至兴隆山地段岩体的铀含量也较高，为（3.4~7.2）$\times 10^{-6}$。

航测资料也反映出松辽盆地东南部及南部蚀源区具有放射性高场特征。

上述特征表明松辽盆地蚀源区能为钱家店凹陷砂岩型铀矿的形成提供较丰富的铀源。

表 2-2　松辽盆地西缘大兴安岭中段侏罗纪火山岩地层放射性元素丰度

地层		岩性	测点	U (10^{-6})	Th (10^{-6})	K (%)	Th/U
组	代号						
宝石组	J_3b	酸性角砾熔岩、流纹岩、凝灰岩	28	8.7	32.3	5.3	3.99
龙江组	J_3l	流纹岩、安山岩、凝灰岩、砂砾岩	20	6.5	77.40	4.8	11.9
付家洼子组	J_2f	粗安岩、玄武岩、英安质凝灰岩	46	7.7	15.50	4.8	2.01
呼日格组	J_2h	流纹质凝灰岩、晶屑凝灰岩、凝灰质砂岩	75	5.5	26.10	5.0	4.75

注：据γ能谱测量和据244大队、240所资料综合。

表 2-3　松辽盆地东缘昌图至兴隆山地段岩体放射性元素丰度

侵入期	代号	岩体名称	主要岩石类型	U (10^{-6})	Th (10^{-6})	K (%)	Th/U
燕山期	γ_5^{2-3}	半拉山门	流纹岩	7.2	15.6	2.5	2.17
	γ_5^{2-3}	农林－泉眼	粗粒花岗岩	5.11	14.01	2.89	2.74
海西期	$\gamma_5^{2(3)}$	石厂－胡家屯	花岗岩	3.5	15.5	2.55	4.43
	γ_5^{2-3}	窝堡屯	花岗岩	3.5	12.8	3.0	3.66
	γ_5^{2-3}	营城子	花岗岩	5.5	10.5	2.15	1.9
	γ_5^{2-3}	下石虎	花岗岩	5.5	15.6	2.62	2.84
	γ_5^{2-3}	后庙岭	白岗质花岗岩、闪长岩、花岗岩	3.37	12.5	2.69	3.71

注：据γ能谱测量和据244大队，240所资料综合。

2. 地层铀源条件

蚀源区主要是中酸性岩石，为沉积砂体形成铀的预富集有了好的物质基础。晚白垩世嫩江末期，松辽盆地发生构造反转作用，使得矿区以南及东南的白垩纪及其以前的地层掀斜，广泛裸露到古地表，接受剥蚀作用。之后，矿区以南及东南的地层在盆地隆升剥蚀期长期裸露、风化和剥蚀，其中的铀，特别是古风化壳的铀很容易被含氧的古地表水活化出来，并随古地表水一起沿含矿层的古地表天窗口渗入到含矿层地下水。此外，含矿层砂体在后生含氧含铀水的层间氧化作用下，其氧化带砂体中的铀也很容易被氧化、进入地下水，并随含氧含铀地下水一起向含矿层水力梯度降低的深部迁移，直至地下水中的自由氧耗尽，地下水中铀才被还原、吸附沉淀而富集成矿。因此，矿区以南及东南地层风化壳中的铀及含矿层层间氧化带中的铀也可为本区砂岩矿成矿提供丰富的铀源。

（二）构造条件

砂岩型铀矿成矿有利的构造条件包括两个方面，一是大地构造条件，大型层间氧化带砂岩型铀矿的成矿区多介于造山带与台型盆地的次造山带构造区；二是盆地构造演化条件，要求含矿建造形成于弱伸展构造环境，尔后经历弱挤压构造环境，目的层形成后经历较长时间的缓慢隆升剥蚀作用，以有利于层间氧化作用的不断进行和成矿。

从钱家店凹陷所处的大地构造背景及地下水运移动力条件分析表明，东部蚀源区及西部蚀源区分别为张广才岭和大兴安岭，海拔400~1 670 m，属中小幅造山带。盆地中心沉降幅度较大，姚家组埋深达2 000 m，不利于找矿。但钱家店沉降幅度较小，姚家组底界埋深为200~400 m（如图2–10所示）。因此，可以说钱家店凹陷的大地构造背景相当于次造山带环境，它虽没有中亚产铀盆地那样有大规模的造山带为依托，但也有中小幅造山带为依托，具备了形成地下水补给–径流–排泄完整体系的基本条件，总体上仍比较有利于层间氧化带型砂岩铀矿的发育。

从盆地地质构造演化分析可知，松辽盆地经历了多个构造演化阶段，早白垩世(义县–阜新期)为断陷(相当于强伸展期)阶段，晚白垩世早期(泉头期–嫩江期)为坳陷(相当于弱伸展）阶段，晚白垩世晚期(四方台–明水期)为挤压萎缩阶段，古新世–始新世为整体隆升剥蚀阶段，渐新世–第四纪为差异沉降阶段。因此，从盆地构造演化来看，松辽盆地曾经具有从弱伸展向弱挤压转化的成矿构造背景。从该意义上，钱家店凹陷具有较好的层间氧化带型砂岩铀矿找矿前景，其找矿目的层应该是泉头组至嫩江组。

从钱家店凹陷区域地质构造背景分析，钱家店凹陷地处松辽盆地东南部，目的层地层产状平缓，褶皱不发育，属构造弱活化区。该区在晚白垩世嫩江期后经历了较长时间的缓慢抬升与掀斜运动，并缺失古近系沉积。钱家店凹陷以东及以南地区的泉头组、青山口组、姚家组和嫩江组长期（时间长达65 Ma左右）遭受剥蚀，嫩江组也只是残留嫩一段，其厚度也只有0~几十米，接受下降水的长期淋滤，为后生层间氧化带型砂岩型铀矿成矿创造了极为有利的条件。

此外，钱家店凹陷西北部发育有两条切穿沉积盖层的断裂，将钱家店凹陷深部的小油气田与上部地层（泉头组、姚家组）沟通，有利于深部还原性气体上升进入含矿层砂体，为后生层间氧化带砂岩型铀矿成矿提供还原剂。

从钱家店凹陷目的层埋深来看，姚家组埋深小于400 m（如图2–10所示），是找矿的主要有利层位；泉头组底界埋深多为400~600 m，只能是找矿的次要目的层。

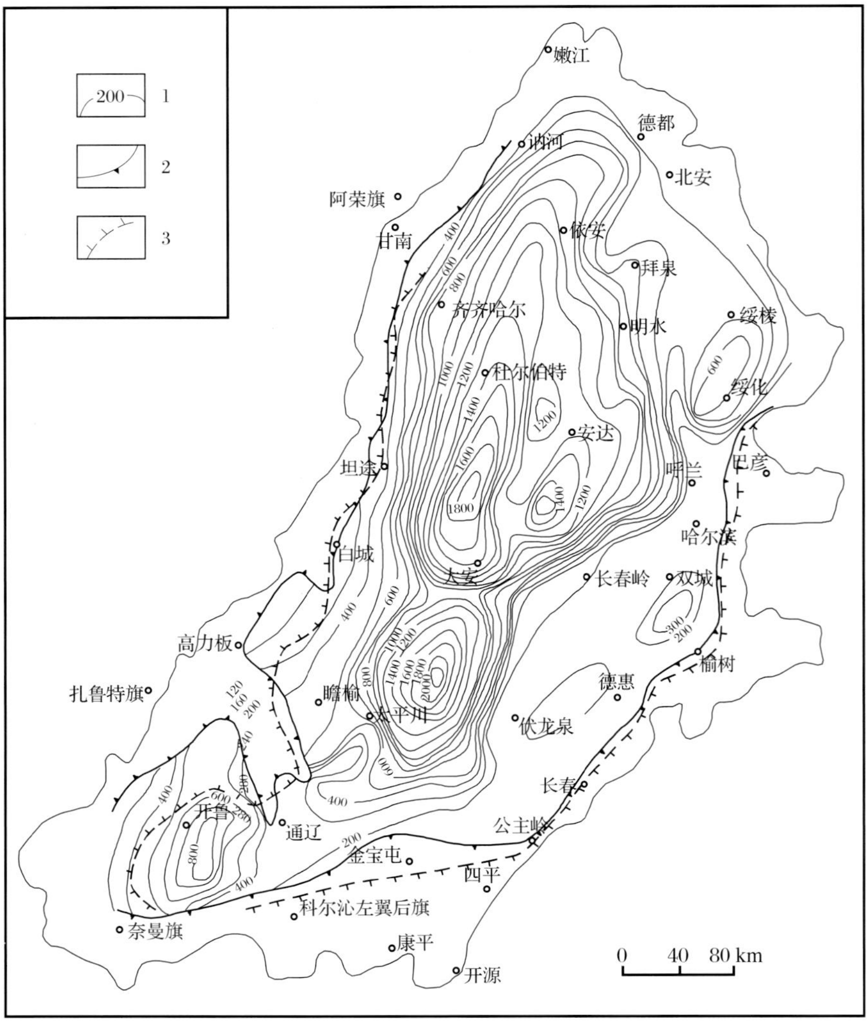

图2-10 松辽盆地姚家组底板等深线图

注：据田万文，1996。

1-姚家组底板等深线；2-姚家组沉积边界；3-青山口组沉积边界

（三）岩性岩相条件

国内外已知矿床产出的岩相研究表明，有利砂岩型铀矿成矿的沉积相主要为辫状河流相、三角洲相，其次是冲积扇前缘相及曲流河相。

松辽盆地岩相古地理研究表明，钱家店凹陷含矿层姚家组沉积属冲积扇－冲积平原沉积体系的一部分（如图2–11所示），岩相上主要属于辫状河流相，为有利成矿的岩相。该相沉积在钱家店凹陷（特别是钱Ⅱ块地段）具有很好的泥－砂－泥结构，单层砂体厚度为10~45 m，延伸稳定，加之地层产状平缓，为层间氧化带含氧含铀层间水的迁移聚集提供了良好的条件。

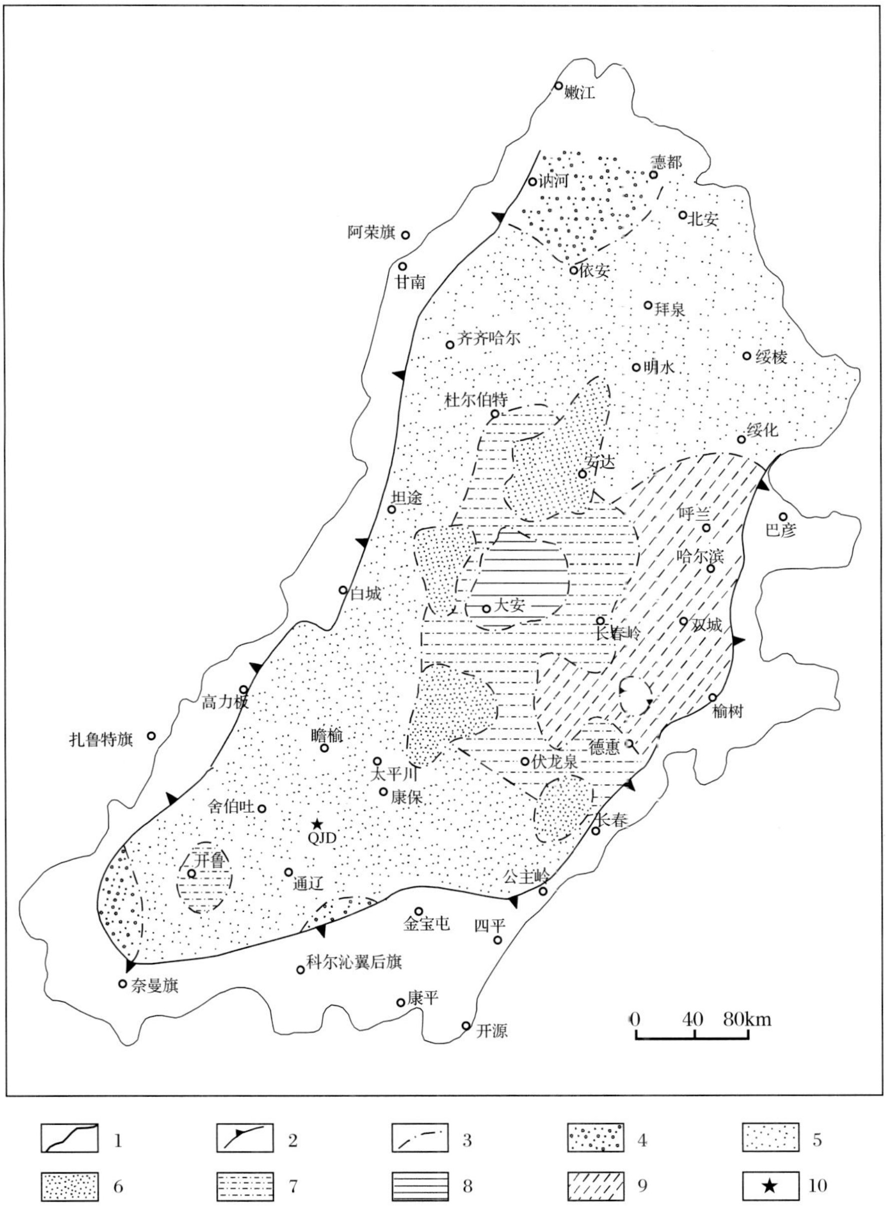

图2-11　松辽盆地上白垩统姚家组沉积相图

注：据王东坡，1994；田万文，1996等资料综合编制。
1-现今盆地边界；2-沉积或剥蚀边界；3-沉积相线；4-冲积扇相；5-冲积平原相；6-三角洲相；7-滨浅湖相；8-半深-深湖相；9-湖岸盐坪相；10-铀矿床

含矿层姚家组砂体岩性以浅灰色中细粒长石石英砂岩为主，岩石分选性较好，胶结物较小，泥质含量较低（一般小于15%），孔隙度较高（多为25%~35%），透水性能较好，有利于后生改造层间氧化水的运移和成矿。

本区含矿层姚家组砂体中有机质含量为0.13%，虽然明显低于伊犁盆地含矿砂体有机质含量（为0.99%），但与中亚地区层间氧化带砂岩型铀矿含矿砂岩的有机质含量（0.04%~0.3%）相当。此外，本区姚家组砂体中岩石硫含量为0.1%~0.3%，与伊犁盆地含矿层砂体中岩石硫含量（0.20%）相当。因此，可以说，本区姚家组含矿层砂体中岩石的还原容量基本上达到形成层间氧化带砂岩型铀矿的要求。加上凹陷边部有从深部上升的次生还原气体叠加，则更加有利于铀的二次还原成矿。

（四）古气候条件

国内外已知砂岩型铀矿成矿特点表明，砂岩型铀矿含矿建造可形成于各种古气候条件，我国也在不同古气候带含矿建造中找到了砂岩型铀矿床。如中国北方早中侏罗世的温带潮湿区形成的中下侏罗统煤系地层就发现了数个砂岩型铀矿床，如伊犁盆地的511、512、513矿床，吐哈盆地的十红滩铀矿床等，在白垩纪的NW–SE向南疆－华南亚热带气候区的红色（杂色）岩系中也发现一些有工业意义的砂岩型铀矿床，新疆的巴什布拉克铀矿床，衡阳盆地的汪家冲铀矿床和广西金鸡盆地的370、371矿床等。但是，与层间氧化作用成因有关的砂岩型铀矿床的成矿期几乎毫无例外地主要为干旱－半干旱性古气候期，如中国的伊犁盆地的511、512及513矿床以及中亚地层中的层间氧化带亚型砂岩铀矿床。这是因为干旱－半干旱古气候条件下，地表植被不发育，腐殖质层薄，有利于含氧水和铀的渗入，促使层间氧化带向深部发育和铀矿化的形成。

根据松辽盆地孢粉及岩石学等古气候恢复标志等研究，钱家店凹陷的含矿层（姚家组）形成于干旱－半干旱古气候条件，姚家组沉积以后该区经历了以下古气候变迁：

嫩一段至嫩四段沉积期，古气候总体以湿热及湿温为主。

嫩五段期－明水期，古气候总体为干热性质，在明水一段时期曾有较短的湿热古气候。

古近纪，早期以半干旱及暖湿气候为主，晚期以暖温半湿润古气候为主。

因此，本区自嫩江末期至古近纪，经历了40 Ma以上的半干热－干热性古气候，而这时，本区正好处于隆升剥蚀期，这对层间氧化叠加成矿作用是非常有利的。

综合松辽盆地古气候特征研究，根据上述国内外已知砂岩型铀矿成矿期古气候特征，认为本区古气候条件对形成层间氧化带亚型砂岩铀矿床是十分有利的。

（五）水文地质条件

水文地质条件控制铀矿化发育情况表现在两个方面。一是地下水动力学上铀矿床主要产于渗入型自流水盆地，铀成矿作用主要发生在含矿层地下水的径流区，并离局部排泄区较近；二是地下水化学性质上，成矿作用主要发生在含氧的地下水（Eh值高）与较还原的地下水（Eh值低）的过渡部位。

1. 水文地球化学条件

钱家店凹陷含水层结构可分三个含水系统：①上部含水系统，主要为第四系松散沉积物孔隙含水层；②中部含水系统，包括嫩江组下部含水层、姚家组上段含水层、姚家组下段含水层和青山口组含水层；③下部含水系统，即泉头组含水层（如图2-12所示）。

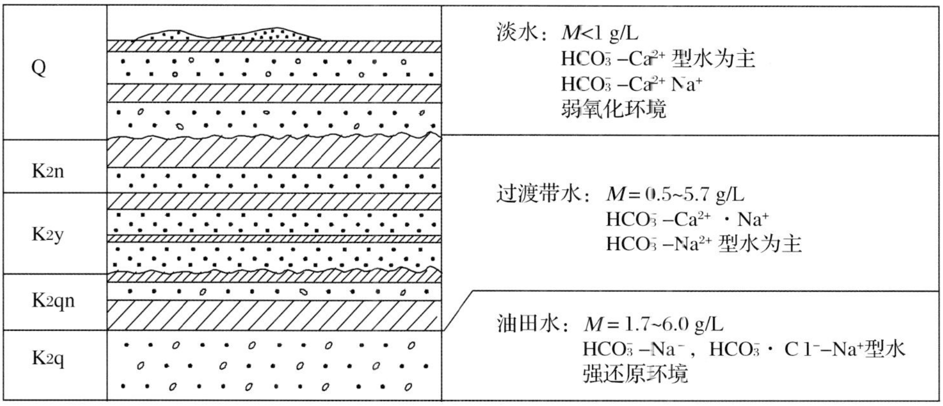

图2-12　钱家店凹陷水文地球化学环境结构示意图

上部含水层在矿区内地下水中的溶解氧含量较低，一般小于4 mg/L，最低为1.7 mg/L，最高为13.6 mg/L，Eh值为48.3 ~226.3 mV，pH=7.62~8.60；地下水矿化度低，为0.37~0.94 g/L，水质类型一般为HCO_3–Ca型水。地下水中铀含量变化较大，区域地下水中铀含量一般只有0.73 μg/L，但在高林屯的洋井一带水中铀含量大于10 μg/L，显示出较高的铀异常（如图2–13所示）。

中部含水层姚家组中的地下水化学成分较单一，以HCO_3–Na型和HCO_3 · Cl–Na型水为主，矿化度为3.1~5.7 g/L，pH=7.2~8.4，平均为7.6；Eh值为150~400 mV，水中铀含量为400~1 720 μg/L，最高可达2 580 μg/L，水中氡浓度114~2 028 Bq/L。姚家组含水层的高放射性元素含量显示其具有很好的成矿前景。

下部含水层，即泉头组含水层水质类型为HCO_3–Na型水，其矿化度很高，一般为1.7~15 g/L，最高可达60 g/L，Eh值较低，石油系统称之为油田水，具有较强的还原性。若有深部构造将其与中部含水层沟通，则能为中部含水层提供丰富还原剂。上述水文地质特征表明钱家店凹陷中部含水层（主要是姚家组）是形成层间氧化带砂岩铀矿的有利层位，洋井地段是找矿有利地段。

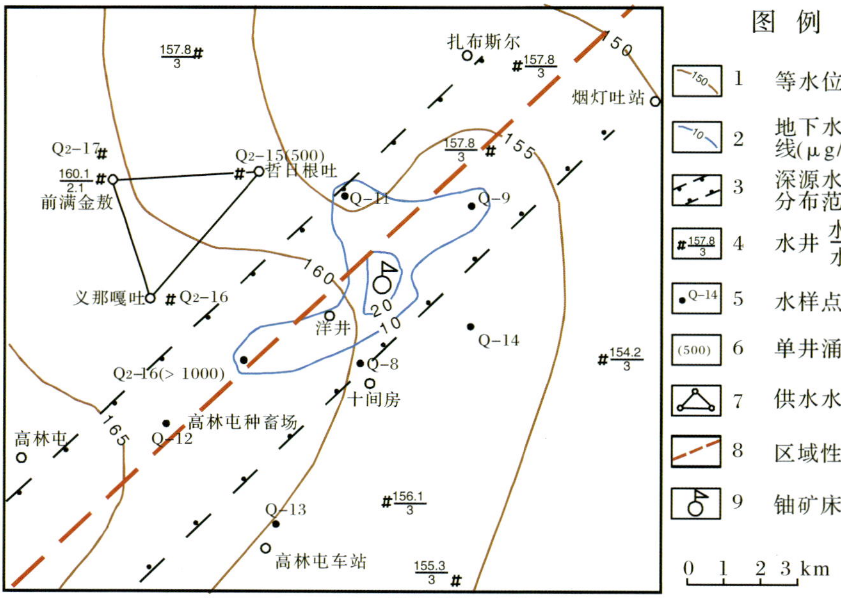

图2-13 矿区水文地质略图

2. 地下水水动力条件

钱家店凹陷处于松辽盆地区域水文地质的径流区中部。该凹陷属渗入型自流盆地，补给区为盆地东南部及西南部的蚀源区，排泄区主要位于凹陷西北部，表现方式以断裂构造排泄为主（如图2–13所示）。据水文地质抽水试验、地下水等水位线及流速流向测量结果，钱家店矿床矿区地下水的流向为323°~ 74°范围，多数为330°~ 45°范围，地下水流向为NW、NE向，表明矿区现代地下水的补给源来自盆地西南部和东南部。

值得注意的是，由于NE向深大断裂经过本区（如图2–13所示），影响了矿区内水文地质格局，该断裂沟通了各含水层之间的水动力联系。其结果不仅是各承压含水层的局部排泄源，而且在断裂带附近由于把深部含水层还原性很强的油田水导入了上覆含水层，在较强氧化环境的含水层中形成了规模较大的还原性较强的深源水文地球化学栅。这种深源水文地球化学栅是找矿的有利部位。

总体看来，钱家店凹陷地下水水文地球化学特征，特别是其“三元结构”特征和中部含水层的高放射性特征，断裂构造排泄区以及深源地球化学栅的存在对该区砂岩型铀矿的形成十分有利。

第三章

沉积体系与铀矿化

第一节 层序划分及对比

（一）高分辨率层序地层学原理

高分辨率层序地层学理论主要是基于四个基本原理，即：沉积基准面原理、物质守恒原理、沉积物体积分配原理及相分异原理。

1. 沉积基准面原理

基准面（base－level）是理解地层序、进行地层预测的普遍的参照格架。但对于基准面的涵义，不同的地质学家有不同的理解（如图3–1所示）。一些人认为，基准面即地貌上的平衡剖面，进一步的认识是地层基准面为分隔沉积作用和剥蚀作用的理论均衡面（Sloss，1963）。

Wheeler（1964）从地层保存作用出发认识基准面，并赋予其时间意义。它提出，基准面既不是海平面，也不是海平面向陆地方向延伸的水平面。地层基准面是一个相对于地表波状起伏的、连续的、略向盆地方向下倾的抽象面（非物理面）。这个面相对于地表上升和下降，其位置、运动方向及升降幅度不断随时间而变化。T.A.Cross等引用并发展了Wheeler（1964）关于基准面的含义，明确指出：基准面是一个潜在的势能面，它描述了可容纳空间变化与地表侵蚀、搬运与沉积过程之间的能量平衡(如图3-2所示)。

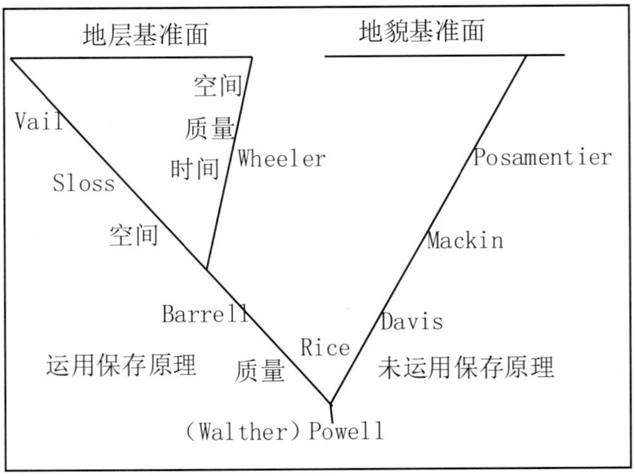

图3-1 基准面概念的演化及应用

注：Cross,1998。

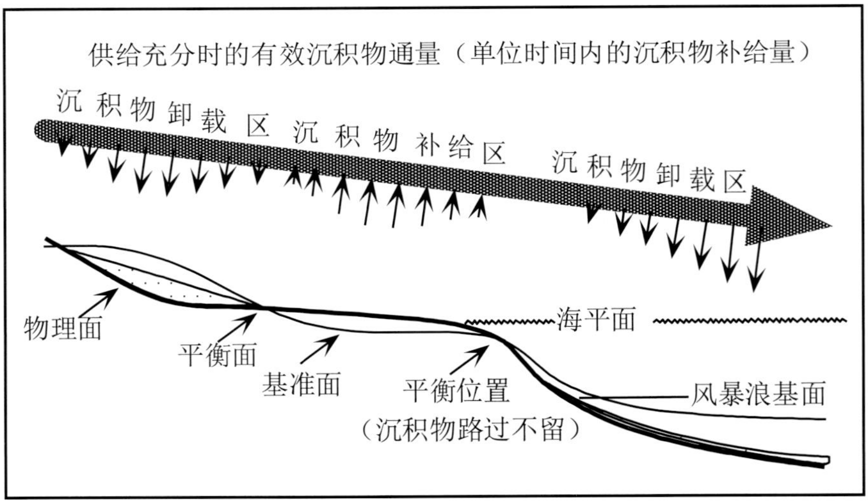

图3-2 基准面概念示意图

注：Cross,1994。

控制基准面的地质过程变量，如沉积地形、海（湖）平面升降、盆地沉降、沉积物补给、沉积负荷补偿等变化导致基准面的变化。因此，基准面处于不断的运动中。当基准面位于地表之上并相对于地表进一步上升时，可容纳空间增大，沉积物在该可容纳空间内堆积的潜在速度增加，但沉积物堆积的实际速度还受控于搬运和沉积物质的地质过程。当基准面位于地表之下并进一步下降时，侵蚀作用的潜在速度增加，但实际侵蚀速度也受将沉积物搬离地表的地质过程限制。因此，基准面描述了可容纳空间建立与消失及其与沉积作用相对关系的变化过程。

基准面在变化中具有向其幅度的最大值或最小值单向移动的趋势，构成一个完整的上升与下降旋回，称基准面旋回（base-level cycles）。可容纳空间与沉积物补给比值（A/S）向单一方向增加与减小的地层旋回变化记录了基准面旋回。

2. 沉积物体积分配

物质守恒与基准面相对于地表的升降产生了第三个原理——沉积物体积分配。沉积物体积分配指在基准面变化期间相域内不同沉积物体积的保存作用。

基准面旋回过程中可容纳空间大小随地理位置变化，由此，堆积在相应的沉积环境中的沉积物体积发生时空变化（Cross，1998）。基准面上升期，地表和基准面的交点向上坡方向移动，扩大了可容纳空间的范围，增加了向盆地边缘方向沉积物储存能力，堆积在盆地边缘相域内的沉积物体积增加，近盆地中心位置相域内的沉积物体积相应减少；基准面下降期，盆地边缘相域的可容纳空间相对减小，被搬运到近盆地中心位置的沉积物体积增加。二维剖面上，沉积物的体积分配作用直接表现为同一沉积体系的地层在相同时间单元内、不同地理位置沉积地层厚度的变化（如图3–3所示）。

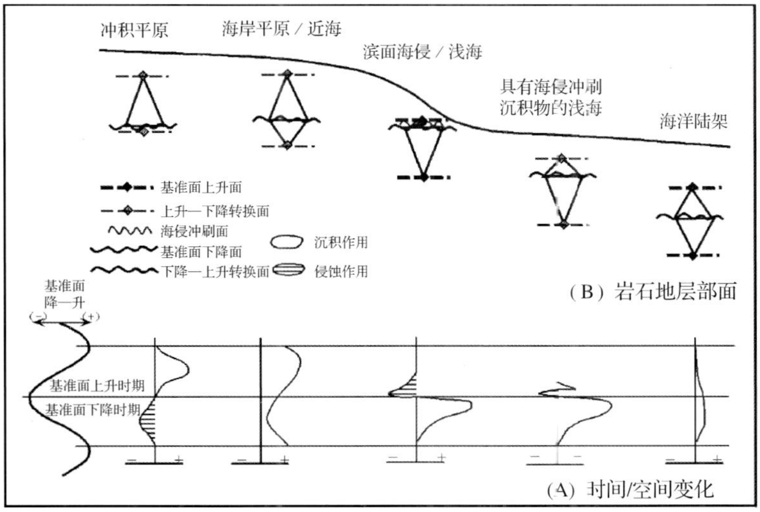

图3-3　基准面旋回期间不同相域的沉积物体积分配

沉积物体积分配表明地层过程——响应系统遵循能量守恒定律。“一个不整合标志着一个时间域，该时间域在其他区域表现为地层沉积”（Barrell，1917）。也就是说，如果某一地区存在不整合面，在不整合面的下坡终点位置必然存在着时间上与其相当的由该不整合面剥蚀搬运而来的沉积物堆积的地层。某一地区地层记录（地层保存程度、几何形态、内部结构等）必然包含着在时间上与其相同的另一个地区的地层（或不整合）属性。正因如此，地层记录才具有时空分布的有序性和三维空间分布的可预测性。

3. 相分异原理

相分异(Facies Differentiation)指在基准面变化周期中岩石的沉积学和地层学属性的变化(Cross，1998)，具体指地层的几何形态、相组合和相序、岩石多样性、层理类型和岩石物性等的差异。由于沉积物体积分配控制或影响着相组成、相组合与相序、原始地貌保存程度、岩石物性、地层结构以及旋回的对称性，因此，相分异在很大程度上是沉积物体积分配的结果。

相分异有两种类型。一种是在不同的A/S值条件下沉积剖面上相同环境或地理位置的地貌要素的变化，如随A/S值变化形成的不同类型的三角洲及其相组成的变化（如图3-4所示）；另一种是原始地貌要素保存的程度及其相对比例的变化，如，同是辫状河流沉积，尽管原始地貌要素相同，但由于受沉积物沉积时可容纳空间的限制，在低可容纳空间时期辫状河流的沉积物相的多样性有限，与其相对照，在高可容纳空间时辫状河流的沉积物相的多样性增加，表明其原始地貌要素以更多种类和更大比例地被保存。

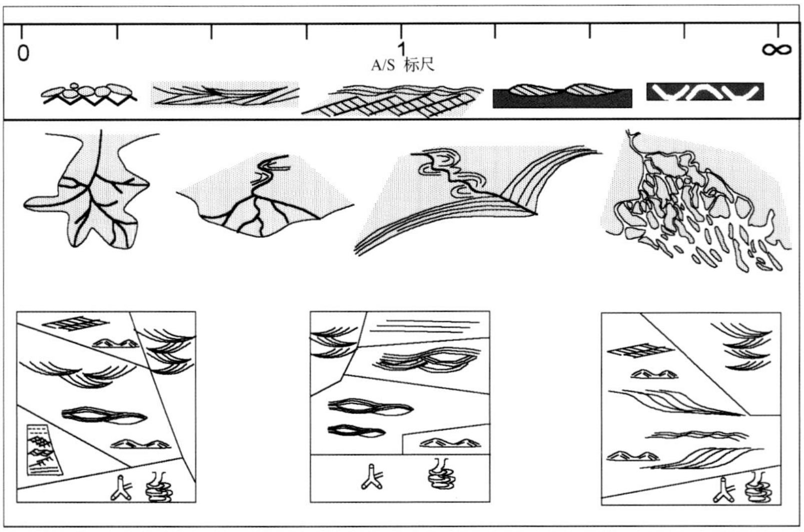

图3-4　随A/S值变化的不同三角洲类型及其相组成的变化

注：Cross，1998。

（二）高分辨率层序地层研究方法

高分辨率层序地层研究的基础是在地层中识别不同级次的基准面旋回，通过旋回的对比建立较高分辨率的地层格架，由此预测三维空间内的地层学与沉积学属性。

1. 基准面旋回识别

地层记录中不同级次的地层旋回记录了相应级次的基准面旋回。高分辨率等时地层对比的关键是识别地层记录中这些代表多级次基准面旋回的地层旋回。地层的旋回性是基准面相对于地表位置的变化产生的沉积作用、侵蚀作用、沉积物过路作用和沉积欠补偿作用随时间发生空间迁移的地层响应。因而，每一级次的地层旋回内必然存在着能反映相应级次基准面旋回所经历的时间中A/S比值变化的"痕迹"，以露头、钻井、测井和地震资料为基础，根据这些"痕迹"识别基准面旋回是高分辨率层序划分和对比的基础。

多级次基准面旋回的划分首先要从识别构成地层旋回的成因地层单元开始，然后分析连续的成因地层单元在纵向上的排列或叠加样式，逐步合并较短期旋回为较长期地层旋回。

地层旋回的识别是通过A/S比值变化趋势分析进行的。短期旋回中A/S比值变化趋势可以通过能指示沉积物形成时的水深、沉积物保存程度的相序、相组合和相分异作用进行。更长期基准面旋回中A/S比值的变化趋势可以通过短期旋回的叠加样式、旋回对称程度变化、旋回加厚或变薄的趋势和地层不连续界面性质及界面出现的频率、岩石与界面出现的位置和比例等来实现。概括起来，用来识别不同级次基准面旋回的沉积学与地层学特征包括以下几个方面：①单一相物理性质的垂向变化；②相序与相组合的变化；③旋回对称性的变化；④旋回叠加样式的变化；⑤地层几何形态与接触关系（如图3-5所示）。

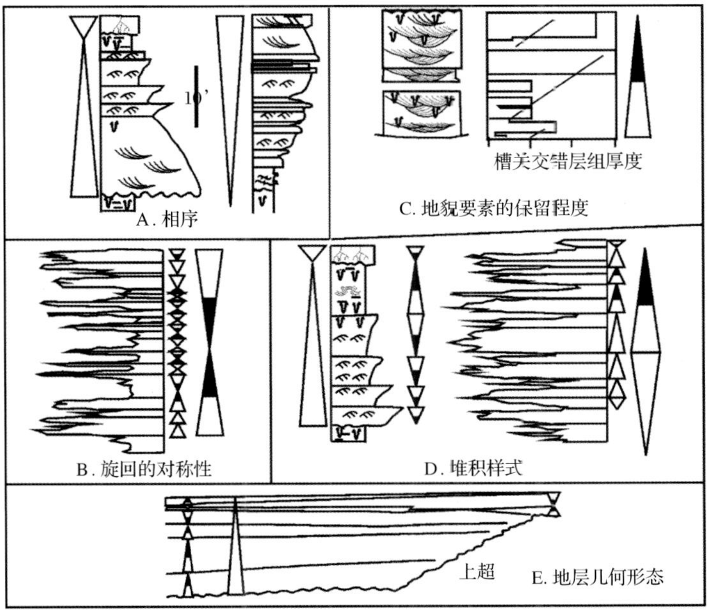

图3-5　基准面旋回的识别标志

注：邓宏文等，2002。

露头、岩心通常是高频基准面旋回、特别是短期基准面识别的资料基础。测井曲线通常用来分析短期旋回的叠加样式，进而确定更高级次基准面旋回。高分辨率地震资料除了可以利用反射终端的性质识别以不整合为界的长期基准面旋回外，通过精细井－震标定还可以在长期基准面旋回内进一步识别较高级次的基准面旋回。无论以哪种资料为主确定的基准面旋回，都要经过岩－电－震之间的相互标定与验证，才能提高旋回识别的精度与可靠性（如图3–6所示）。

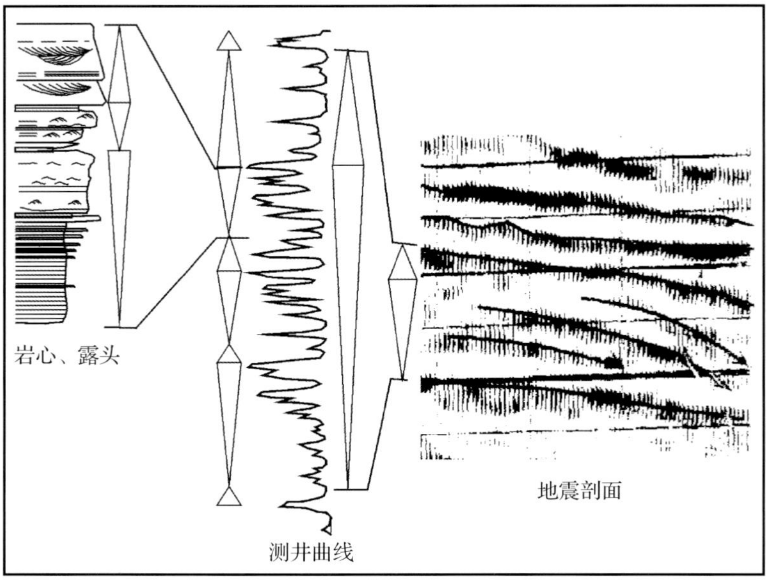

图3-6　多种资料综合层序地层分析方法

注：邓宏文等，2002。

2. 基准面旋回对比

高分辨率层序地层对比是依据基准面旋回及其可容纳空间变化导致岩石记录的地层学和沉积学性质的变化这一过程——响应动力学原理来进行的。因而高分辨率层序地层对比是时间地层单元的对比，不是岩石类型和旋回幅度（地层厚度）的对比。而且有时是岩石与岩石的对比，有时是岩石与界面或界面与界面的对比（如图3–7所示）。

一个完整的基准面旋回及其伴随的可容纳空间的增加和减小在地层记录中由代表二分时间单元（基准面上升与下降）的地层旋回（岩石与界面）组成。因此，基准面旋回的转换点，即基准面由上升到下降或由下降到上升的转换位置可作为时间地层单元对比的优选位置。因为转换点代表了可容纳空间增加到最大值或减少到最小值的单向变化的极限位置，即基准面旋回的二分时间单元的划分界限，因而这一位置具有时间地层对比的意义。

基准面升降的转换点在地层记录中的某些位置表现为地层不连续面，某些地理位置则表现为连续的岩石序列。因而在对比中，由通过地层过程的分析掌握什么时候岩石与岩石对比，什么时候岩石与界面或界面与界面对比。

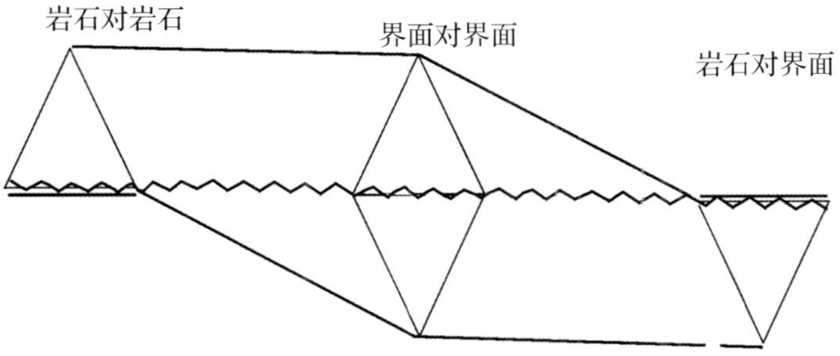

图3-7　基准面旋回的对比原则

（三）姚家组层序地层特征

根据高分辨率层序地层学原理，以研究区钻孔岩心编录及测井数据为基础，在参考前人研究成果的基础上，将钱家店地区姚家组划分为1个三级层序，其内部又可进一步分为2个中期基准面旋回（相当于四级）和6个短期基准面旋回（相当于五级）。其中2个中期基准面旋回（MSC1、MSC2）相当于姚家组上段及姚家组下段，6个短期基准面旋回则分别对应于6个砂组层，即由上至下的Ⅰ、Ⅱ、Ⅲ、Ⅳ、Ⅴ、Ⅵ砂组（如图3–8所示）。

1. MSC2

MSC2中期基准面旋回相当于姚家组下段地层，内部由Ⅳ、Ⅴ、Ⅵ三个砂组层组成。其底界面与原姚家组底界面相当，在部分钻孔中的具体位置可能存在一定的差异，但总体上为姚家组底部一套全区分布的红色泥岩顶部，从其性质来讲应为姚家组与青山口组地层间的区域性不整合接触界面。Ⅵ砂组底界面与Ⅴ及Ⅳ砂组底界面一般为辫状河道的底部，其上部发育粒度较粗的砂砾岩沉积，向上表现为粒度变细的正旋回，应为姚家组下段地层内部的沉积作用转换面。

2. MSC1

MSC1中期基准面旋回相当于姚家组上段地层，内部细分为Ⅰ、Ⅱ、Ⅲ三个砂组层。其底界面即相当于Ⅲ砂组底界面，为姚家组下段与姚家组上段地层的分界面，表现为一套泛滥平原泥岩的顶部或辫状河道的底部，为一局部不整合面。Ⅰ、Ⅱ、Ⅲ砂组的底部与Ⅴ、Ⅳ砂组底界面相似，均为辫状河道的底部位置，为姚家组上段地层内部的沉积作用转换面；Ⅰ砂组顶界面为原姚家组与嫩江组的接触界线，为一套棕红色泥岩的顶部与灰色砂岩及泥岩的分界面。

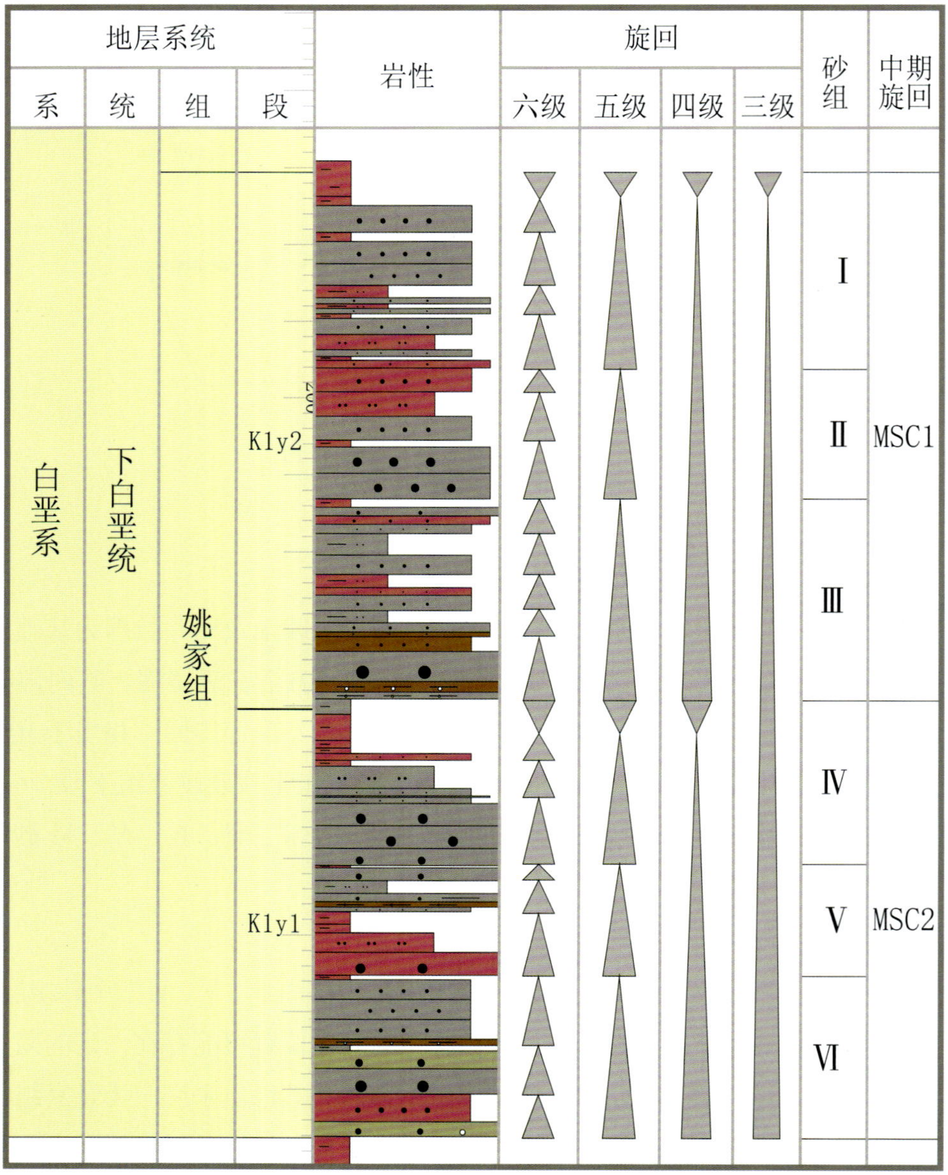

图 3-8 钱家店铀矿区姚家组层序及内部基准面旋回划分

3. 层序格架

在钱家店铀矿床单井高分辨率层序地层划分的基础上，通过建立骨干连井剖面及井间对比（如图3-9~图3-11所示），对研究区120余口钻井进行了层序地层对比，建立了研究区以短期基准面旋回（砂组）为单元的等时地层格架。从各连井地层对比剖面来看，研究区整体地形较平坦，不同井间地层厚度差异不大，剖面上未存在明显的沉积及沉降中心，不同井间厚度差异可能主要是由于先成地形及地层含砂率不同导致的差异压实所致。

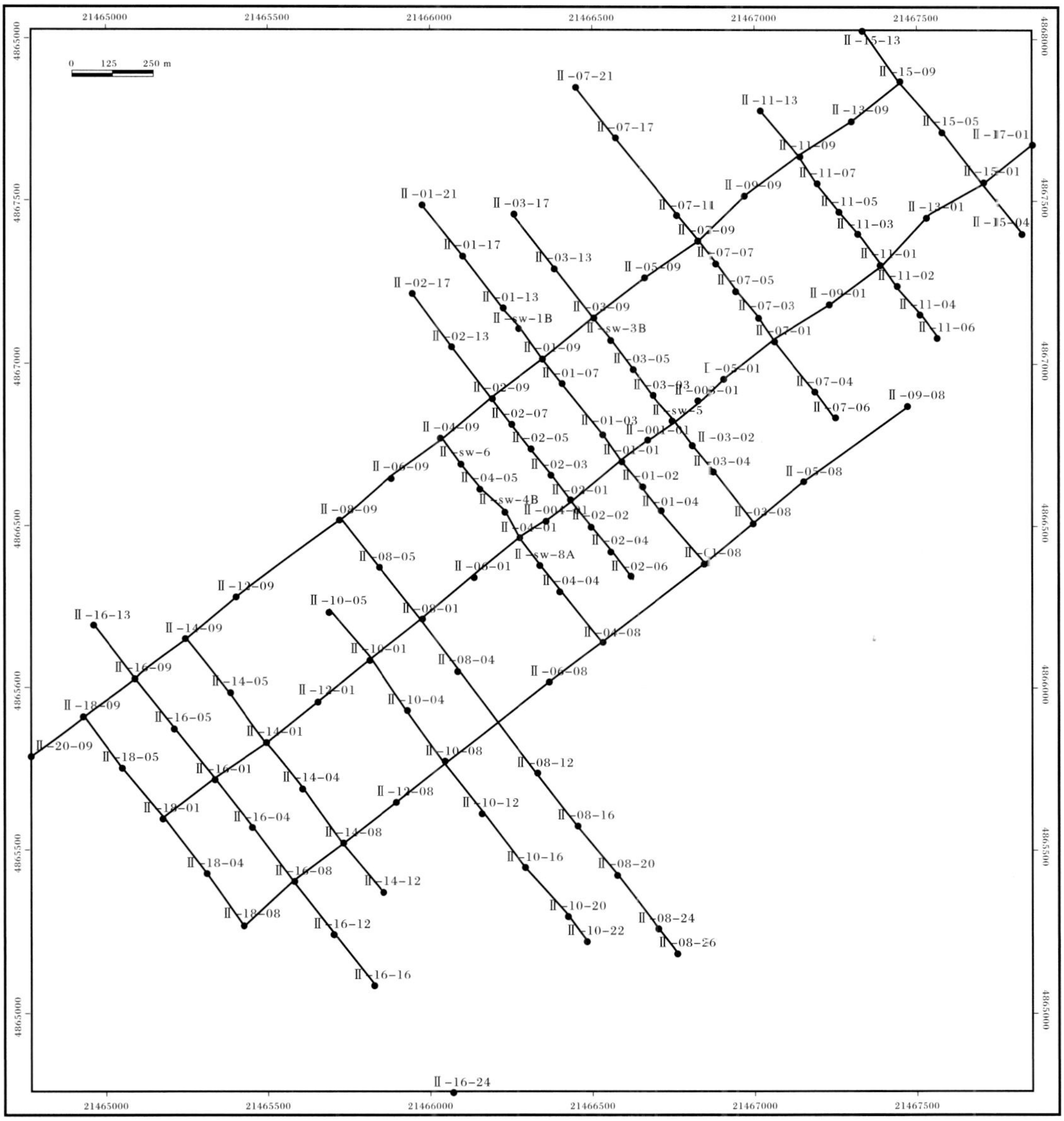

图3-9 钱家店铀矿区骨干连井剖面位置

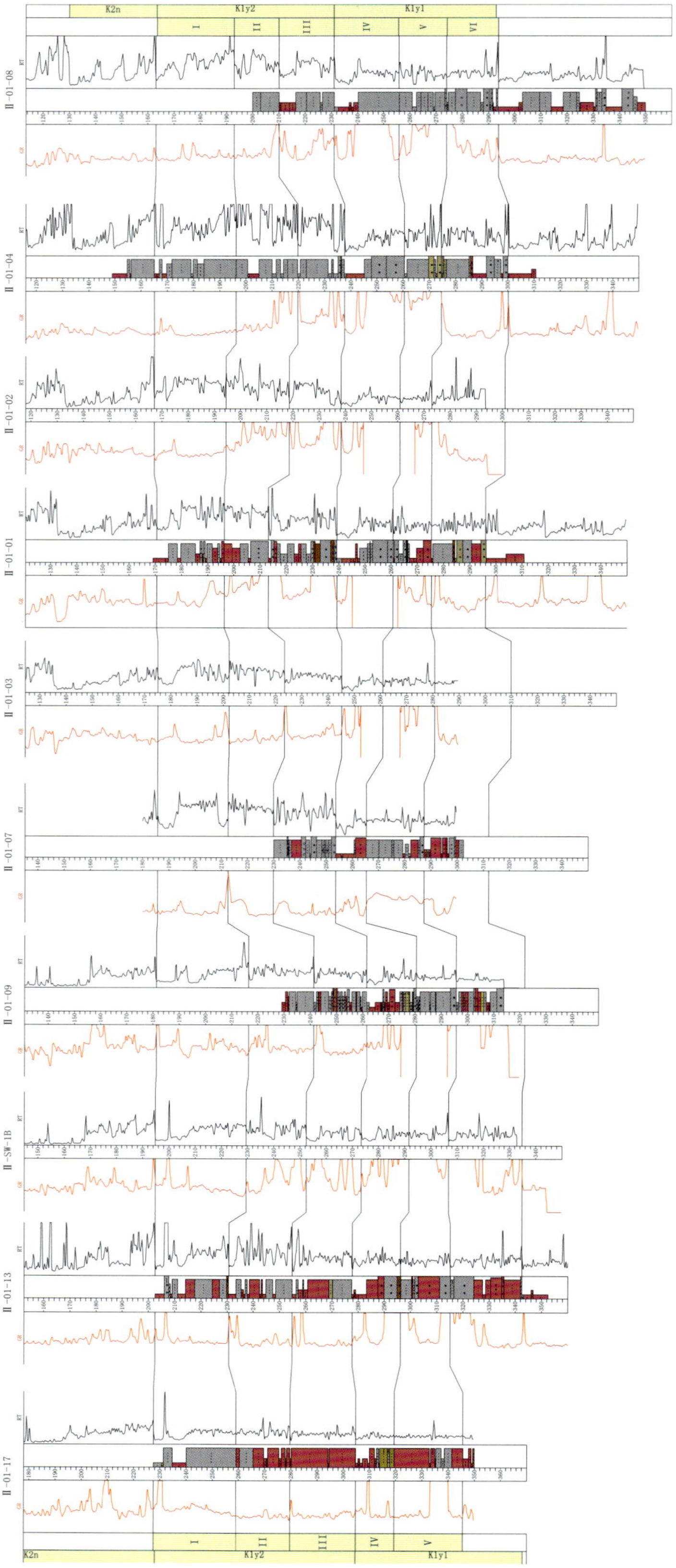

图3-10 钱家店铀矿区姚家组层序地层对比图（01剖面）

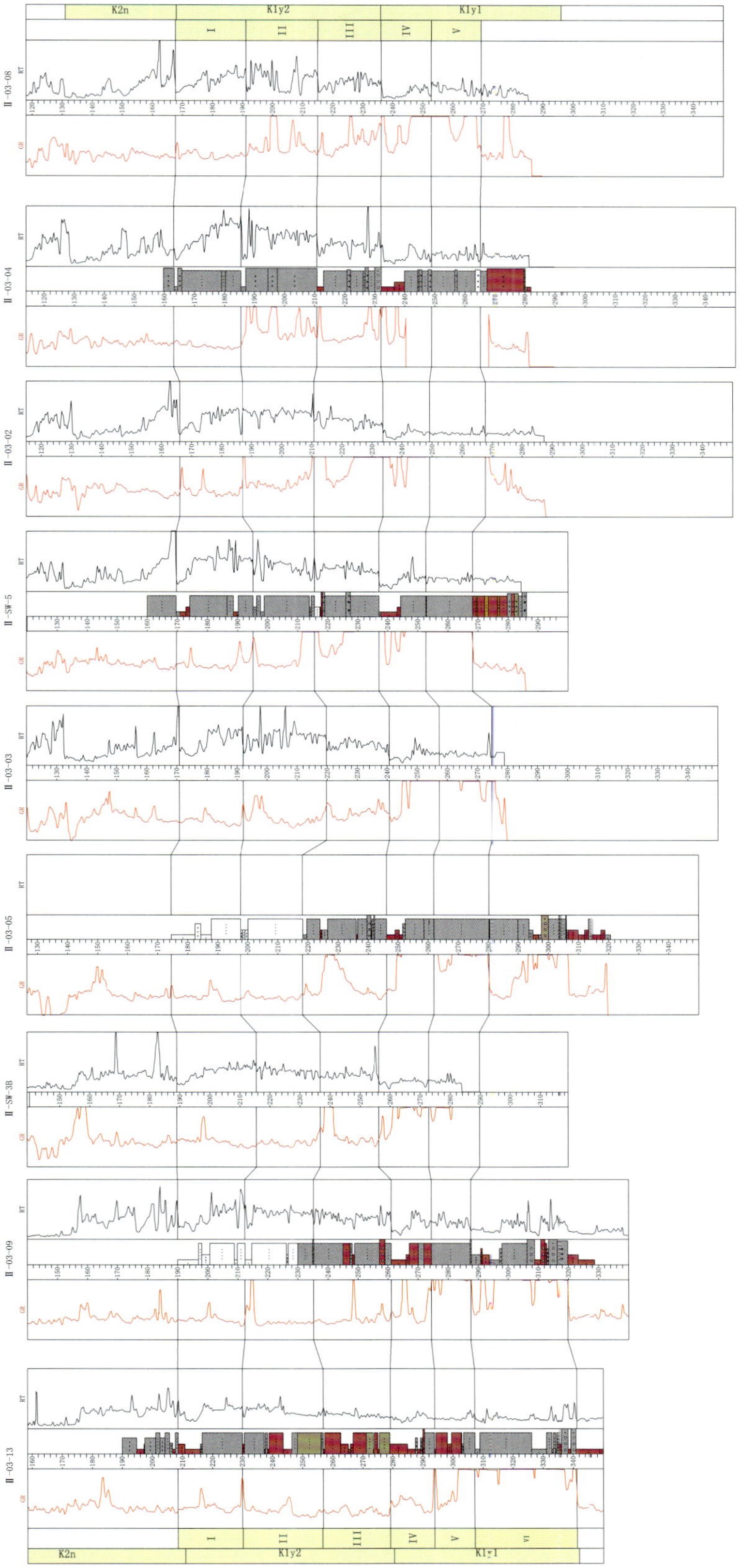

图3-11　钱家店铀矿区姚家组层序地层对比图（03剖面）

第二节　沉积岩石学及岩性组合特征

（一）沉积岩石学特征

姚家组地层沉积主要由砂岩（局部为含砾砂岩）、粉砂岩、粉砂质泥岩及泥岩组成，砾岩基本不发育。

1. 砾岩及含砾砂岩类

区内姚家组主要见有泥砾岩及含砾砂岩，常见于冲刷面之上的厚大砂体底部，代表河床滞留沉积。泥砾岩砾石成分以泥砾为主，其砾径较大，常大于5 mm，部分大于10 mm。泥砾呈灰色、紫红色等杂色，形态为不规则状，磨圆度差，反映当时沉积河流的水动力不太强，属弱~中等强度的水流，泥砾未经过长距离搬运就在河道沉积并得以保留下来。含砾砂岩的砾石成分以花岗岩和火山岩砾石为主，但砾径较小（一般小于5 mm），砾石磨圆度较好，显示出本区沉积蚀源区物源较远。

2. 砂岩类

主要为细粒砂岩，其次为中粒砂岩。砂岩中碎屑约占全岩的90%，碎屑多呈次棱角状，少量呈棱角状及次圆状，碎屑粒度相对较均匀，反映分选性较好。杂基含量约为10%，以接触式胶结为主，孔隙式胶结为辅，灰色砂岩中常含少量有机质碎屑。

碎屑成分以岩屑及石英为主，岩屑约占碎屑总量的40%~45%，石英约为35%~40%，长石碎屑比较少，约为15%~20%，云母碎屑很少，小于1%，重矿物和金属矿物也很少，通常小于1%。

岩屑成分以火山岩为主，主要是流纹岩，具羽状脱玻、霏细结构、球粒结构及显微嵌晶结构。少量为粗安岩（或安山岩），具不典型的粗面结构。其次含有少量的花岗岩、花岗斑岩及变质岩(石英云母片岩及石英岩)碎屑。长石碎屑以钾长石为主，常具黏土化，并见有微斜长石和条纹长石。斜长石以更长石为主，部分水云母化较强。云母碎屑少，以黑云母为主，有少量的白云母。重矿物很少，有锆石、独居石、石榴石、电气石等。

根据佩蒂庄对砂岩的化学分类原则和图解，钱家店铀矿床姚家组砂岩样品大部分投影在长石砂岩区，少数落在岩屑砂屑岩和杂砂岩区（如图3–12所示），说明研究区姚家组砂岩的成熟度较低。这些样品的SiO_2/Al_2O_3比值较低，变化在4.0~7.7之间，平均为5.79，低于佩蒂庄的长石砂岩样品的平均值（为8.86），也反映本区姚家组砂岩的成熟度较低。

此外，本区姚家组砂岩样品的碱金属含量较高，K_2O+Na_2O含量为3.8~8.2,平均值为5.17，且K_2O/Na_2O多大于1，平均为2.01，明显具有富钾的特征，反映岩石中的长石以钾长石为主，也预示着蚀源区岩石主要为偏酸性的花岗质成分。

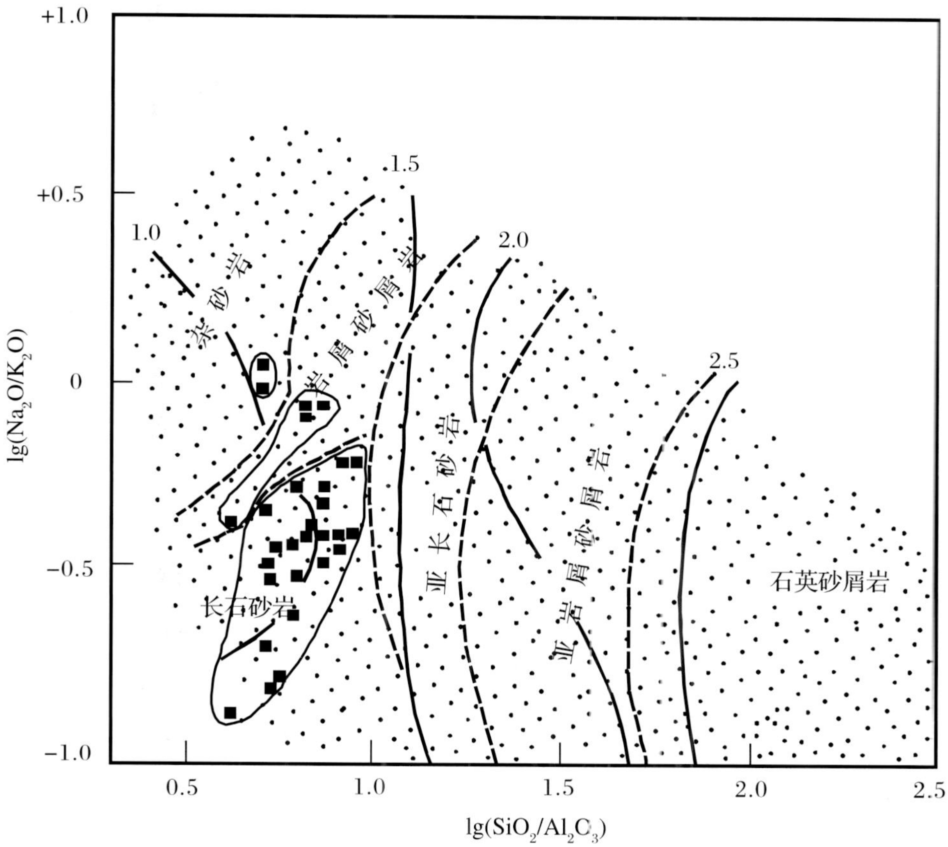

图3-12 钱家店铀矿床姚家组砂岩SiO_2/Al_2O_3—Na_2O/K_2O比值分类图解

注：等值线粗实线表示$SiO_2+Al_2O_3$与Na_2O+K_2O的对数值，据夏毓亮，1998内部报告。

3. 粉砂岩及泥岩类

以紫红色粉砂岩及泥岩为主，夹有灰色、浅灰色泥岩。泥岩以其质不纯、常与粉砂混杂、成分不均为特点，反映本区泥岩主要为洪水期泛滥平原沉积。

此外，紫红色泥岩及粉砂岩中钙质结核比较发育，反映当时沉积的古气候为半干旱－干旱性质。

（二）岩性组合特征

姚家组为钱家店铀矿床的含矿层位。在区域上，姚家组岩性一般以砂岩为主，为灰绿色、棕红色泥岩、泥质粉砂岩与灰绿色、灰色粉砂岩、细砂岩互层，厚度50~297 m。在钱家店凹陷，其可分为上、下两段，铀矿体主要位于姚家组下段的中上部和姚家组上段的中下部。

1. 姚家组下段

姚家组下段主要为灰色、灰白色、红褐色、黄褐色、灰褐色细砂岩夹紫红色、灰色泥岩及粉砂质泥岩，砂岩为厚层状，分选中等。本段顶部为2~11 m分布较为稳定的紫红色泥岩，构成了姚家组上段砂岩的底板隔水层和姚家组下段砂岩的顶板隔水层。其下为30~60 m的厚层砂体，为钱家店矿床主要的含矿主岩。含矿主岩中发育槽状交错层理、板状交错层理及波状层理，见不连续的泥岩透镜体及夹层，局部含炭化植物碎屑，在其周围有黄铁矿伴生。砂岩中可见油浸和还原作用的发生，见褐色油浸条带和油斑，局部紫红色泥砾带灰色环边，局部紫红色泥岩中含灰色斑点或条带。

姚家组下段一般可以识别出3个短期基准面旋回（砂组层），都以上升半旋回为主，体现了沉积基准面不断上升的过程。下段的中下部局部砂体较薄，泥岩夹层较多，单个砂体厚度为2~12 m，正粒序，由下而上分别为含砾粗砂岩－粗砂岩－细砂岩－粉砂质泥岩－泥岩，主要为红褐色、浅黄色、灰色，砂岩中含泥砾。下段的底部在少数钻孔中还可见杂色、红褐色、灰色的砾岩、砂质砾岩及含砂砾泥岩。该段厚度为60~70 m，与下伏青山口组为假整合接触，钻孔中表现为冲刷面，冲刷面之下为青山口组紫红色泥岩、粉砂质泥岩，厚度为5~16 m，分布稳定，可对比性强，构成整个姚家组下段良好的下隔水层。

2. 姚家组上段

姚家组上段的岩性主要为浅灰色、灰白色、红褐色厚层细砂岩、粉砂岩、含砾粗砂岩夹紫红色、灰色泥岩、泥质粉砂岩。砂岩主要为细砂岩，可见楔状、板状及槽状交错层理，分选中等，总体较疏松，局部由于钙质胶结而显致密。含矿砂岩厚度较大，一般为30~50 m，主要为灰色，局部含大量的炭化植物碎屑、黄铁矿及深灰色泥岩夹层。上段顶部的厚层泥岩主要为紫红色及棕红色，厚度可达10多米，分布稳定，构成了含矿砂岩良好的上隔水层。

姚家组上段的泥岩与砂岩可组成多个较为完整的下粗上细的正旋回，一般可识别出3个短期基准面旋回（砂组层），都以上升半旋回为主，下降半旋回不发育或少发育。砂岩往往对下伏的泥岩具有强烈的冲刷作用，底部有冲刷面存在，其上分布有大量泥砾及砾石，最大粒径可达4 cm，主要为紫红色泥砾，由于后期遭受还原作用而使部分泥砾带灰色环边。该段厚度为62~82.5 m，一般为70 m左右。除见植物化石外，还可见少量叶肢介、介形类化石。姚家组上段与下段呈明显的冲蚀接触关系，冲刷面上为砾岩、含砾砂岩。

第三节　主要的沉积体系类型

（一）沉积物粒度特征

本区砂岩及含砾砂岩的粒度分布曲线主要有三类：

1. 直线型

以含砾砂岩为主，这类概率曲线呈直线或近于直线状，悬浮总体占80%以上，斜率较缓，反映出沉积物分选较差，水流较急的类似浊流的洪水沉积特点。

2. 两段型

两段型概率曲线以跳跃总体为主（占60%以上），次为悬浮总体，其截点在2.5Φ~3Φ（如图3–13所示），岩石平均粒径在2Φ~3Φ，标准偏差0.71~2.0，反映沉积物分选中等~较差，形成于水流不太稳定、水流强度中等的河流相环境。

3. 三段型

三段型概率曲线3个总体分段明显，跳跃总体与滚动总体的截点在2Φ左右，悬浮总体与跳跃总体的截点在2.5Φ~3Φ，岩石平均粒径为2Φ~3Φ（如图3–14所示）。

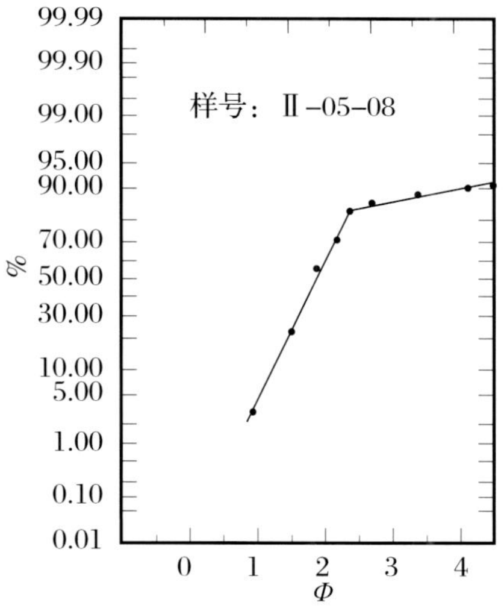

图3-13　两段型粒度概率曲线图
注：0508孔。

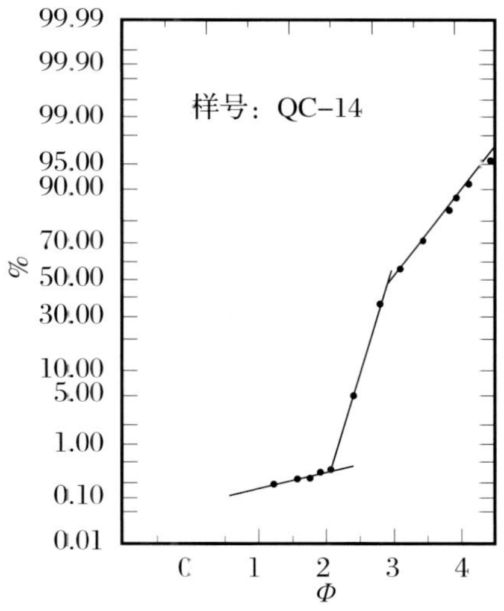

图3-14　三段型粒度概率曲线图
注：QC-1孔。

岩石粒径标准偏差为0.5~0.8。跳跃总体含量在50%左右，斜率较大（>60°）。这些特点明显反映出沉积分选较好、水流强度中等、流速较稳定的河流相沉积。

（二）沉积构造

区内姚家组地层沉积构造较为发育，河床滞留沉积中以块状层理和冲刷面较为发育。心滩或边滩沉积中发育板状交错层理、槽状交错层理、平行层理、沙纹交错层理及块状层理。上部组分的泛滥平原沉积中水平层理、块状层理较为发育。

（三）测井曲线特征

区内姚家组沉积的测井曲线总体上表现出视电阻率曲线以中高阻为主，自然电位曲线以中低幅的圆桶型曲线为主，代表“泥脖子”的低幅视电阻率和高幅自然电位曲线较短，占次要地位。具体地，可分两种亚类型测井曲线，一类是其视电阻率曲线在中高阻曲线上有小的低阻齿状夹层，自然电位曲线在中低幅曲线上有高幅齿状夹层，反映河道砂体中有若干小的粉砂岩或泥岩夹层［如图3–15（a）所示］，可能代表河道边部沉积。另一类视电阻率曲线几乎都为中高阻，低阻齿状夹层很少，反映河道砂体较纯，厚度较大，粉砂岩或泥岩夹层很少［如图3–15（b）所示］，可能代表河道中心部位沉积。

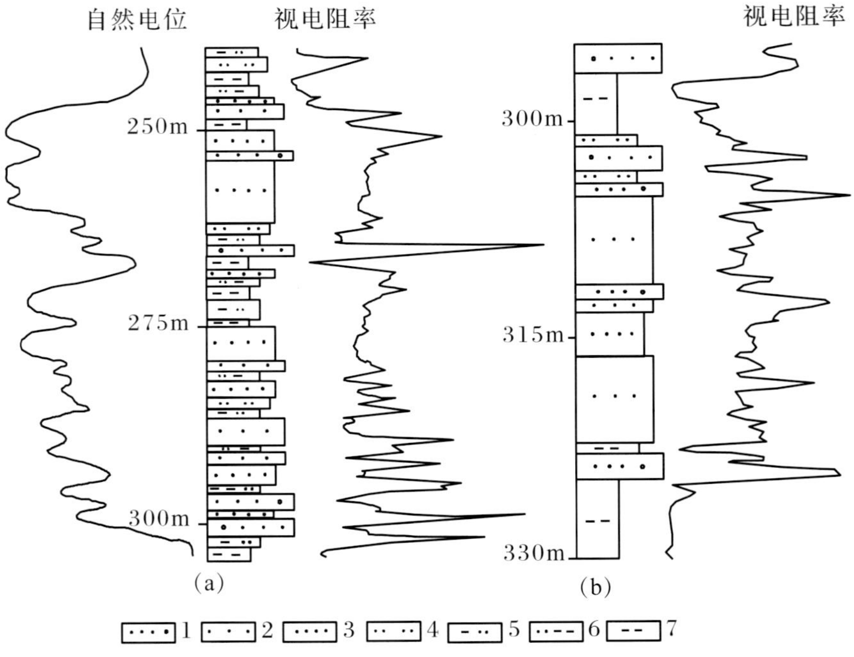

图3-15　钱家店铀矿床姚家组地层含矿段测井曲线特征

注：(a)为0101孔，(b)为0409孔。

1-含砾砂岩；2-中砂岩；3-细砂岩；4-粉砂岩；5-泥质粉砂岩；6-粉砂质泥岩；7-泥岩

（四）砂岩／泥岩比值特征

表3–1是对钱家店铀矿床姚家组120余个钻孔中各砂组的地层厚度、砂体厚度、砂岩/泥岩比值分别统计的结果，得出以下几点认识：

表 3-1 姚家组各砂组砂体厚度、地层厚度、含砂率（砂岩 / 地层比值）统计表

钻孔号	Ⅰ砂组			Ⅱ砂组			Ⅲ砂组			Ⅳ砂组			Ⅴ砂组			Ⅵ砂组		
	砂岩 / m	地层 / m	含砂率 / %	砂岩 / m	地层 / m	含砂率 / %	砂岩 / m	地层 / m	含砂率 / %	砂岩 / m	地层 / m	含砂率 / %	砂岩 / m	地层 / m	含砂率 / %	砂岩 / m	地层 / m	含砂率 / %
Ⅱ-01-01	16.77	25.7	65	16.02	16.9	95	16.61	26.1	64	13.7	21.5	64	9.24	14.6	63	18.83	25.4	74
Ⅱ-01-02	/	27.3	/	/	24.2	/	/	19.7	/	/	22.6	/	/	12.1	/	1.96	28	/
Ⅱ-01-03	/	27.1	/	/	21.2	/	/	21.8	/	/	15.8	/	/	19.7	/	1.96	29.2	/
Ⅱ-01-04	26.94	31.2	86	16.45	23.5	70	13.79	17.8	77	15.3	22.9	67	12.51	14.1	89	18.33	25.6	72
Ⅱ-01-07	/	26.8	/	/	17.4	/	22.61	23.7	95	4.82	11.8	41	20.27	22	92	11.39	24.6	46
Ⅱ-01-08	/	29.9	/	10.1	17.1	59	13.71	20.9	66	15.8	24.9	64	15.85	18.1	88	15.92	19.9	80
Ⅱ-01-09	/	35.2	/	10.28	24.8	41	17.51	20.3	86	8.78	18.9	46	14.05	15.2	92	15.85	26.2	60
Ⅱ-01-13	20.73	28.1	74	16.13	24.2	67	18.15	22.9	79	13.1	18.5	71	18.86	18.9	100	26.22	27.4	96
Ⅱ-01-17	22.29	31.5	71	17.69	20.6	86	24.09	25	96	8.18	14.8	55	23.92	26.1	92	/	/	/
Ⅱ-01-21	/	/	/	/	/	/	12.4	16.7	74	10.7	13.6	79	17.8	17.8	100	18.92	27.7	68
Ⅱ-02-01	13.31	26.1	51	20.34	23.5	87	22	25.6	86	6.17	15.6	40	19.76	21.4	92	19.7	26.8	74
Ⅱ-02-02	/	24.6	/	/	26	/	/	25.9	/	/	18.3	/	/	18.4	/	/	21.1	/
Ⅱ-02-03	/	23.7	/	/	24.2	/	/	21.7	/	/	16	/	/	21.5	/	/	/	/
Ⅱ-02-04	16.48	28.1	59	19.79	23.9	83	20.59	22	94	19	26.3	72	17.39	18.3	95	15.43	17.1	90
Ⅱ-02-05	/	24.1	/	/	27	/	/	20.8	/	/	13.3	/	/	20.1	/	0.3	30.2	/
Ⅱ-02-06	/	24.1	/	15.9	21.9	73	17.27	22.6	76	10.4	18.5	56	14.99	18.5	81	17.95	22.5	80
Ⅱ-02-07	/	25.9	/	/	25.9	/	/	25.2	/	/	15.1	/	/	18.3	/	3.12	28.2	/
Ⅱ-02-09	10.08	20.7	49	17.96	26.4	68	21.86	26.9	81	8.05	14	57	14.44	18.6	78	20.54	24.6	83
Ⅱ-02-13	/	18.8	/	/	21.4	/	/	28.8	/	/	16.8	/	/	21.4	/	1.35	28.9	/
Ⅱ-02-17	15.89	21.9	73	24.27	28	87	18.88	23.5	80	6.69	16.2	41	14.58	18.7	78	21.26	24.05	88
Ⅱ-03-02	/	20.9	/	/	23.7	/	/	23	/	/	15.5	/	/	18.5	/	/	/	/
Ⅱ-03-03	/	21.3	/	/	27.6	/	/	21	/	/	16.6	/	/	17.4	/	/	/	/

续表

钻孔号	Ⅰ砂组			Ⅱ砂组			Ⅲ砂组			Ⅳ砂组			Ⅴ砂组			Ⅵ砂组		
	砂岩 / m	地层 / m	含砂率 / %	砂岩 / m	地层 / m	含砂率 / %	砂岩 / m	地层 / m	含砂率 / %	砂岩 / m	地层 / m	含砂率 / %	砂岩 / m	地层 / m	含砂率 / %	砂岩 / m	地层 / m	含砂率 / %
Ⅱ-03-04	21.18	22.3	95	23.55	25.3	93	19.3	21.4	90	9.11	16.8	54	16.22	16.22	100	/	/	/
Ⅱ-03-05	11.73	23.1	51	18.13	20.6	88	23.38	28.04	83	10.4	15.66	66	18.3	18.3	100	21.51	25.6	84
Ⅱ-03-08	/	23.52	/	/	23.8	/	/	21.16	/	/	16.64	/	/	16.6	/	/	/	/
Ⅱ-03-09	11.99	22.4	54	19.98	22.8	88	25.12	25.9	97	7.26	13.3	55	13.1	13.1	100	21.46	32.3	66
Ⅱ-03-13	13.62	21.5	63	22.38	26.8	84	16.76	22.4	75	4.98	14.7	34	10.91	13.3	82	24.15	34	71
Ⅱ-03-17	/	/	/	/	/	/	16.51	25	66	3.9	11.8	33	13.8	15.7	88	19.63	28	70
Ⅱ-04-01	12.1	20.9	58	15.42	21.7	71	20.08	27.1	74	6.07	14.8	41	19.8	21.5	92	22.61	25.3	89
Ⅱ-04-04	14.41	21.4	67	18.93	22.25	85	24.05	27.8	87	3.26	11.7	28	18.28	19.2	95	/	/	/
Ⅱ-04-05	12.04	26.75	45	10.71	19.5	55	13.69	25.5	54	9.77	18.25	54	16.21	20.55	79	20.73	23	90
Ⅱ-04-09	16.72	20.25	83	15.98	20.75	77	24.32	27.6	88	8.52	15	57	15.22	17.2	88	22.87	28.1	81
Ⅱ-05-01	22.07	30.7	72	11.63	15.6	75	20.53	21.2	97	11.3	17.9	63	16.65	17.9	93	22.65	24.6	92
Ⅱ-05-08	16.05	18.8	85	17.55	26.96	65	17.26	20.44	84	9.2	18	51	17.84	21.5	83	20.26	23.3	87
Ⅱ-05-09	/	25	/	/	20.6	/	/	26	/	/	15.2	/	1.06	24.8	4	/	19	/
Ⅱ-06-01	/	25.7	/	/	21.3	/	/	22	/	/	17.1	/	/	19.6	/	1.06	22.3	/
Ⅱ-06-08	/	/	/	/	/	/	23.33	31.4	74	15.9	22.9	69	19.33	22.6	86	/	/	/
Ⅱ-06-09	5.54	24.6	23	13.93	21.5	65	19.33	23.5	82	11.4	21.8	52	17.53	19.9	88	16.23	18.9	86
Ⅱ-07-01	18.71	27.6	68	18.19	21.59	84	17.2	19.29	89	10.9	18.37	59	17.84	17.85	100	25.01	26.8	93
Ⅱ-07-03	/	26.5	/	7.66	15.9	48	19.06	23.8	80	11.3	15.5	73	19.49	19.5	100	23.34	26.2	89
Ⅱ-07-04	/	21.2	/	0.93	24.1	/	20.2	21.8	93	13.6	20.6	66	15.73	16.35	96	/	/	/
Ⅱ-07-05	/	32.9	/	7.71	17.5	44	17.32	22.8	76	9.11	12.5	73	20.44	22.8	90	20.92	22.6	93
Ⅱ-07-06	/	/	/	/	/	/	22.28	23.2	96	11.3	19.1	59	18.03	18.9	95	/	/	/
Ⅱ-07-07	/	/	/	/	/	/	/	/	/	10.7	14.8	72	18.78	18.8	100	/	/	/
Ⅱ-07-09	/	28.7	/	3.52	22.7	16	19.19	25.2	76	9.15	14.2	64	17.22	17.6	98	27.14	29.9	91

续表

钻孔号	Ⅰ砂组			Ⅱ砂组			Ⅲ砂组			Ⅳ砂组			Ⅴ砂组			Ⅵ砂组		
	砂岩/m	地层/m	含砂率/%	砂岩/m	地层/m	含砂率/%	砂岩/m	地层/m	含砂率/%	砂岩/m	地层/m	含砂率/%	砂岩/m	地层/m	含砂率/%	砂岩/m	地层/m	含砂率/%
Ⅱ-07-11	/	/	/	/	/	/	21.7	25.2	86	8.09	14.1	57	17.56	19.3	91	24.08	27.1	89
Ⅱ-07-17	/	/	/	/	/	/	9.77	27	36	14.7	15.8	93	17.2	20.7	83	22.15	27.4	81
Ⅱ-07-21	/	/	/	/	/	/	17.42	23.1	75	14.9	21.65	69	19.94	25.45	78	12.5	21.8	57
Ⅱ-08-01	14.07	26.55	53	20.78	25.9	80	17.49	22.5	78	9.9	15.4	64	15.29	19.05	80	15.91	26.55	60
Ⅱ-08-04	/	/	/	/	/	/	16.38	21	78	16	25.25	63	14.85	17	87	14.37	19.3	74
Ⅱ-08-09	13.68	18.85	73	26.02	27.6	94	12.72	20.95	61	17.1	24.35	70	21.54	23.65	91	14.69	16	92
Ⅱ-08-12	/	/	/	13.14	19.5	67	12.83	26.05	49	9.04	18.6	49	/	/	/	/	/	/
Ⅱ-08-16	25.88	33	78	12.22	19.05	64	14.01	19.95	70	15.5	22.7	68	21.67	23.9	91	12.52	15.35	82
Ⅱ-08-20	/	/	/	13.8	17.55	79	12.08	16.95	71	12.2	22.6	54	/	/	/	/	/	/
Ⅱ-08-24	25.88	34.8	74	20.98	23.2	90	13.02	18.1	72	6.42	14.8	43	17.4	22.3	78	23.97	34.55	69
Ⅱ-08-26	/	/	/	/	/	/	20.28	29.6	69	/	/	/	/	/	/	/	/	/
Ⅱ-09-01	/	/	/	/	/	/	/	/	/	9.3	17.6	53	17.52	18.2	96	24.81	25.5	97
Ⅱ-09-08	/	23	/	16.05	25.5	63	18.82	21.1	89	4.64	14.2	33	14.7	17.6	84	27.04	28.36	95
Ⅱ-09-09	/	23	/	/	18.4	/	/	24.7	/	/	20.2	/	/	18.9	/	1.02	21.8	/
Ⅱ-10-01	10.32	18.35	56	17.72	19.25	92	24.42	34.4	71	9.05	16.45	55	17	18.35	93	12.91	15.15	85
Ⅱ-10-04	15.69	23.3	67	10.07	13.9	72	23.46	31.7	74	10.6	18.6	57	/	/	/	/	/	/
Ⅱ-10-05	8.37	18.8	45	18.99	21.2	90	26.3	32.55	81	8.06	14.95	54	18.18	20.5	89	8.02	13.3	60
Ⅱ-10-08	16.57	22.15	75	14.64	17.6	83	27.81	30	93	15.6	25.45	61	17.99	19.85	91	15.39	18.05	85
Ⅱ-10-12	15.22	20.7	74	22.46	23.7	95	21.78	25.35	86	10.6	19	56	22.3	23.85	94	21.68	22.2	98
Ⅱ-10-16	6.7	27.3	25	11.99	17.5	69	22.76	28.5	80	11.2	22.2	51	22.71	23.6	96	16.27	18.75	87
Ⅱ-10-20	/	/	/	12.3	17.8	69	10.98	19.8	55	8.31	17.9	46	/	/	/	/	/	/
Ⅱ-10-22	/	/	/	8.92	12.7	70	22.96	27.8	83	/	/	/	/	/	/	/	/	/
Ⅱ-11-01	13.09	23.5	56	27.2	31.5	86	25.63	27.4	94	13.5	19.7	68	15.79	17	93	17.17	24.5	70

续表

钻孔号	Ⅰ砂组			Ⅱ砂组			Ⅲ砂组			Ⅳ砂组			Ⅴ砂组			Ⅵ砂组		
	砂岩/m	地层/m	含砂率/%	砂岩/m	地层/m	含砂率/%	砂岩/m	地层/m	含砂率/%	砂岩/m	地层/m	含砂率/%	砂岩/m	地层/m	含砂率/%	砂岩/m	地层/m	含砂率/%
Ⅱ-11-02	/	/	/	/	/	/	/	/	/	8.29	12	69	24.07	25.4	95	17.6	18.1	97
Ⅱ-11-03	/	/	/	/	/	/	/	/	/	17.5	22.28	78	20.96	21.12	99	22.47	23.28	97
Ⅱ-11-04	/	/	/	/	/	/	/	24.6	/	/	15.7	/	/	23	/	/	22.4	/
Ⅱ-11-05	/	/	/	/	/	/	/	/	/	/	16.8	/	/	16.8	/	/	20.5	/
Ⅱ-11-06	/	/	/	/	/	/	/	/	/	/	15.7	/	/	23.6	/	/	19.9	/
Ⅱ-11-07	/	/	/	/	/	/	/	/	/	12.8	17.3	74	16.59	16.6	100	27.29	30.7	89
Ⅱ-11-09	/	/	/	/	/	/	11.61	20.9	56	11.6	17.2	67	18.8	18.8	100	24.31	25.7	95
Ⅱ-11-13	10.71	23.4	46	18.86	21.4	88	17.13	22.7	75	5.34	15.4	35	18.1	18.1	100	20.8	27.1	77
Ⅱ-12-01	16.52	25.1	66	10.48	13.2	79	28.23	31.6	89	7.04	15.5	45	20.82	22	95	21.88	27.2	80
Ⅱ-12-08	18	26.1	69	18.29	22.1	83	19.45	22.5	86	12.6	19.78	64	17.02	17.92	95	20.54	26.7	77
Ⅱ-12-09	18.16	25.1	72	20.75	23.8	87	10.46	17.6	59	12.5	18.8	67	17.58	19.3	91	21.72	23.8	91
Ⅱ-13-01	/	29.7	/	11.11	30.8	36	19.64	21.9	90	22.2	26.3	84	15.28	16.7	91	14.9	16.9	88
Ⅱ-13-09	/	/	/	/	/	/	20.4	21.5	95	14	17.5	80	22.8	22.8	100	21.1	21.1	100
Ⅱ-14-01	10.11	19.8	51	20.93	21.05	99	28.42	31.4	91	6.87	18.55	37	14.55	17.3	84	/	/	/
Ⅱ-14-04	12.04	22.7	53	24.19	26.2	92	19.37	19.85	98	7.3	15.25	48	21.47	23.5	91	28.94	32	90
Ⅱ-14-05	5.77	21.65	27	26	26	100	18.48	20.75	89	8.52	18.3	47	19.55	21.75	90	23.45	25.05	94
Ⅱ-14-08	11.2	22.7	49	10.61	23.5	45	13.8	22.2	62	8.31	16.7	50	17.71	19	93	21.18	27.8	76
Ⅱ-14-09	7.61	22.6	34	19.24	24.3	79	15.58	20.35	77	15.7	21.95	72	20.32	21	97	23.68	24.7	96
Ⅱ-14-12	16.93	24.9	68	19.87	23.9	83	11.6	19.3	60	8.48	17.7	48	15.96	19.4	82	23.46	31.9	74
Ⅱ-15-01	/	/	/	/	/	/	11.86	22.4	53	14.9	16.15	93	22.16	25.55	87	22.49	24.9	90
Ⅱ-15-04	/	/	/	/	/	/	18.41	19.3	95	11.4	20.1	57	13.39	18.1	74	21.21	25.7	83
Ⅱ-15-05	/	/	/	/	/	/	13.4	17.4	77	11.2	15.8	71	22.79	24	95	16.5	21	79
Ⅱ-15-09	/	/	/	/	/	/	17.1	19.2	89	13.5	18.4	73	16.9	17.5	97	24.25	27.6	88

续表

钻孔号	Ⅰ砂组			Ⅱ砂组			Ⅲ砂组			Ⅳ砂组			Ⅴ砂组			Ⅵ砂组		
	砂岩/m	地层/m	含砂率/%	砂岩/m	地层/m	含砂率/%	砂岩/m	地层/m	含砂率/%	砂岩/m	地层/m	含砂率/%	砂岩/m	地层/m	含砂率/%	砂岩/m	地层/m	含砂率/%
Ⅱ-15-13	/	/	/	17.32	20.5	84	19.29	23.05	84	8.02	15.8	51	28.42	29.55	96	22.5	27.8	81
Ⅱ-16-01	11.85	21.8	54	22.76	22.8	100	22.83	29.4	78	4.12	12.6	33	18.81	23.9	79	22.24	23.8	93
Ⅱ-16-04	17.85	28.05	64	9.12	14.65	62	22.91	25.5	90	7.51	18.65	40	15.36	17.55	88	18.52	26.3	70
Ⅱ-16-05	12.16	24.6	49	17.22	19.4	89	19.75	24.5	81	8.91	19.6	45	19.35	19.4	100	21.6	25.3	85
Ⅱ-16-08	6.62	23.3	28	16.44	22.1	74	17.72	19.1	93	13.4	21.55	62	26.11	26.5	99	/	/	/
Ⅱ-16-09	19.65	28.25	70	20.45	21.85	94	15.88	20.2	79	8.2	15.95	51	22.72	24.1	94	18.95	20.9	91
Ⅱ-16-12	3.68	20.12	18	22.14	22.72	97	21.26	25.46	84	14.3	23.8	60	24.8	29.14	85	24.86	25.37	98
Ⅱ-16-13	16.92	26.5	64	21.27	21.85	97	14.34	18.25	79	4.78	16.35	29	21.35	22.25	96	15.79	25	63
Ⅱ-16-16	5.88	21	28	11.86	13.6	87	27.54	32.65	84	14	22.8	61	19.55	25.6	76	18.87	19.9	95
Ⅱ-17-01	/	/	/	/	/	/	21.59	22.48	96	13.2	16.22	82	26.7	26.7	100	19.29	19.9	97
Ⅱ-18-01	14.41	26.25	55	20.89	22	95	21.91	22.35	98	13.7	19.65	70	22.33	23.4	95	14.36	16	90
Ⅱ-18-04	12.77	24.65	52	19.12	26.3	73	12.82	14.3	90	14.6	17.4	84	19.13	20.4	94	24.28	28.55	85
Ⅱ-18-05	15.94	24	66	20.63	24.6	84	18.5	19.95	93	13.1	18.2	72	17.97	27.59	65	15.43	16.54	93
Ⅱ-18-08	3.05	20.85	15	20.3	23.2	88	14.04	21.55	65	16	18.2	88	22.82	26.5	86	15.47	19.85	78
Ⅱ-18-09	8.45	18.15	47	21.89	24.95	88	20.1	20.4	99	18.1	22.05	82	18.98	21.65	88	21.17	21.18	100
Ⅱ-20-09	9.87	20.3	49	17.07	19.1	89	15.9	22.8	70	15.5	16.5	94	27.45	29.4	93	23.06	25.5	90
Ⅱ-SW-1B	/	34.7	/	/	22.9	/	/	20.9	/	/	18.3	/	/	15.1	/	7.5	28.1	/
Ⅱ-SW-3B	/	26.5	/	/	21.2	/	/	19.5	/	/	16.6	/	/	16.9	/	/	/	/
Ⅱ-SW-4B	/	23.1	/	/	25.35	/	/	21.85	/	/	17.35	/	/	/	/	/	/	/
Ⅱ-SW-5	/	25.5	/	/	20.43	/	/	21.5	/	/	15.6	/	/	15.47	/	/	/	/
Ⅱ-SW-6	/	25	/	/	22.35	/	/	29.15	/	/	15	/	/	/	/	/	/	/
Ⅱ-SW-8A	/	25.8	/	/	22	/	/	23.5	/	/	16.5	/	/	21.4	/	/	/	/
平均值	14.00	24.67	57	16.77	22.10	78	18.75	23.41	80	10.9	17.74	60	18.32	20.19	90	18.39	24.24	83

（1）该区姚家组的地层厚度相对稳定，砂体的累计厚度也变化不大，整个地层的含砂率均超过0.5以上，反映了姚家组为辫状河水系沉积特点；

（2）姚家组下段与姚家组上段相比，姚家组下段砂体平均厚度为42.53 m，姚家组上段砂体平均厚度为41.16 m，姚家组下段稍厚；姚家组下段平均地层厚度虽然稍微小于姚家组上段，但姚家组下段含砂率平均值为77%，姚家组上段为69.9%，姚家组下段含砂率远高于姚家组上段，说明姚家组下段砂岩相对更为发育，为研究区主要的沉积时期；

（3）各砂组层的对比，Ⅳ砂组砂岩厚度平均值最小，只有10.9 m，Ⅵ、Ⅴ及Ⅲ砂组砂岩厚度较大，均在18 m以上；地层厚度方面，各层间相差不大，其中Ⅳ砂组厚度平均值最小，为17.74 m，其他各层均在20 m以上，这说明各砂组沉积时，研究区整体沉积特征及构造背景未发生较大变化，各砂组间沉积相对连续、稳定；从各层含砂率来看，Ⅴ砂组平均含砂率最高，达90%，其次为Ⅵ和Ⅲ砂组，都在80%以上，这几个砂组应为研究层段主要的砂岩沉积时期。

总体上，矿区内姚家组砂体规模较大，单层砂体厚度一般为10~30 m，最厚可达46 m；砂体延伸稳定，长大于2 km，宽大于1 km，反映了姚家组沉积时河道宽广、沉积作用稳定，具沉积大盆地的辫状河水系特点。

（五）沉积相及内部构成

总体上该组砂岩具有辫状河沉积特点，其在纵向上构成典型的下粗上细的二元结构特征（如图3–16所示）。二元结构的下部组分由河床滞留沉积和心滩（或边滩）沉积两部分组成，其底部的河床滞留沉积岩性为含砾砂岩，往上是心滩或边滩沉积，岩性以中细砂岩为主，有时夹有粉砂岩及泥岩薄层，系心滩或边滩的各种砂坝的上部细粒悬浮沉积的残留。二元结构的上部组分为泛滥平原沉积，由粉砂岩、粉砂质泥岩及泥岩组成，是细粒沉积物在洪水期由洪水漫出水道沉积而成。

该区二元结构单个沉积韵律的下部组分砂岩厚度一般为10~30 m；上部组分粉砂岩及泥岩厚度一般为3~6 m；上部组分与下部组分的厚度比例一般为1/10~1/4。这些特征反映出姚家组为辫状河水系沉积。从单个沉积韵律的下部组分砂岩厚度较大可以看出该区辫状河流的辫状河道规模较大。

从研究区部分钻孔沉积微相分析来看（如图3–17、图3–18所示），研究区辫状河道沉积具有以下特点：位于姚家组底部Ⅵ砂组的辫状河道在测井及录井上表现为多期叠加的趋势，单期辫状河道砂体厚度较薄，电测曲线上也表现为幅度较大的齿状特征，主要以心滩及滞留沉积微相为主，泛滥平原不发育，多期辫状河道相互叠加使得地层总体砂体较厚，含砂率较高；而姚家组上部砂组发育的辫状河道多表现为单期厚度较大，多期间相互叠置不明显的特征，电测曲线上表现为齿化箱形或钟形的特征，齿化一般不明显，不同期辫状河道间发育一定厚度的泛滥平原沉积。

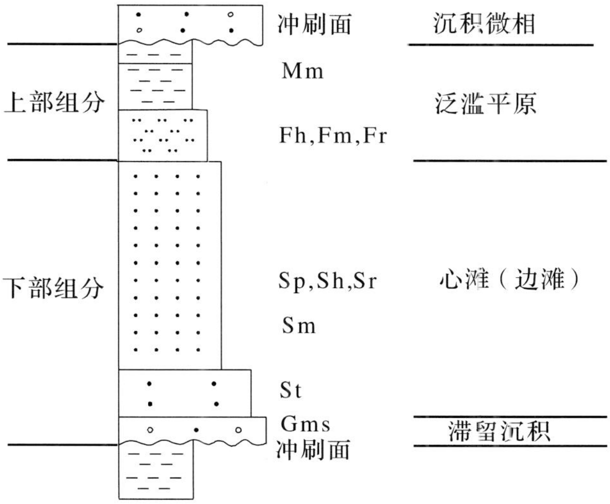

图3-16 钱家店铀矿床姚家组辫状河流相沉积二元结构示意图

Gms-块状含砾砂岩相；St-槽状交错层理砂岩相；Sm-块状层理砂岩相；Sp-板状交错层理砂岩相；Sr-小型沙纹层理砂岩相；Sh-平行层理砂岩相；Fh-水平层理粉砂岩相；Fm-块状层理粉砂岩相；Fr-小型波纹层理粉砂岩相；Mm-块状泥岩相

不同层段，辫状河道发育特征与其沉积时期所具有的A/S值有较大关系，姚家组由下至上表现为湖盆水体逐渐变深，可容纳空间逐渐增大的趋势，在姚家组底部，由于靠近区域不整合，即青山口组与姚家组分界，本时期可容纳空间较低，A/S比值较小，单期辫状河道表现为薄而宽的特点，呈单期较薄，多期叠置的特点，随可容纳空间的增加，姚家组上部沉积时期，A/S值相对增大，单期辫状河道沉积时表现为厚而窄的特点；多期辫状河道间叠置相对不明显，泛滥平原发育。

综上所述，本区姚家组沉积特征总体反映出大盆地辫状河流相所具有的一些特征，如沉积物以相对远源的砂质辫状河道沉积为主（而非中小盆地的近源砾质辫状河沉积）；砂质辫状河水系所处水道相对宽广（而非小盆地狭窄的辫状河水系）；沉积物分选性中等（而非中小盆地的近源分选性差的特点）。因此，本区姚家组为距蚀源区较远的远源砂质辫状河沉积，大致可以与Miall（1978）辫状河模式的S.Saskatchewan型（李思田，1988）对比。

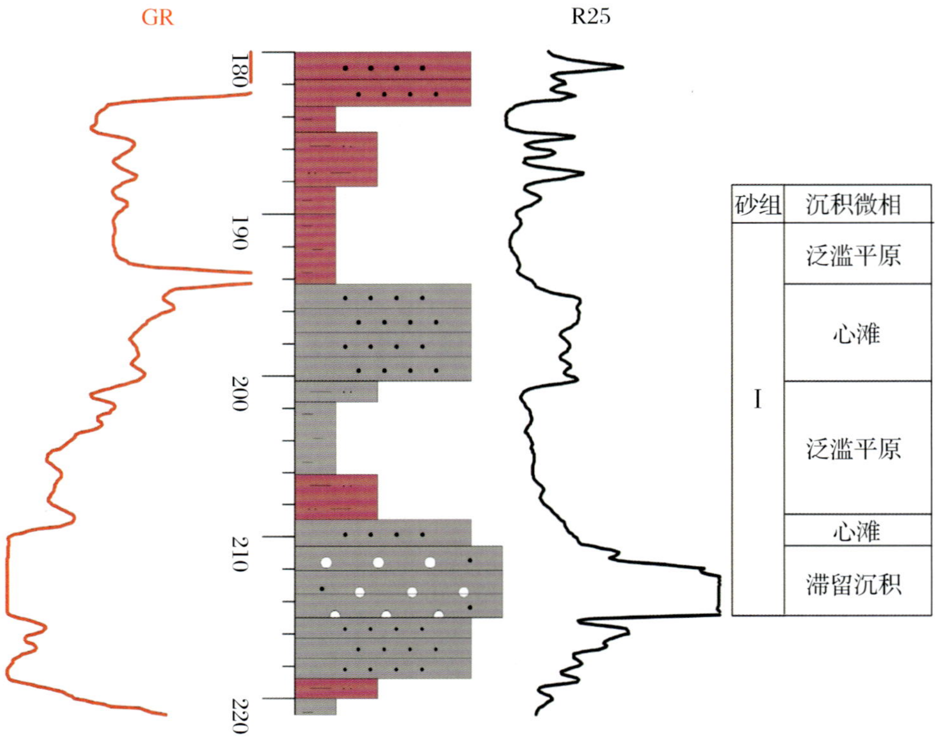

图3-17 Ⅱ-14-05钻孔Ⅰ砂组沉积微相分析

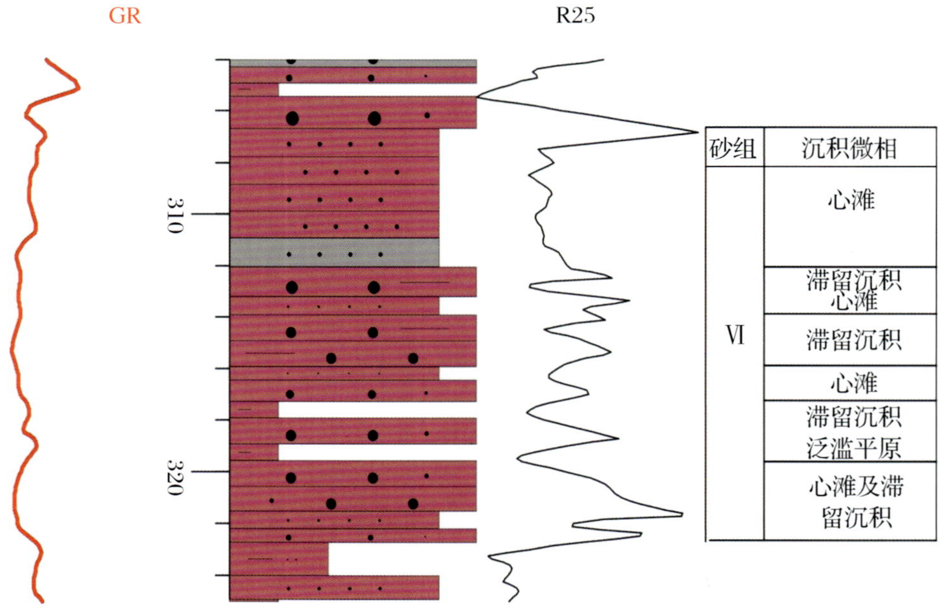

图3-18 Ⅱ-08-09钻孔Ⅵ砂组沉积微相分析

第四节 沉积相划分及展布特征

（一）单井沉积相分析

在层序划分及研究区沉积相类型分析的基础上，选取研究区不同位置有代表性的单井进行了单井层序划分及沉积微相分析。

1. Ⅱ-01-01钻孔

从Ⅱ-01-01钻孔沉积微相分析来看，姚家组主要为辫状河道沉积，泛滥平原沉积主要集中在姚家组下段及姚家组上段顶部。Ⅵ砂组由三个正旋回组成，发育典型的二元结构，底部为滞留沉积，发育含砾粗砂岩，向上变为细砂岩，发育心滩沉积，至正旋回顶部为薄层的泛滥平原泥质沉积；Ⅴ砂组与Ⅵ砂组沉积特征相似，由多个正旋回组成，且由下至上单期正旋回厚度逐渐减小；Ⅳ砂组沉积时期，处于姚家组下段顶部，可容纳空间较大，下部发育单期厚度较大的辫状河道，向上单期辫状河道厚度变小，岩性也由粗砂岩变为粉砂岩，表现出明显的向上变细旋回，至砂组顶部发育厚度较大的泛滥平原泥质沉积；Ⅲ砂组与Ⅵ砂组相似，均处于不整合附近，可容纳空间较低，曲线特征上表现为较为明显的齿状，说明单期辫状河道沉积厚度较薄，多期辫状河道间可能发育一定厚度的泥质或细粒沉积夹层，至Ⅲ砂组上部岩性变细，以泥质粉砂岩为主，出现泛滥平原沉积；Ⅱ砂组主要为辫状河道心滩沉积，中部夹有一定厚度的泛滥平原泥质粉砂岩沉积；Ⅰ砂组沉积时为研究层段可容纳空间最大时期，曲线齿化不明显，单期砂体沉积较厚，砂组下部为辫状河道沉积，上部为泛滥平原沉积（如图3-19所示）。

2. Ⅱ-07-01钻孔

Ⅱ-07-01钻孔整体沉积微相特征与Ⅱ-01-01钻孔基本相似，只是在具体砂组沉积特征的对比上存在一定的差异。其中Ⅵ砂组及Ⅴ砂组以细砂岩为主，表现为大套的心滩沉积，砂体厚度较大，中间夹有厚度较小的辫状河道滞留及泛滥平原沉积；Ⅳ砂组下部表现为典型的二元结构，底部为滞留沉积，向上变为心滩及泛滥平原沉积，其顶部以泛滥平原泥质沉积为主，表现出此阶段沉积可容纳空间较大的特点；Ⅲ砂组及Ⅱ砂组与Ⅵ砂组及Ⅴ砂组沉积特征相似，均以细砂岩为主，部分层位发育薄层砂砾岩、中砂岩及泥岩、泥质粉砂岩等细粒沉积，心滩沉积厚度较大，中部夹有薄层泛滥平原及滞留沉积；Ⅰ砂组发育泛滥平原沉积，粉砂岩、泥质粉砂岩及泥岩等细粒沉积厚度较大，其中夹有粗砂至细砂沉积（如图3-20所示）。

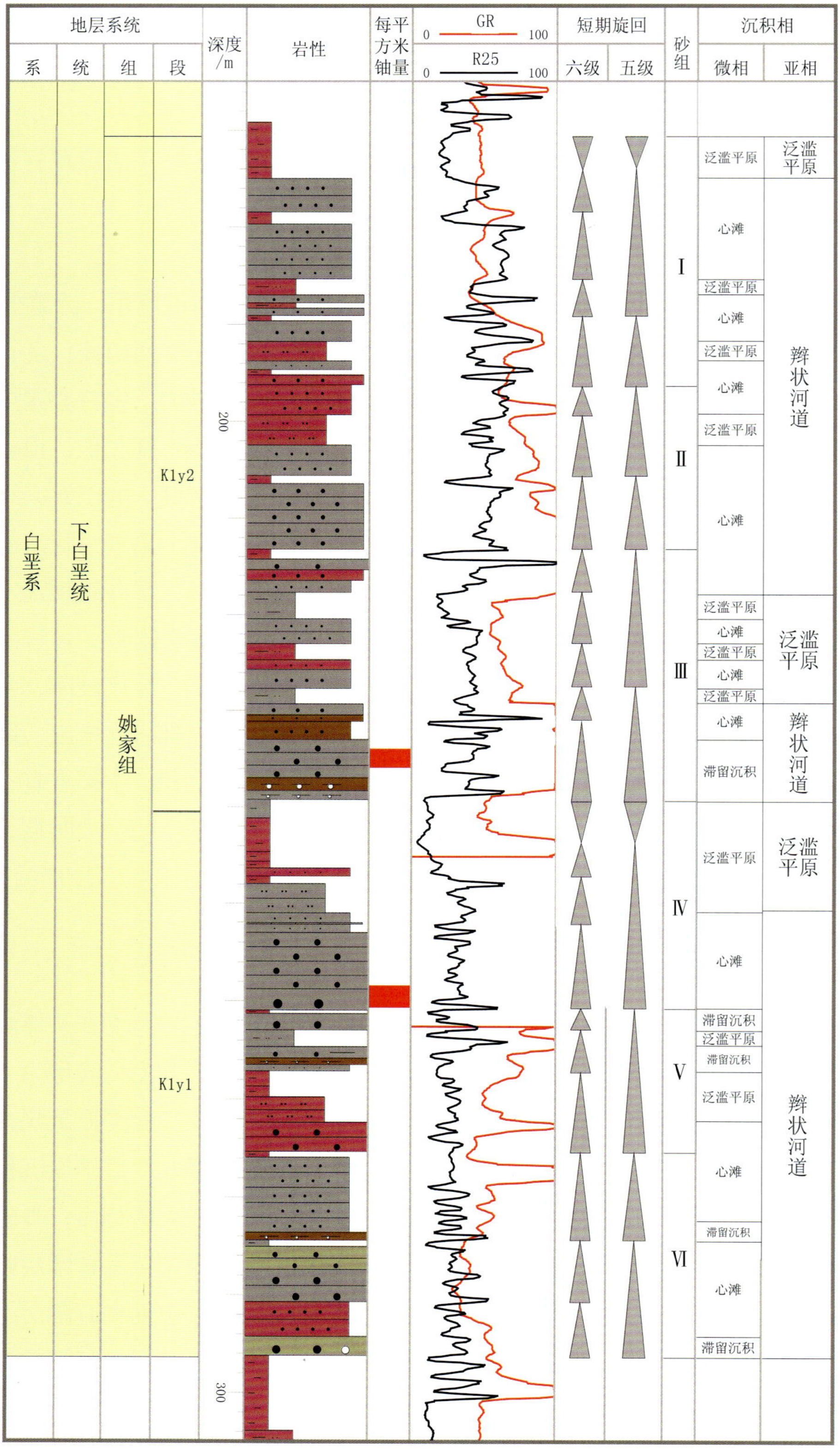

图3-19 钱家店铀矿床Ⅱ-01-01钻孔姚家组沉积微相分析

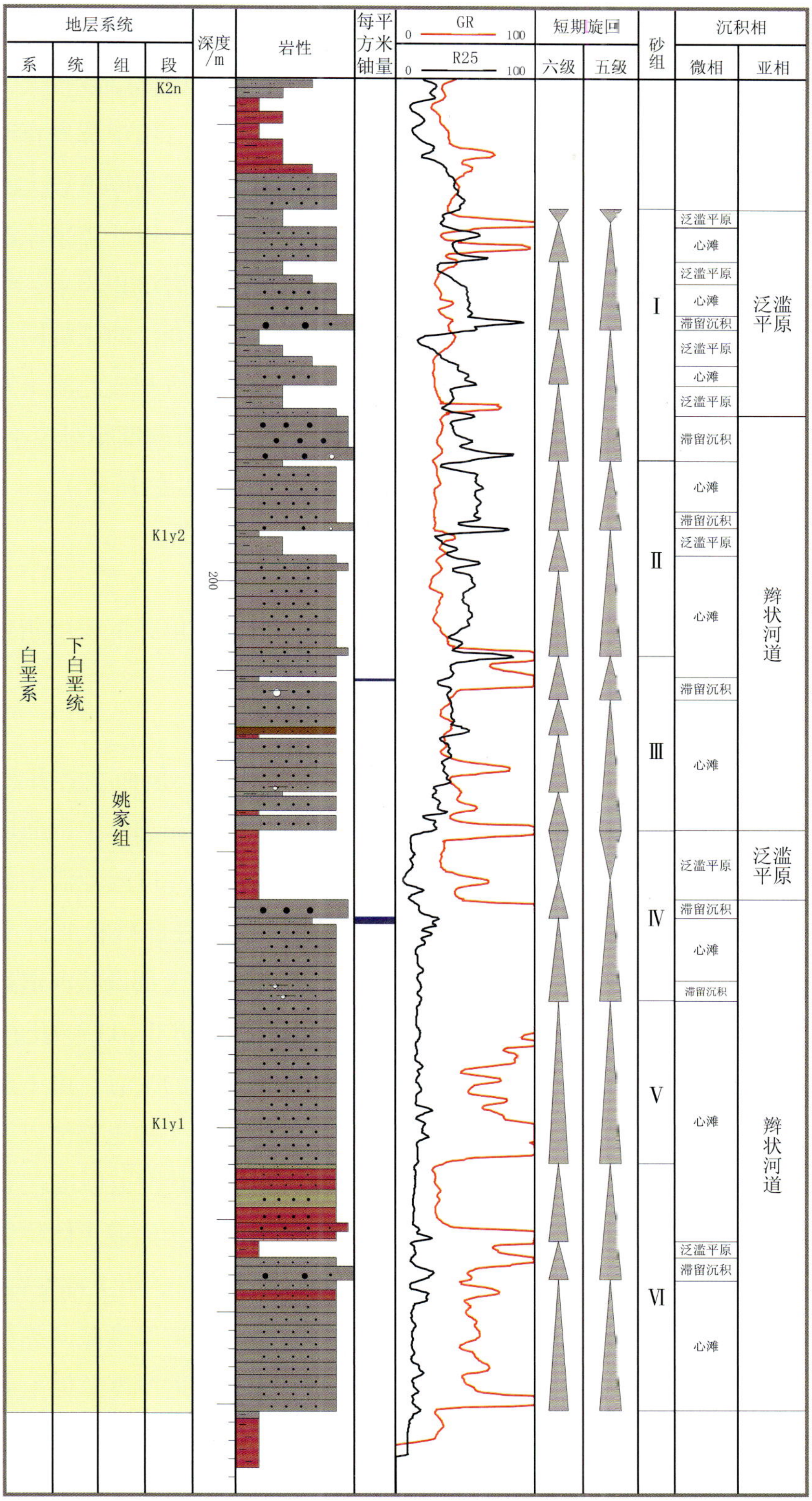

图3-20　钱家店铀矿床Ⅱ-07-01钻孔姚家组沉积微相分析

3. Ⅱ-14-05钻孔

Ⅱ-14-05钻孔位于研究区西南部，沉积物粒度相对较细，以细砂岩为主，中砂以上沉积物厚度较小。下部Ⅵ、Ⅴ砂组以心滩沉积为主，整体砂体厚度较大，其中Ⅵ砂组底部发育粗砂岩及含砾砂岩，为厚度较大的滞留沉积；Ⅴ砂组中部发育厚度较小的棕红色泥质粉砂岩及泥岩沉积，为泛滥平原沉积；Ⅳ砂组下部为厚度较大的细砂岩沉积，表现为典型的心滩沉积，向上变为厚度较大棕红色泥岩，以泛滥平原沉积为主；Ⅲ砂组及Ⅱ砂组与下部Ⅵ砂组、Ⅴ砂组类似，均以大套细砂岩沉积为主，细砂岩下部发育薄层的粗粒沉积物，向上夹泥质薄层，构成了多个向上变浅的正旋回，两个砂组整体上以厚度较大的心滩沉积为主，中间夹厚度较小的滞留沉积或泛滥平原沉积；顶部Ⅰ砂组粒度相对较细，以泥岩或泥质粉砂岩为主，中间夹有厚度相对较小的细砂岩，整体表现为厚套泛滥平原沉积夹薄层心滩沉积的特点（如图3-21所示）。

（二）沉积相展布特征

为了更好地在空间上对沉积体系展布特征进行分析，在单井沉积微相分析的基础上，选取研究区横线及纵向连井剖面进行了沉积相对比。

1. 03号剖面钻孔连井剖面

图3-22为研究区03号剖面钻孔连井沉积相剖面对比图。剖面上各井间砂组厚度差别不大，表现为相对平坦的沉积背景，无明显的沉积中心。总体上剖面以辫状河道沉积为主，各期辫状河道相互间区分不明显，中间夹有一定厚度的泛滥平原沉积；其中Ⅵ砂组在Ⅱ-03-13、Ⅱ-03-09、Ⅱ-03-05孔钻遇，砂组底部辫状河道主要分布在Ⅱ-03-05孔，向Ⅱ-03-13孔逐渐减薄，且泛滥平原相增加，上部辫状河道最大厚度位于Ⅱ-03-13孔，Ⅱ-03-05次之，中间Ⅱ-03-09孔最薄，说明Ⅱ-03-09孔在沉积时可能为不同期辫状河道的相交汇处，故辫状河道沉积较薄。总的来看，由下至上，Ⅵ砂组沉积时，辫状河道在剖面上表现出左右来回迁移的特征；Ⅴ砂组整体以辫状河道沉积为主，仅在Ⅱ-03-13孔发育厚度较薄的泛滥平原沉积，辫状河道厚度在Ⅱ-03-05孔最大，向Ⅱ-03-13孔方向相对变薄，说明本阶段沉积时，辫状河道主体位置可能位于Ⅱ-03-05孔附近，Ⅱ-03-13孔可能为主辫状河道边缘位置；Ⅳ砂组下部发育辫状河道，但厚度相对下部砂组减小，砂组上部泛滥平原发育，辫状河道厚度减薄趋势与Ⅴ砂组相似；Ⅲ砂组与Ⅴ砂组类似，以辫状河道沉积为主，辫状河道厚度总体上差异不大，无明显主辫状河道位置，辫状河道间多夹薄层泛滥平原沉积，表现出辫状河道来回迁移的趋势；Ⅱ砂组辫状河道分期性相对明显，在Ⅱ-03-04孔及Ⅱ-03-08孔明显存在不同期辫状河道间的叠置现象；上部Ⅰ砂组沉积时，辫状河道主要分布在Ⅱ-03-04孔及

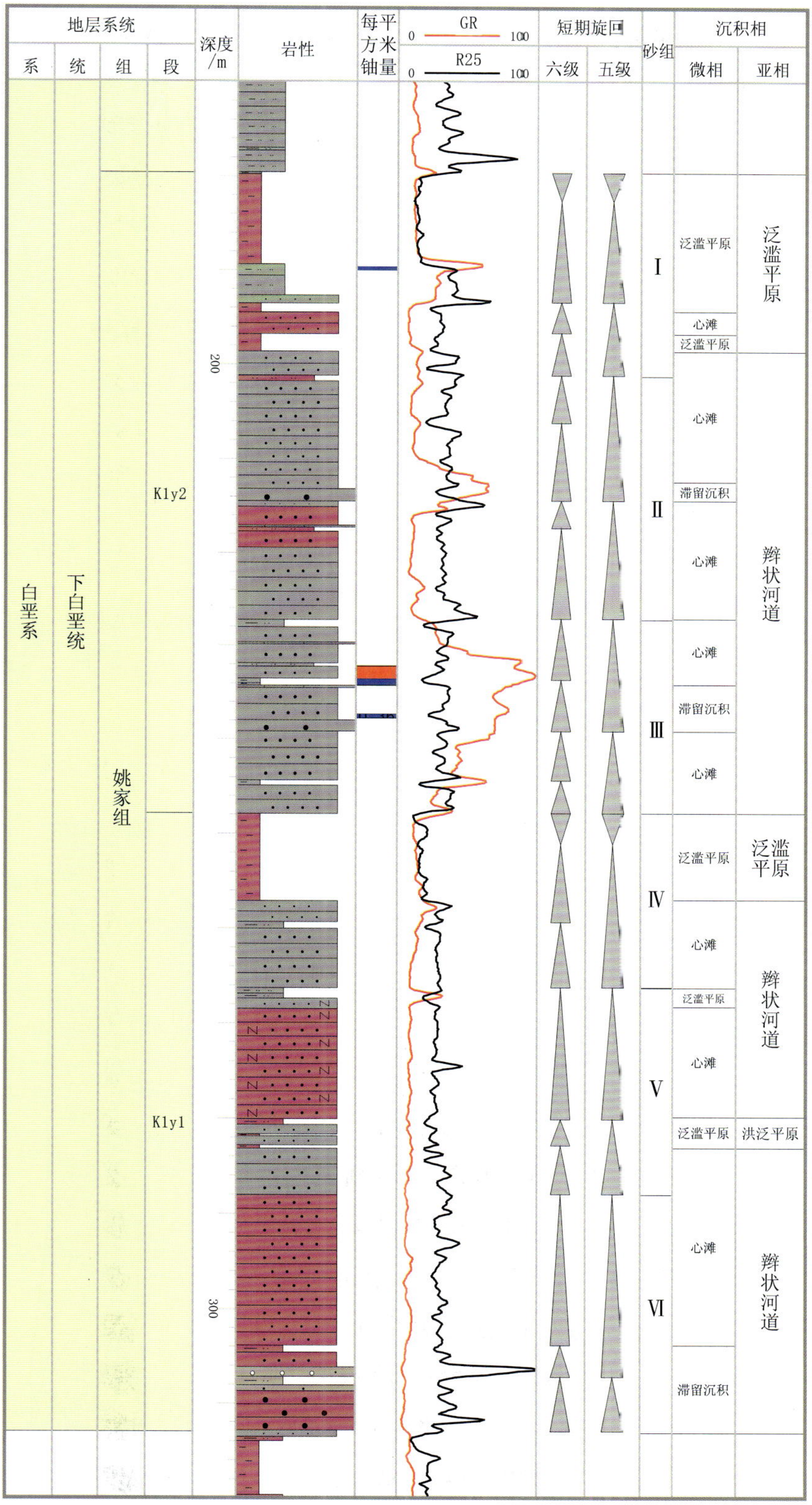

图3-21 钱家店铀矿床Ⅱ-14-05钻孔姚家组沉积微相分析

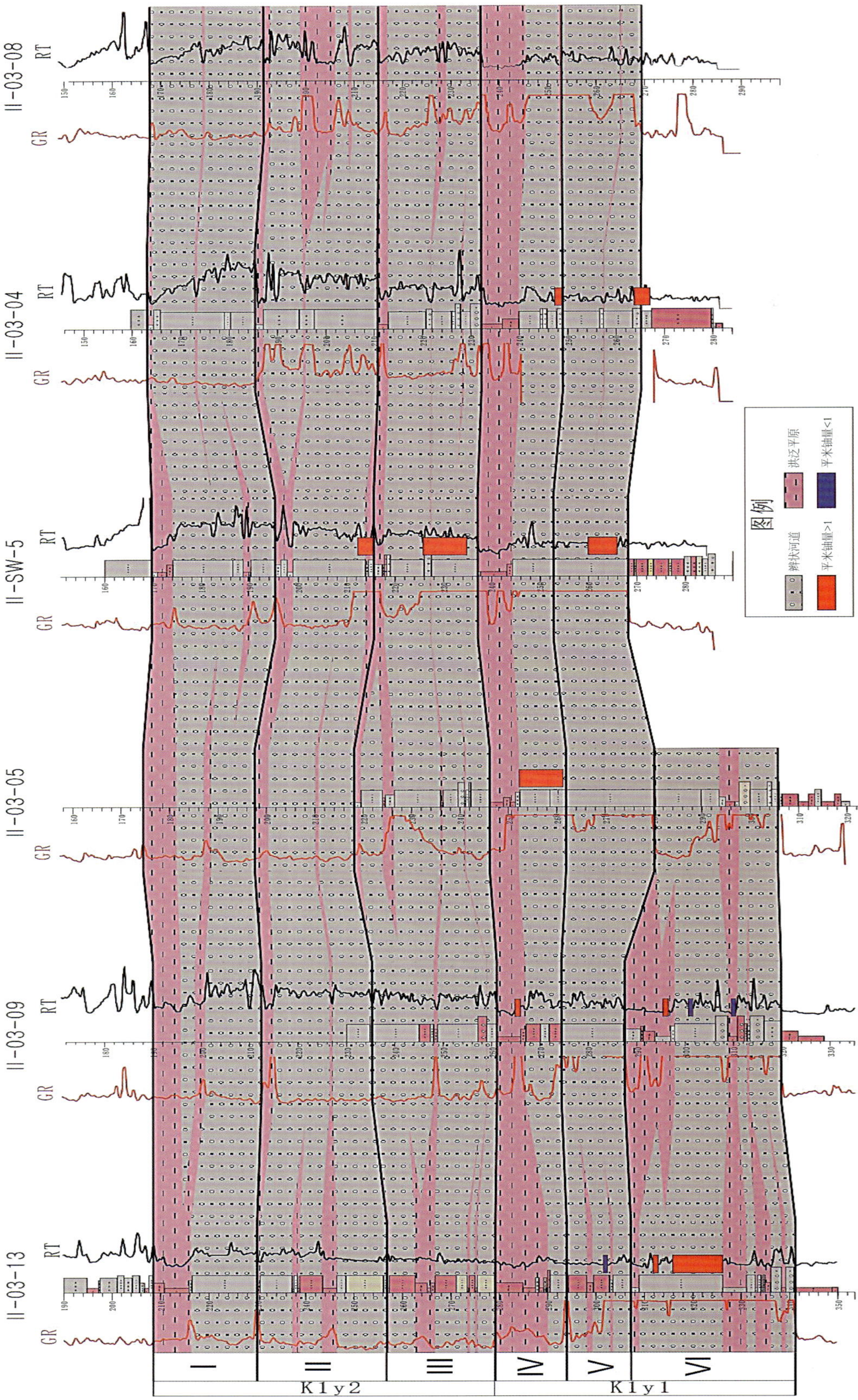

图3-22 钱家店姚家组03号剖面钻孔连井沉积相对比

Ⅱ-03-08孔附近，向Ⅱ-03-13方向辫状河道逐渐减薄，泛滥平原沉积增加。

2. 14号剖面钻孔连井剖面

14号剖面钻孔连井沉积相剖面整体特征与03号剖面相似（如图3-23所示），Ⅵ砂组表现为上下两期辫状河道相互叠加，其中下部辫状河道在Ⅱ-14-08孔附近厚度最大，向左至Ⅱ-14-05孔附近最薄，上部辫状河道厚度最大，主体位于Ⅱ-14-09及Ⅱ-14-05孔附近，向右整体变化不大，两期辫状河道及辫状河道间均夹有一定厚度的泛滥平原沉积；Ⅳ砂组沉积特征与03号剖面相似，仍以厚度较大的辫状河道沉积为主，泛滥平原夹于其中，厚度较小；Ⅳ砂组下部也表现出两套辫状河道相互叠加的特征，其中靠下辫状河道由剖面右向左减薄，在Ⅱ-14-09及Ⅱ-14-05孔与上部河道向叠置，两河道间发育较薄的泛滥平原沉积，Ⅳ砂组上部为稳定分布的泛滥平原沉积；Ⅲ砂组辫状河道厚度最大值位于Ⅱ-14-01孔，向此孔两侧减薄，说明Ⅱ-14-01孔附近应为主河道位置；Ⅱ砂组表现为厚度较大的辫状河道沉积，其中河道在Ⅱ-14-05孔至Ⅱ-14-04孔厚度较大，至Ⅱ-14-08孔最薄；Ⅰ砂组辫状河道整体较薄，表现为从剖面右侧至左侧厚度逐渐减小的趋势，砂组上部为厚度较大的泛滥平原沉积。

3. 16号剖面钻孔连井剖面

沉积特征与前述两排剖面沉积特征类似，Ⅵ及Ⅴ砂组为厚度较大的辫状河道沉积，泛滥平原厚度较小，且不连续，多呈孤立的薄层夹于辫状河道之中，Ⅳ砂组下部为厚度较小的辫状河道沉积，河道分期性不明显，整体向Ⅱ-16-13孔方向变薄，向上变为连续的泛滥平原沉积，厚度较大；Ⅲ砂组沉积特征与Ⅵ及Ⅴ砂组相似，中部Ⅱ-16-05至Ⅱ-16-04及右侧Ⅱ-16-16孔分为上下两期辫状河道，厚度较大，说明河道在平面上有明显的摆动；Ⅱ砂组辫状河道整体向右侧减薄，分期性不明显，同时向右侧泛滥平面沉积厚度加大；顶部Ⅰ砂组，河道沿Ⅱ-16-13及Ⅱ-16-04附近发育，主沉积厚度较大，并发育多期河道，其他孔位多为单期河道，且厚度较小，Ⅰ砂组顶部泛滥平原沉积厚度较大，连续性较好（如图3-24所示）。

4. 04号剖面钻孔连井剖面

04号剖面上，Ⅵ砂组下部为厚度较大的辫状河道沉积，多期相互叠置，薄层孤立的泛滥平面沉积夹于其中，顶部发育厚度较小，但是连续分布的泛滥平原沉积；Ⅴ砂组主要为辫状河道沉积，河道沉积分期性明显，在某些钻孔上至少可区分去三期河道的相互叠置，各期河道来回摆动叠置，整体无明显的沉积中心；Ⅳ砂组河道主要分布与砂组下部，其中Ⅱ-04-04孔河道厚度最小，Ⅱ-04-05孔附近河道厚度较大，但整体上，河道分期性不明显，表现为一期河道沉积，砂组顶部为厚度变化较小的泛滥平原沉积；Ⅲ砂组河道分期性明显，多期相互叠置，整体变现为厚度较大辫状河道沉积，

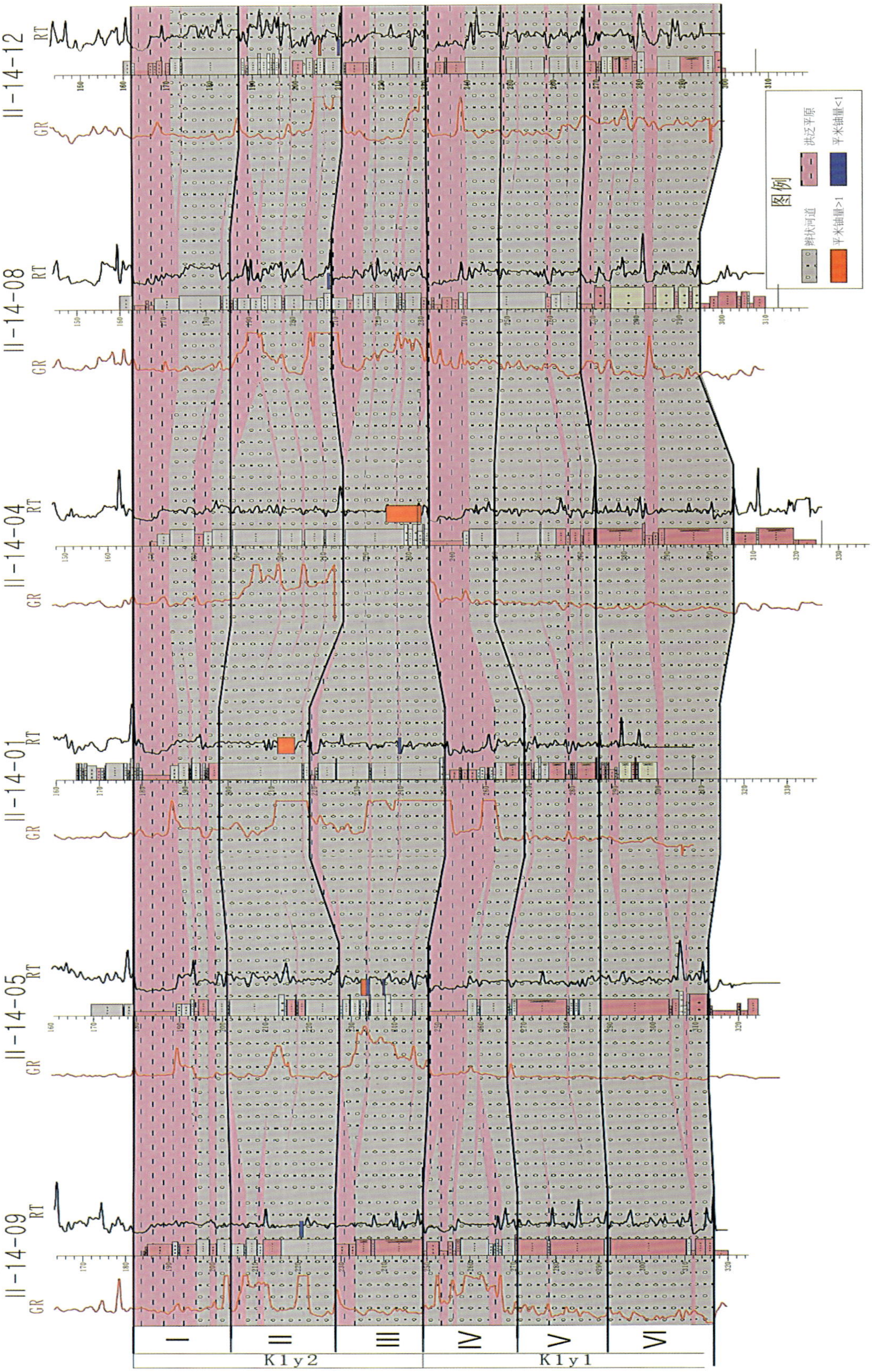

图3-23 钱家店姚家组14号剖面钻孔连井沉积相对比

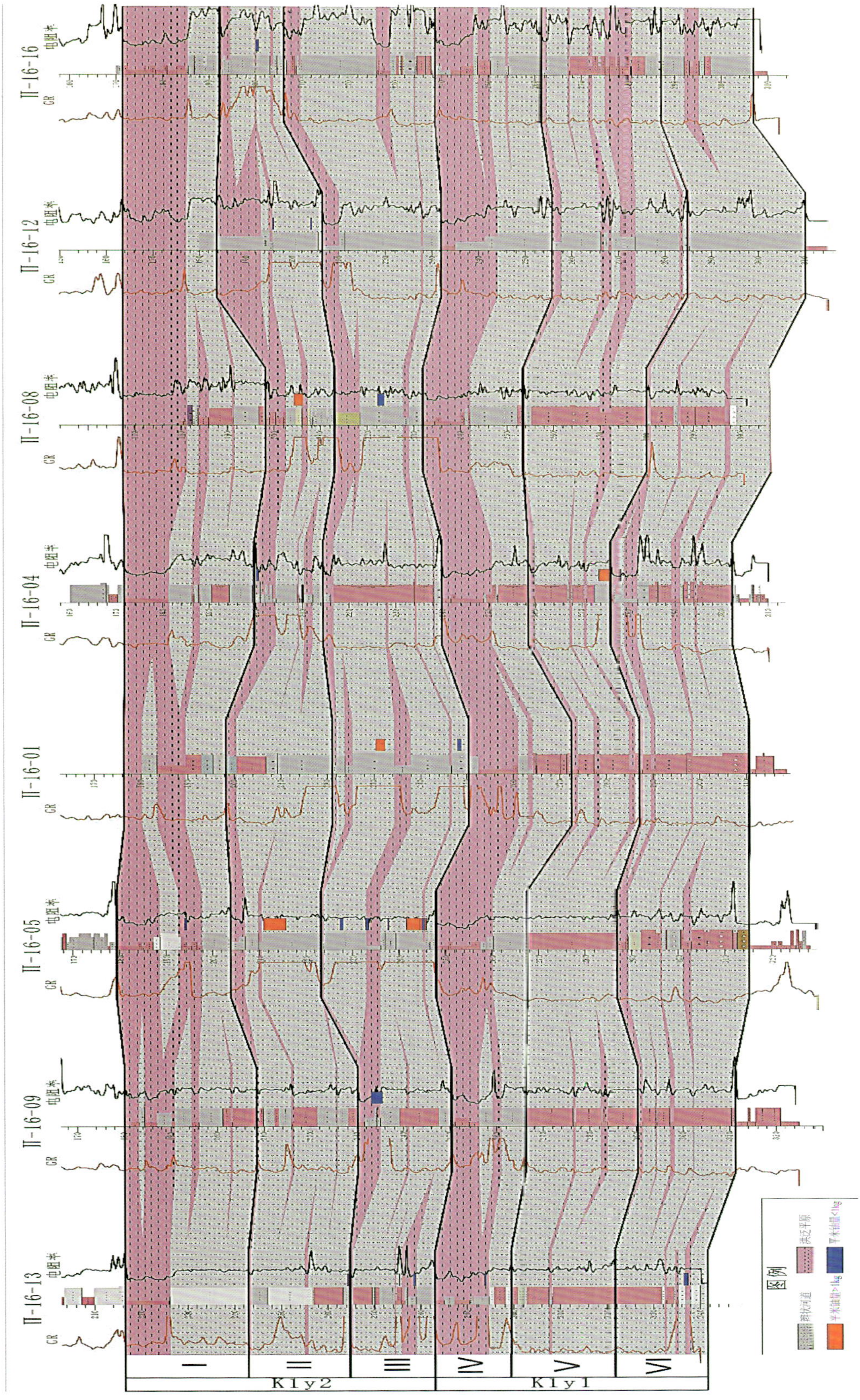

图3-24　钱家店姚家组16号剖面钻孔连井沉积相对比

泛滥平原沉积厚度相对较薄，但连续性相对较好；Ⅱ砂组中部发育厚度中等的泛滥平原沉积，连续性较好，将辫状河道分为上下两期，Ⅱ-04-05孔附近河道交汇明显，可能为两主河道交汇位置；顶部Ⅰ砂组河道分为上下两期，下部河道向右侧减薄，上部河道分布于Ⅱ-04-09至Ⅱ-04-05孔，厚度较大，砂组顶部为厚度较大的泛滥平原沉积（如图3-25所示）。

5. 01号纵剖面钻孔连井剖面

01号纵剖面钻孔连井沉积相对比剖面为北东至南西向剖面（如图3-26所示），大体与研究区主要物源方向平行，整体上仍以辫状河道沉积为主，相比北西至南东西剖面，剖面相邻井间相变较快，沉积地层厚度也表现出一定的变化。由下至上，Ⅵ砂组及Ⅴ砂组沉积特征较为相似，表现为多期叠置的辫状河道夹一定厚度的泛滥平原沉积；Ⅳ砂组下部为辫状河道沉积，厚度较薄，向上为厚度较大的泛滥平原沉积，相邻井间泛滥平原沉积厚度有一定的变化，但整体上连续性较好；Ⅲ砂组及Ⅱ砂组特征与下部Ⅵ砂组、Ⅴ砂组相似，但其泛滥平原相对发育；Ⅰ砂组上部辫状河道沉积相对较薄，上部为泛滥平原沉积。

第五节　砂组（小层）沉积相及砂体发育特征

通过层序划分、单井砂体厚度统计及沉积相分析，以砂组（小层）为单元绘制了研究区姚家组各砂组（小层）的地层、砂体、砂地比及沉积微相平面分布图，各砂组沉积相及砂体发育情况如下。

（一）Ⅵ砂组

从地层等厚图来看，Ⅵ砂组地层厚度整体变化不大，其中厚度较大的区域主要集中在研究区中部Ⅱ-03-13孔附近，西南部Ⅱ-14-04孔附近地层也相对较厚；从沉积微相分布图来看，本砂组主要为辫状河道滞留沉积及心滩沉积，其主要物源方向为北东向，滞留沉积及心滩组成的辫状河道沿北东向呈带状展布，心滩沿主要物源方向夹于辫状河道之中，同时本砂组泛滥平原沉积不发育，主要分布于主河道两侧及西南部；砂体主要分布于东北部01至07剖面及西南部14剖面附近，最大值在24 m以上，中部08及10剖面附近砂体厚度相对较薄，砂体展布特征与沉积相展布方向大体一致；砂泥比也表现为北东向的条带状展布，主要高值区位于西南部09纵剖面，东北部01及04纵剖面，这些区域砂泥比值都在0.9以上，为主要的河道发育区（如图3-27所示）。

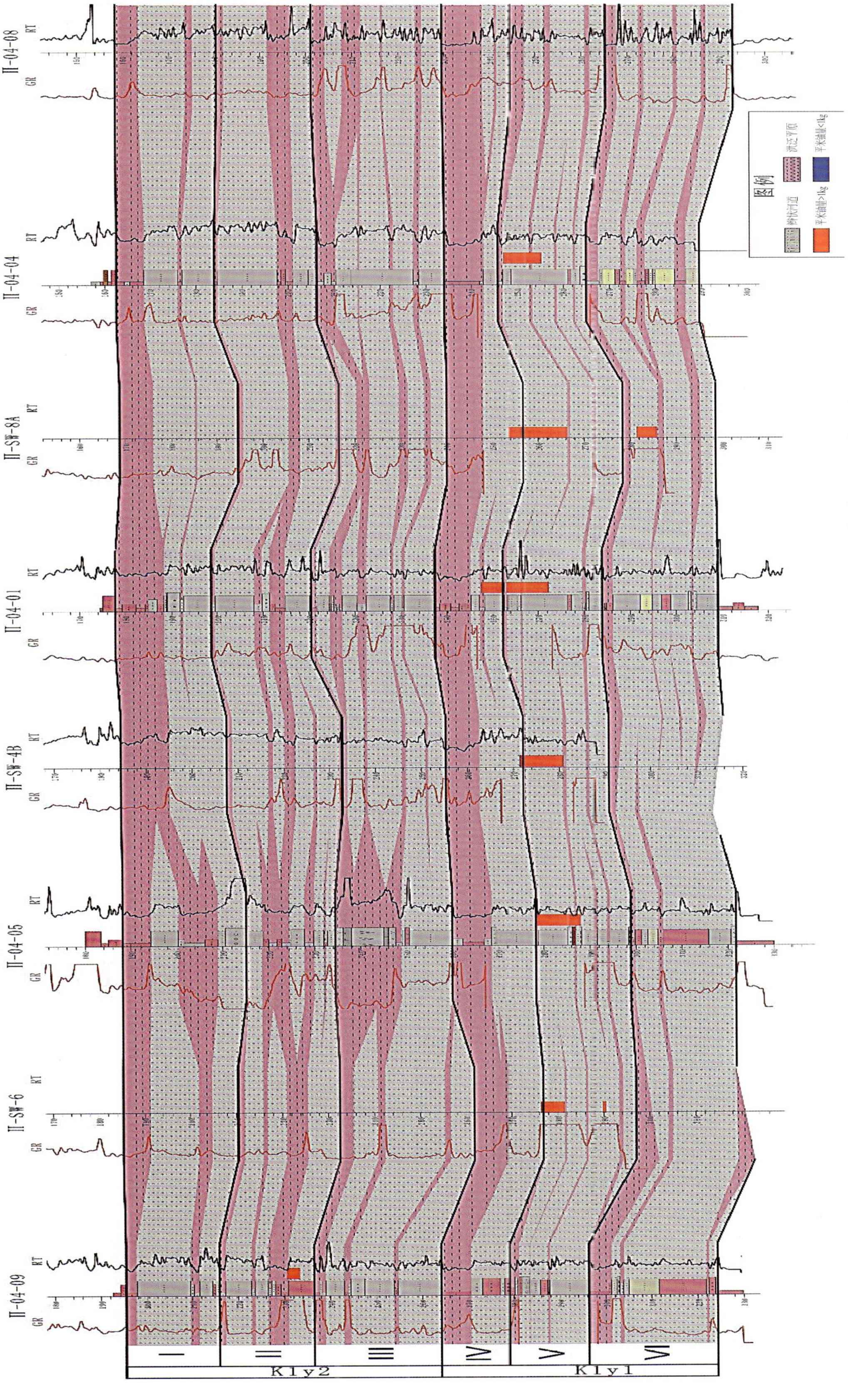

图3-25 钱家店姚家组04号剖面钻孔连井沉积相对比

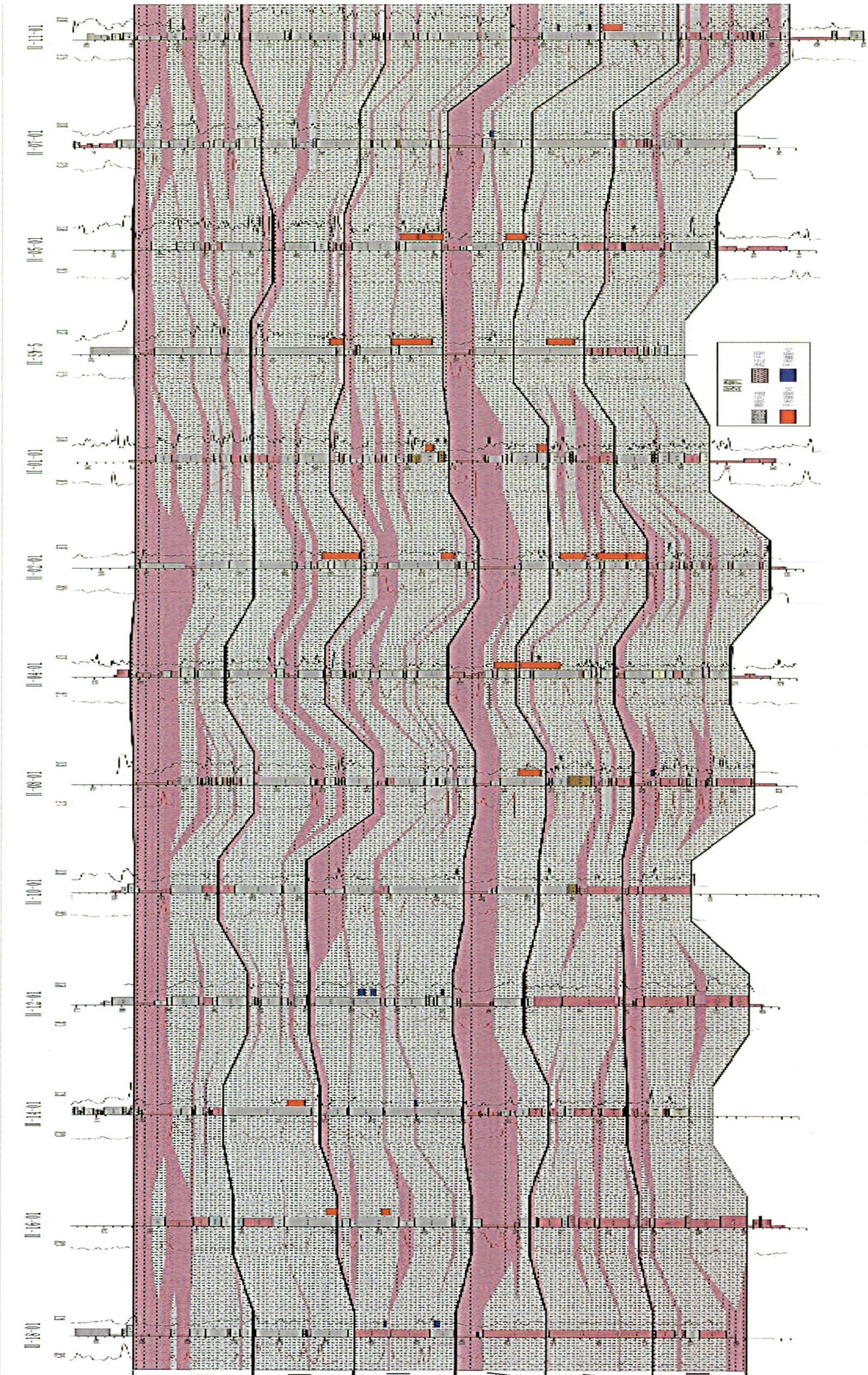

图3-26 钱家店姚家组01号纵剖面钻孔连井沉积相对比

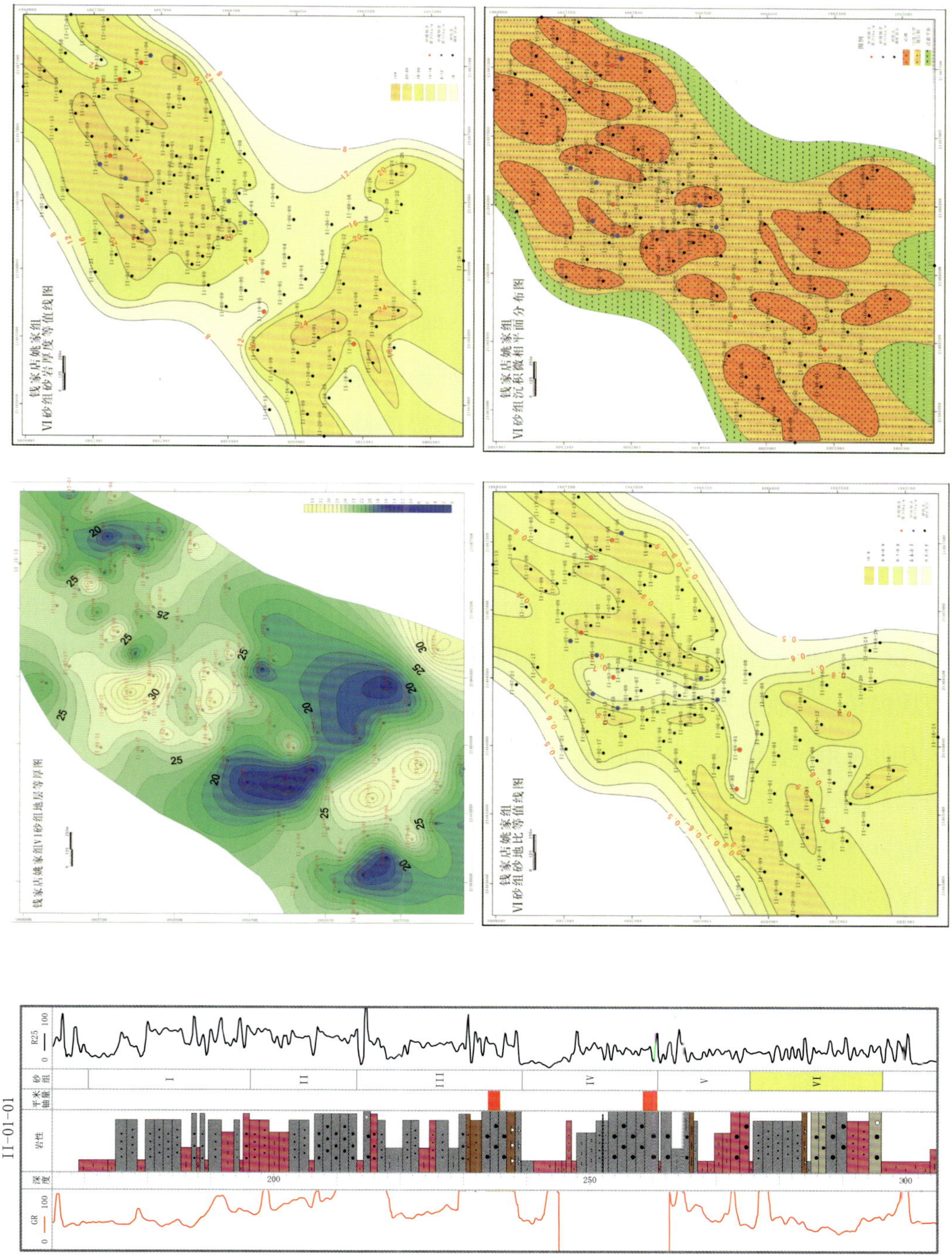

图3-27 钱家店姚家组VI砂组地层等厚、砂体厚度、含砂率、沉积微相图

（二）Ⅴ砂组

与Ⅵ砂组总体沉积特征较为相似，主要发育沿北东向的带状河道，泛滥平原不发育，心滩沿物源方向夹于滞留沉积中，其中东北部沿9号纵剖面方向和中部沿Ⅱ-02-01孔至Ⅱ-14-16孔方向发育两个规模较大的心滩沉积；地层等厚图上表现为中部薄、东北和西南厚的特点，但总体上厚度差异较小，中部Ⅱ-01-02孔与Ⅱ-03-13孔附近地层厚度最小，约为15 m，西南部Ⅱ-18-05孔厚度较大，约为26 m；砂体厚度整体较高，按主河道方向呈条带状展布，河道带砂体厚度一般在16 m以上，其中砂体厚度较大的区域与心滩沉积发育区相对应，砂泥比值也表现为较高的趋势，河道带砂泥比在0.8以上，心滩发育区多在0.9以上，整体上表现为含砂高的特点（如图3-28所示）。

（三）Ⅳ砂组

相对下部两个砂组，Ⅳ砂组泛滥平原沉积发育，东北部两条主要河道呈大致平行的方向沿北东向展布，其主要的物源方向较下部砂组未发生明显的改变，至Ⅱ-08-01、Ⅱ-06-08一线，两河道相互交汇，向下分成三条大致平行的主河道，其中中部河道发育规模较大；地层等厚图上整体厚度差异不大，最大值区分别沿04和09纵剖面（西南部）方向展布，表现为与主河道大致对应的条带状高值区，地层厚度最大约为24 m；砂体分布趋势与河道分布趋势相似，其中河道带砂体厚度多在8 m以上，河道中心滩位置一般砂体相对发育，如东北部心滩发育区砂体厚度可达16 m以上；相比下部两个砂组，Ⅳ砂组含砂率相对较低，主河道区含砂率多在0.6以上，部分心滩发育区含砂率可达0.8以上（如图3-29所示）。

（四）Ⅲ砂组

整体沉积特征与Ⅵ砂组及Ⅴ砂组类似，以北东向辫状河道沉积为主。在南部，河道分为两支，一支方向变为南向，主河道内，心滩发育，多呈与河道方向平行的条带状分布；本砂组地层厚度较大值区域主要沿北东向发育，其中以01纵剖面方向最为发育，与主河道发育方向一致，地层厚度最大可达34 m；砂体厚度展布趋势与河道展布方向一致，主河道砂体厚度一般在16 m以上，部分心滩区域砂体厚度更大，如Ⅱ-10-01孔附近可达24 m以上，砂泥比则沿主河道方向呈条带状展布，中部Ⅱ-02-03井附近及西南部地区存在明显的低值区，这可能与辫状河道在平面上的摆动及泛滥平原发育有关（如图3-30所示）。

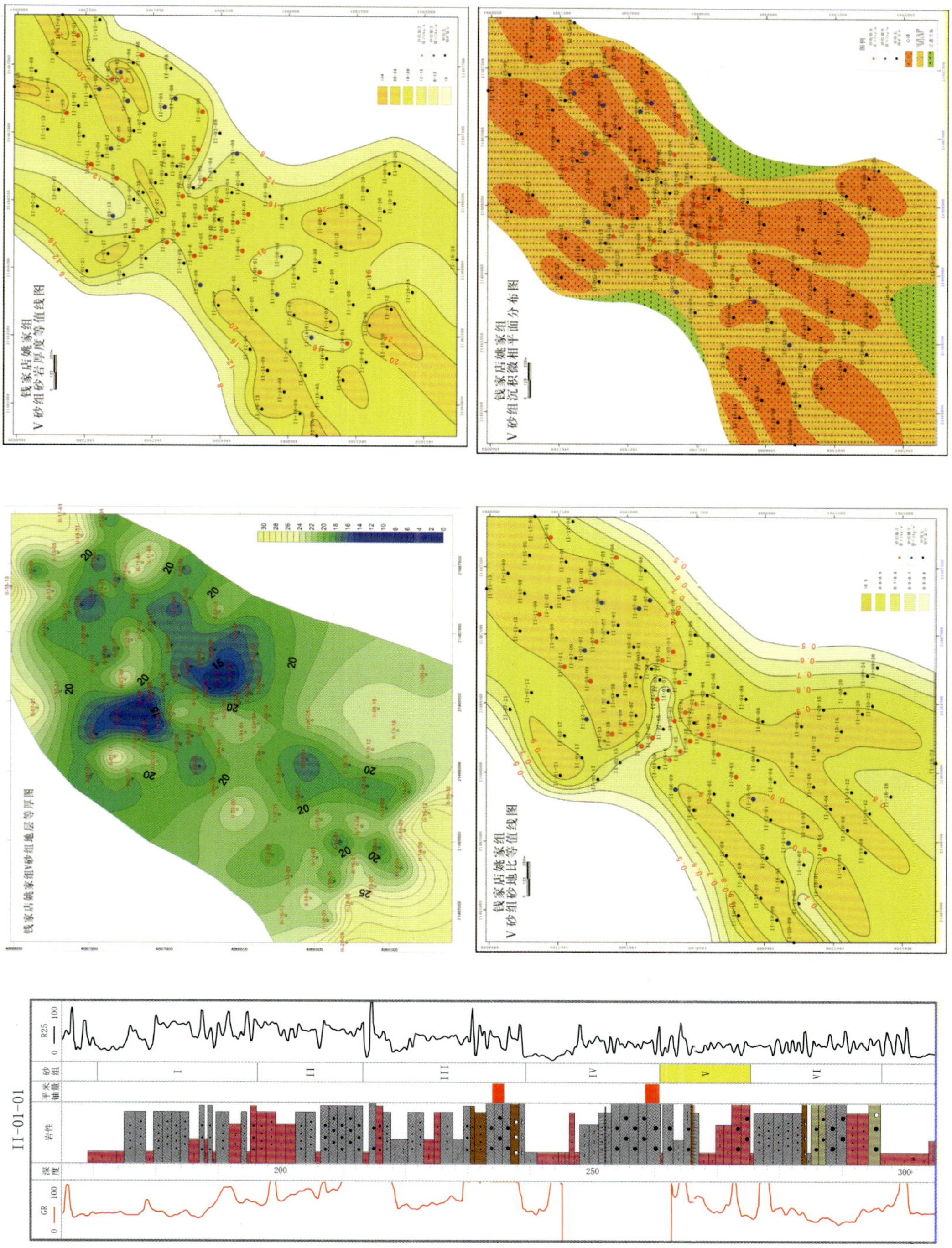

图3-28 钱家店姚家组V砂组地层等厚、砂体厚度、含砂率、沉积微相图

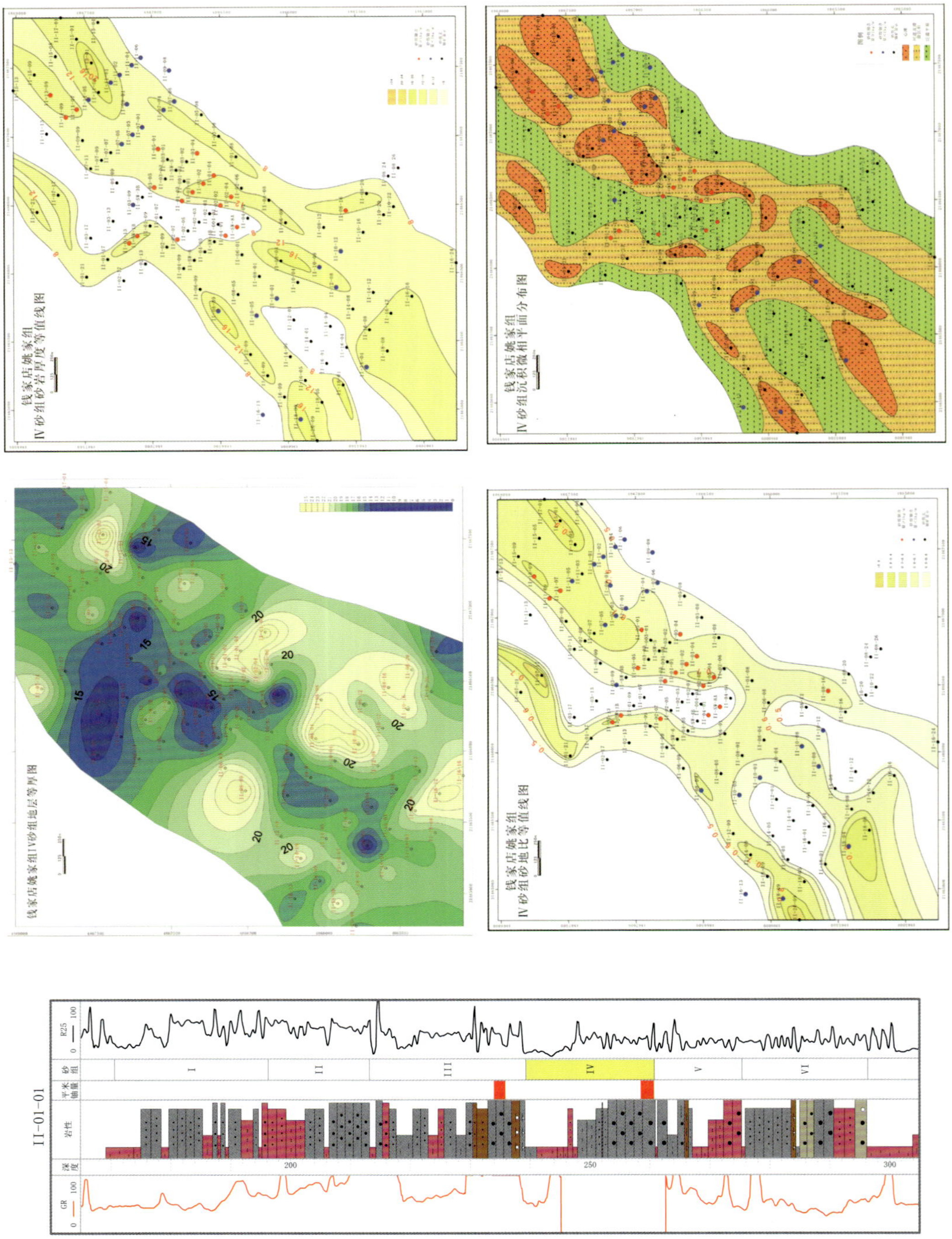

图3-29 钱家店姚家组IV砂组地层等厚、砂体厚度、含砂率、沉积微相图

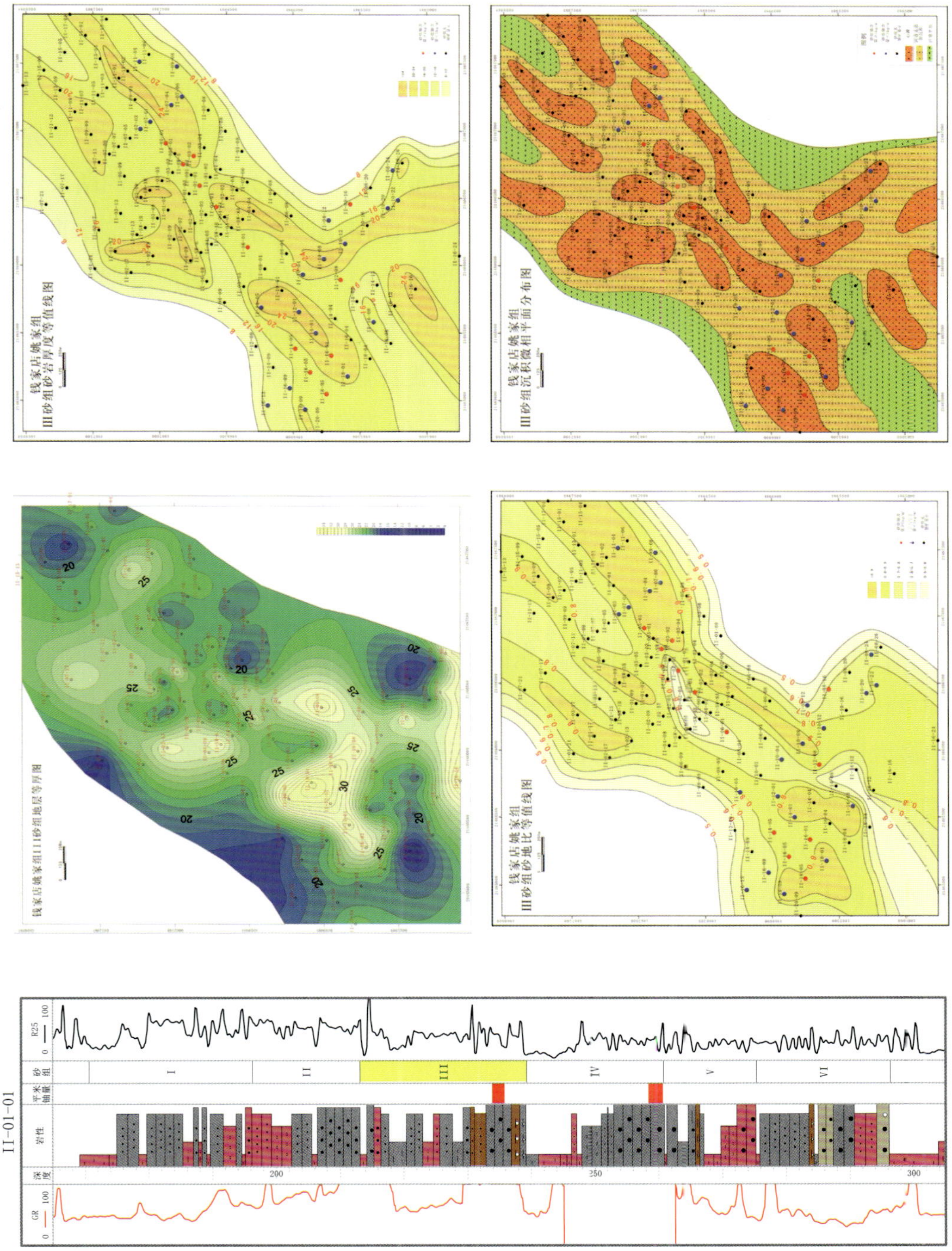

图3-30 钱家店姚家组Ⅲ砂组地层等厚、砂体厚度、含砂率、沉积微相图

（五）Ⅱ砂组

相比Ⅲ砂组，Ⅱ砂组泛滥平原更加发育，主要分布于中部Ⅱ-02-07孔、西南部Ⅱ-16-08孔及东北部Ⅱ-11-07孔附近，同时在主河道两边也有一定规模的泛滥平原发育，主河道方向与下部砂组相比未发生明显的改变，大致可分为相互平行的两条，但在平面上两条主河道相互交汇、叠置、改道。在西南部出现3条主河道，整体来看，心滩沉积较为发育，多呈北东向条带状夹于滞留沉积中；砂体主要沿河道带发育，其中东北部主要沿04、13纵剖面方向展布，南部则01及09纵剖面展布，这些位置一般为心滩发育地区，最大砂体厚度可达24 m以上；砂泥比趋势与砂体等厚趋势相似，也主要呈北东向展布，主河道带含砂率多在0.7以上，心滩发育区可达0.9以上（如图3-31所示）。

（六）Ⅰ砂组

Ⅰ砂组与Ⅳ砂组沉积特征较为相似，河道继承了下伏各砂组的展布方向，以北东向为主，在平面上呈三条主要路径沿北东向条带状展布，心滩夹于其中，规模较大，河道间及边部发育泛滥平原沉积，规模也较大；本砂组地层厚度较大的区域为心滩发育区，最大值可达30 m（Ⅱ-07-06孔），低值区主要对应于泛滥平原发育区，最小值为18 m左右；砂体厚度与沉积相展布趋势大体一致，平面上砂体厚度较大值区域主要沿09及08纵剖面方向展布，主河道发育区砂体厚度一般在16 m以上，部分心滩发育区厚度在24 m以上；整体砂泥比值较低，主河道区砂泥比一般在0.6以上，心滩发育区砂泥比多在0.7以上，部分可达0.9（如图3-32所示）。

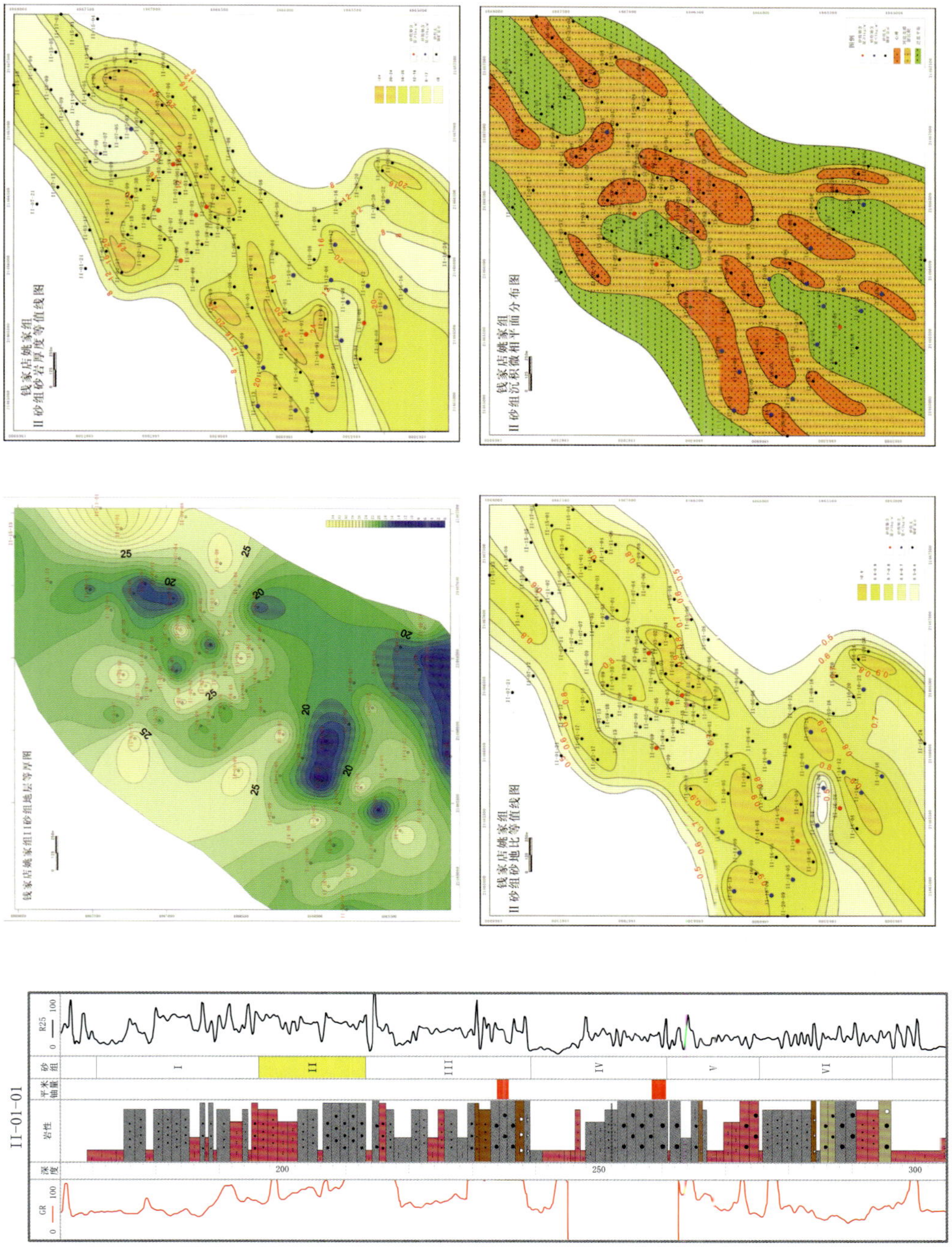

图3-31 钱家店姚家组II砂组地层等厚、砂体厚度、含砂率、沉积微相图

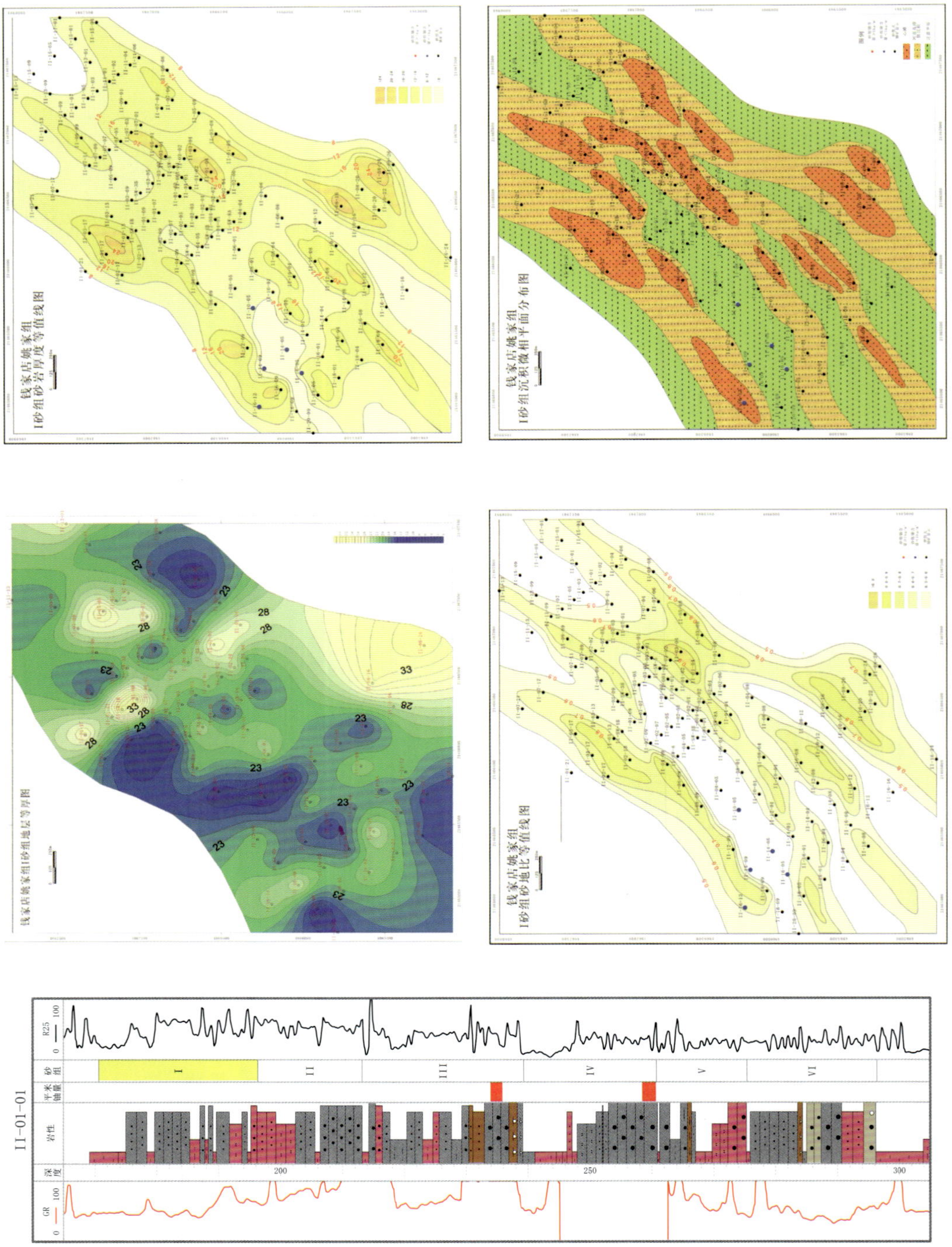

图3-32 钱家店姚家组I砂组地层等厚、砂体厚度、含砂率、沉积微相图

第六节 沉积充填演化及其与铀矿化的关系

综合上述的层序地层特征及沉积体系分析，钱家店地区姚家组主要发育辫状河流沉积（如图3-33所示），在垂向上，多以粒度较粗的细砂—粗砂为主，局部发育砂砾岩，同时砂岩中含有长石等矿物，总体表现为低结构成熟度、高含砂率的特征，曲线上为典型的齿化箱型，在单井沉积序列上具有典型的河流相二元结构，这些都证明了研究区为典型的辫状河流沉积。平面上，各砂组以辫状河道沉积为主，泛滥平原只在Ⅳ、Ⅰ砂组较为发育，各砂组河道相互叠置，尤其是在Ⅵ、Ⅴ及Ⅲ砂组，这些砂组沉积时整体可容纳空间较小，河道在平面上来回摆动明显，多期河道间较难区分，在沉积微相图上表现为宽大河道带沉积，Ⅳ、Ⅰ砂组沉积时，处于基准面上升的最大部位，可容纳空间较高，泛滥平原相对发育，这两个时期沉积的河道在平面上摆动相对其他砂组不明显，可在平面上区分出不同期次河道的展布方向，但这些河道之间还是存在一定程度的叠加、交汇现象。

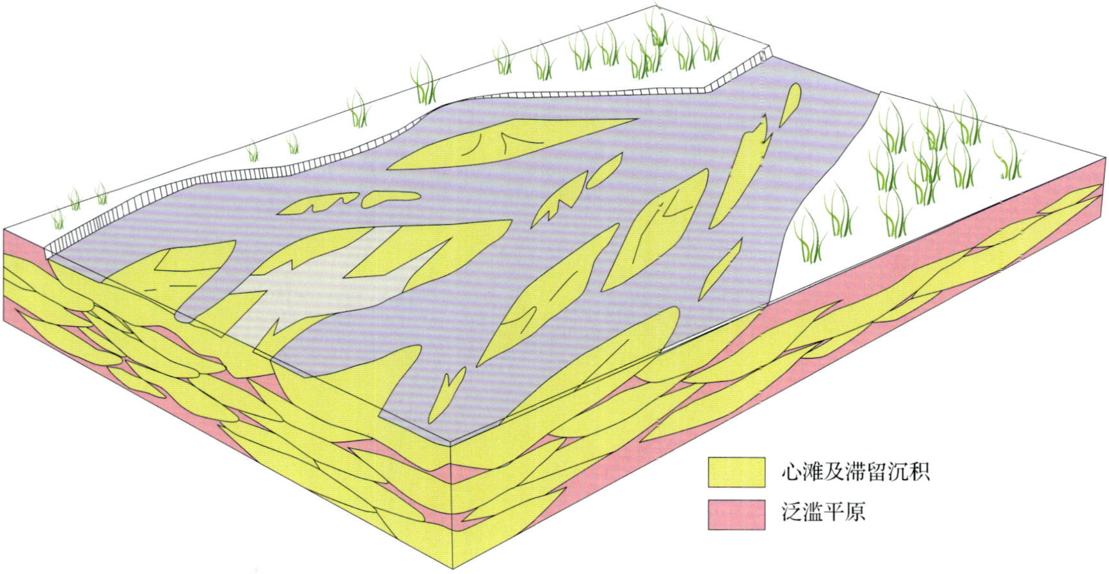

图3-33 钱家店地区姚家组沉积模式图

为对本区沉积与铀矿形成之间的关系进行进一步的分析，结合铀矿分析测试数据（见表3-2），绘制了研究区典型剖面的铀矿分布图（如图3-34～图3-36所示）。

图3-34为研究区01剖面铀矿分布图，图上主要的铀矿层分布于Ⅳ砂组底部与Ⅴ砂组顶部，且这两个砂组中所显示铀矿的横向连续性相对较好，往往在多口钻孔为连续分布，单个铀矿体厚度较大，本剖面上Ⅲ砂组及Ⅱ砂组也有一定的铀矿分布，但多孤立出现，横向连续性较差，且其厚度也相对较小。

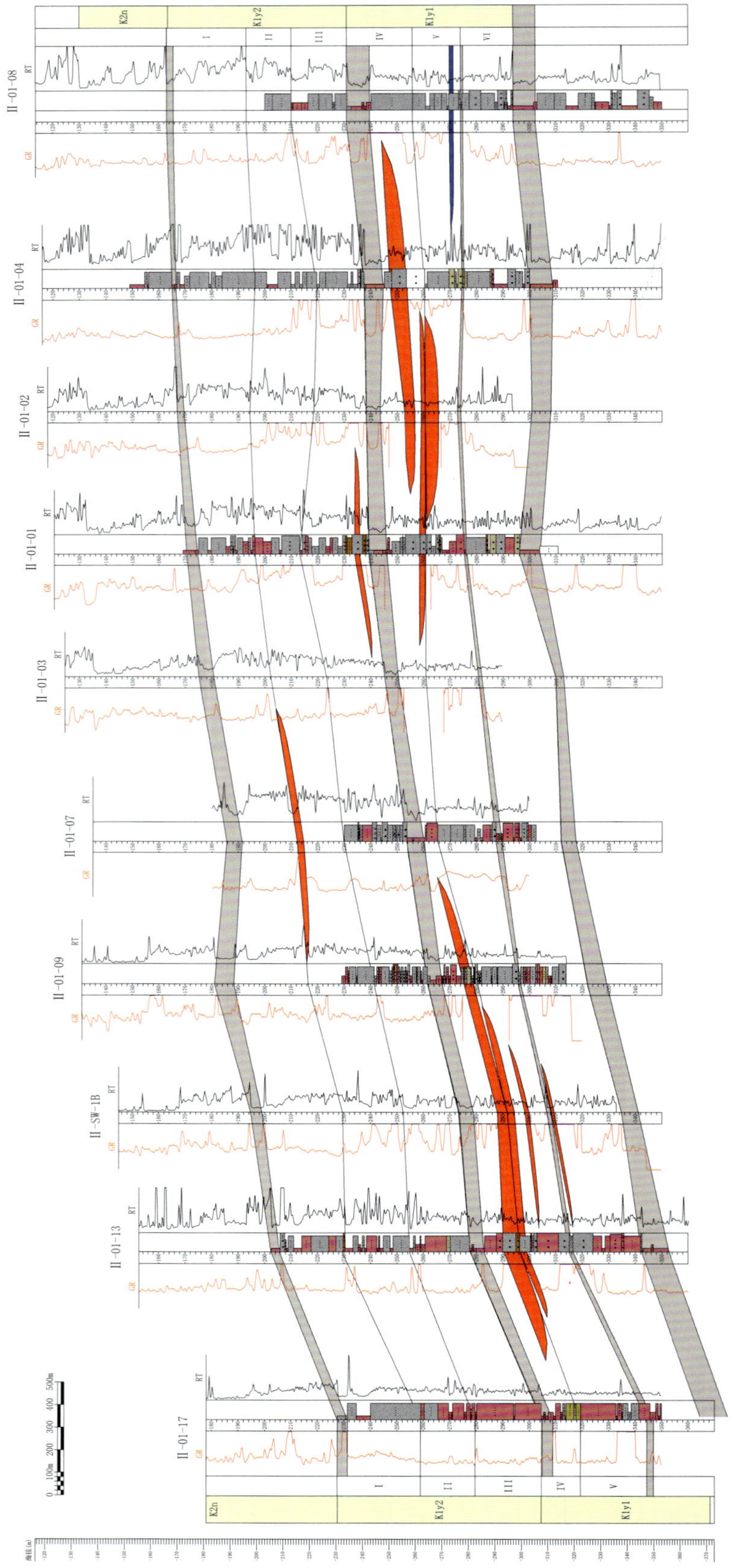

图3-34 01号剖面沉积相与铀矿化分布图

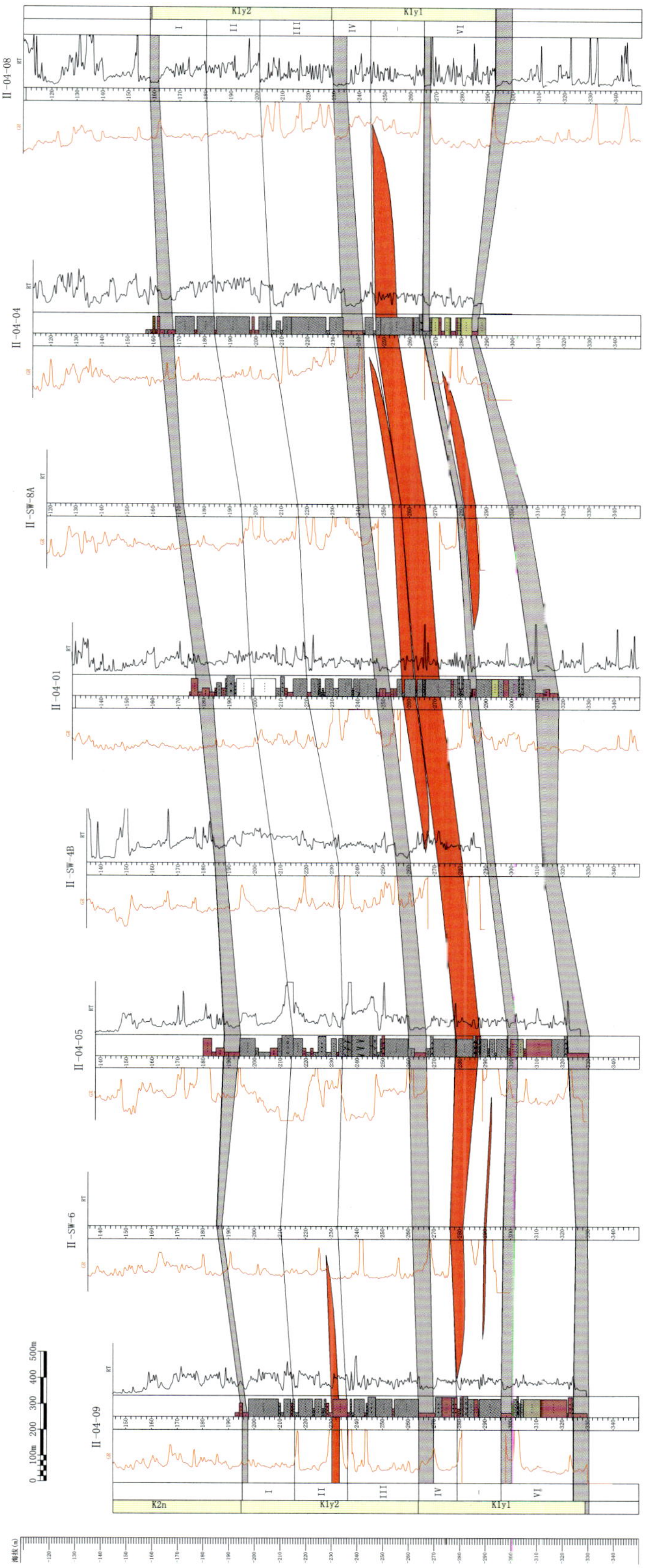

图3-35　04号剖面沉积相与铀矿化分布图

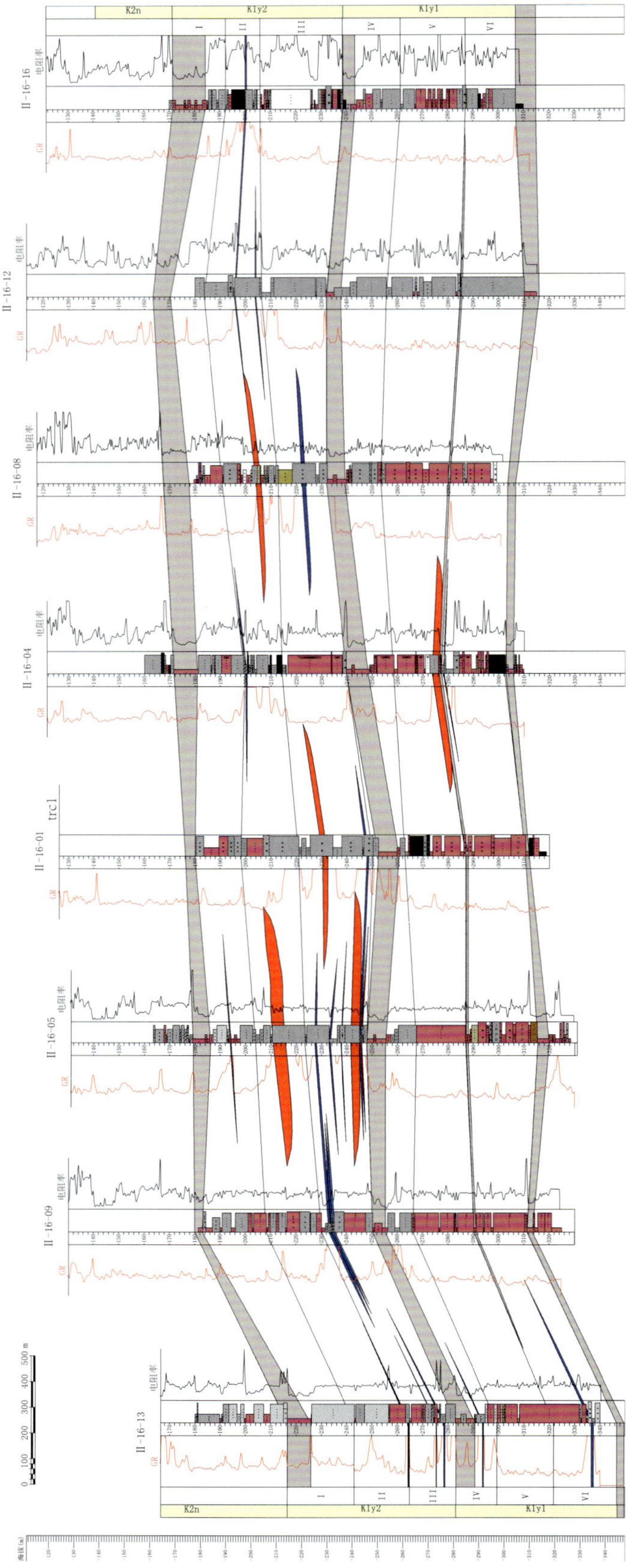

图3-36 16号剖面沉积相与铀矿化分布图

表 3-2 钱家店铀矿床部分铀矿化钻孔品位与赋矿砂组特征一览表

钻孔编号	顶深 /m	底深 /m	厚度 /m	修正后铀品位 /%	每平方米铀量 /(kg/m²)	岩 性	地层层位
Ⅱ-01-01	258.44	260.69	2.25	0.033 0	1.37	粗粒砂岩	Ⅳ
	233.94	235.81	1.87	0.033 0	1.14	粗粒砂岩	Ⅱ
Ⅱ-01-02	258.81	265.81	7.00	0.018 0	2.32	细粒砂岩	Ⅴ
	252.81	256.81	4.00	0.017 0	1.25	细粒砂岩	Ⅳ
Ⅱ-01-03	258.44	263.06	4.62	0.039 0	3.32	细粒砂岩	Ⅴ
Ⅱ-01-04	247.44	253.94	6.50	0.013 0	1.55	中粒砂岩	Ⅳ
Ⅱ-01-07	212.31	214.81	2.50	0.028 0	1.29	细粒砂岩	Ⅰ
Ⅱ-01-08	269.84	271.30	1.46	0.021 9	0.59	细砂岩	Ⅴ
Ⅱ-01-09	275.31	278.31	3.00	0.027 0	1.49	细粒砂岩	Ⅴ
	278.31	278.94	0.63	0.094 0	1.09	泥岩	Ⅴ
Ⅱ-01-13	290.44	298.69	8.25	0.061 0	9.26	中粗粒砂岩	Ⅴ
Ⅱ-02-01	275.06	279.44	4.38	0.051 0	4.11	细粒砂岩	Ⅴ
	208.19	216.69	8.50	0.024 0	3.75	细粒砂岩	Ⅱ
	260.56	266.19	5.63	0.028 0	2.90	细粒砂岩	Ⅴ
	268.44	274.81	6.37	0.014 0	1.64	细粒砂岩	Ⅴ
	234.19	237.44	3.25	0.023 0	1.38	细粒砂岩	Ⅲ
Ⅱ-02-02	254.56	261.81	7.25	0.024 0	3.20	细粒砂岩	Ⅴ
	272.56	276.31	3.75	0.028 0	1.93	细粒砂岩	Ⅴ
	261.81	262.56	0.75	0.126 0	1.74	粉砂岩	Ⅴ
	262.56	264.44	1.88	0.048 0	1.66	细粒砂岩	Ⅴ
	264.56	268.31	3.75	0.017 0	1.17	细粒砂岩	Ⅴ
	294.81	298.31	3.50	0.016 0	1.03	细粒砂岩	Ⅶ
Ⅱ-02-03	265.56	277.56	12.00	0.042 0	9.27	细粒砂岩	Ⅴ
	224.19	228.06	3.87	0.028 0	1.99	细粒砂岩	Ⅱ
Ⅱ-02-04	246.69	262.31	15.62	0.022 0	6.32	细粒砂岩	Ⅳ
Ⅱ-02-07	274.56	276.06	1.50	0.038	1.05	细粒砂岩	Ⅴ
Ⅱ-02-09	284.94	287.56	2.62	0.031 0	1.49	泥岩	Ⅴ
Ⅱ-03-02	210.31	212.56	2.25	0.030 0	1.24	粗粒砂岩	Ⅲ
	224.31	228.31	4.00	0.017 0	1.25	细粒砂岩	Ⅲ
	249.81	252.56	2.75	0.022 0	1.11	细粒砂岩	Ⅴ
Ⅱ-03-04	247.19	248.81	1.62	0.051 0	1.52	细粒砂岩	Ⅳ
	263.69	266.94	3.25	0.018 0	1.08	细粒砂岩	Ⅴ
Ⅱ-03-05	252.31	261.31	9.00	0.025 0	4.14	细粒砂岩	Ⅳ
Ⅱ-03-09	295.31	296.81	1.50	0.025 0	0.69	泥岩	Ⅶ
	309.44	310.44	1.00	0.020 0	0.37	泥岩	Ⅶ
	300.44	302.44	2.00	0.014 0	0.52	细砂岩	Ⅶ
Ⅱ-03-13	315.84	326.3	10.46	0.021 1	4.06	细砂岩	Ⅶ
	354.80	355.42	0.62	0.097 9	1.12	泥岩	Ⅶ
	311.82	312.96	1.14	0.049 8	1.05	细砂岩	Ⅶ
	301.92	302.24	0.32	0.026 3	0.16	细砂岩	Ⅴ

续表

钻孔编号	顶深 /m	底深 /m	厚度 /m	修正后铀品位 /%	每平方米铀量 /(kg/m²)	岩 性	地层层位
Ⅱ-04-01	263.06	272.31	9.25	0.036 0	6.13	细粒砂岩	Ⅴ
	257.56	262.56	5.00	0.020 0	1.84	细粒砂岩	Ⅳ
Ⅱ-04-04	246.81	255.31	8.50	0.029 0	4.54	细粒砂岩	Ⅴ
Ⅱ-04-05	278.56	288.06	9.50	0.030 0	5.24	细粒砂岩	Ⅴ
Ⅱ-04-09	230.44	233.44	3.00	0.024 0	1.32	细粒砂岩	Ⅱ
Ⅱ-05-01	222.56	226.56	4.00	0.043 0	3.16	细粒砂岩	Ⅲ
	245.56	250.06	4.50	0.024 0	1.99	细粒砂岩	Ⅳ
	229.56	232.19	2.63	0.040 0	1.94	细粒砂岩	Ⅲ及Ⅳ
	226.81	229.44	2.63	0.028 0	1.35	细粒砂岩	Ⅲ
Ⅱ-05-08	248.81	258.06	9.25	0.024 0	4.08	细粒砂岩	Ⅴ
Ⅱ-05-09	290.56	296.06	5.50	0.025 0	2.53	细粒砂岩	Ⅴ
Ⅱ-05-09	301.31	305.81	4.50	0.014 0	1.16	细粒砂岩	Ⅶ
Ⅱ-06-01	267.44	272.81	5.37	0.034 0	3.36	细粒砂岩	Ⅴ
	242.56	246.06	3.50	0.022 0	1.42	细粒砂岩	Ⅲ
Ⅱ-06-09	294.06	294.28	0.22	0.167 7	0.68	泥质细砂岩	Ⅴ
Ⅱ-07-01	237.06	237.81	0.75	0.027 0	0.37	粉砂岩	Ⅳ
	210.81	211.31	0.50	0.015 0	0.14	细砂岩	Ⅲ
Ⅱ-07-03	267.76	268.60	0.84	0.049 1	0.76	泥岩	Ⅲ
	207.94	209.00	1.06	0.014 5	0.28	细砂岩	Ⅱ
	238.22	238.48	0.26	0.051 8	0.25	细砂岩	Ⅳ
Ⅱ-07-04	227.31	228.81	1.50	0.021 0	0.58	细砂岩	Ⅲ
	242.31	243.81	1.50	0.015 5	0.43	细砂岩	Ⅳ
	269.31	270.06	0.75	0.013 3	0.18	细砂岩	Ⅴ
Ⅱ-07-04	229.69	230.31	0.62	0.013 3	0.15	细砂岩	Ⅲ
	233.81	234.31	0.5	0.013 3	0.12	泥岩	Ⅳ
	256.31	256.44	0.13	0.012 2	0.03	细砂岩	Ⅴ
	256.69	256.81	0.12	0.012 2	0.03	细砂岩	Ⅴ
Ⅱ-07-05	268.65	275.78	7.13	0.032 3	4.24	细砂岩	Ⅴ
	266.80	268.65	1.85	0.021 9	0.75	粉砂岩	Ⅴ
	258.38	258.64	0.26	0.111 5	0.53	细砂岩	Ⅴ
	252.82	253.16	0.34	0.049 9	0.31	长石细砂岩	Ⅳ
Ⅱ-07-06	240.75	241.05	0.30	0.028 4	0.16	细砂岩	Ⅳ
	251.55	251.75	0.20	0.022 6	0.08	泥岩	Ⅴ
	238.25	238.35	0.10	0.038 5	0.07	泥质粉砂岩	Ⅳ
	221.65	221.75	0.10	0.017 1	0.03	细砂岩	Ⅲ
Ⅱ-07-07	276.45	276.75	0.30	0.019 8	0.11	细砂岩	Ⅴ
Ⅱ-07-09	291.95	294.86	2.91	0.122 1	6.54	细砂岩	Ⅵ
	290.80	291.95	1.15	0.046 6	0.99	泥质粉砂岩	Ⅵ
Ⅱ-07-11	305.20	313.00	7.80	0.023 2	3.32	细、粗砂岩	Ⅵ
	285.20	292.44	7.24	0.021 9	2.92	细砂岩	Ⅴ
	301.70	303.10	1.40	0.043 4	1.12	泥质粉砂岩	Ⅵ

续表

钻孔编号	顶深 /m	底深 /m	厚度 /m	修正后铀品位 /%	每平方米铀量 /(kg/m^2)	岩　性	地层层位
Ⅱ-08-01	263.00	268.10	5.10	0.011 0	1.03	细砂岩	Ⅴ
	293.58	293.96	0.38	0.045 6	0.32	泥岩	Ⅵ
	292.02	292.74	0.72	0.009 5	0.13	泥岩	Ⅵ
Ⅱ-08-09	277.69	278.56	0.88	0.016 5	0.28	泥质细砂岩	Ⅳ
	267.94	268.44	0.50	0.017 6	0.16	细砂岩	Ⅳ
Ⅱ-08-12	211.05	211.35	0.30	0.017 1	0.09	泥质粉砂岩	Ⅲ
Ⅱ-08-16	229.40	230.18	0.78	0.099 5	1.43	泥岩	Ⅳ
	227.92	229.4	1.48	0.045 2	1.23	细砂岩	Ⅲ
	212.06	212.4	0.34	0.059 0	0.37	泥质粉砂岩	Ⅲ
Ⅱ-08-24	227.06	230.2	3.14	0.015 1	0.87	细砂岩	Ⅲ
	226.66	227.06	0.40	0.041 3	0.30	泥岩	Ⅲ
Ⅱ-09-01	234.55	235.75	1.20	0.037 8	0.84	泥岩	Ⅳ
	259.25	259.45	0.20	0.020 8	0.08	细砂岩	Ⅴ
Ⅱ-09-08	229.40	229.68	0.28	0.048 3	0.25	泥岩	Ⅲ
	248.02	248.38	0.36	0.020 9	0.14	细砂岩	Ⅳ
	228.48	228.74	0.26	0.026 8	0.13	泥岩	Ⅲ
Ⅱ-10-01	272.46	272.82	0.36	0.041 0	0.27	细砂岩	Ⅴ
Ⅱ-10-04	240.35	241.35	1.00	0.011 6	0.21	细砂岩	Ⅲ
	205.25	205.35	0.100	0.017 8	0.03	细砂岩	Ⅱ
Ⅱ-10-05	294.42	294.90	0.48	0.066 3	0.59	泥质粉砂岩	Ⅵ
	236.36	236.66	0.30	0.076 1	0.42	粉砂质泥岩	Ⅲ
	197.10	197.48	0.38	0.019 9	0.14	泥岩	Ⅰ
	261.72	261.98	0.26	0.020 9	0.10	泥岩	Ⅳ
Ⅱ-10-08	227.54	228.72	1.18	0.016 0	0.35	泥质粉砂岩	Ⅳ
	221.20	221.92	0.72	0.016 5	0.22	粗砂岩	Ⅲ
Ⅱ-10-12	224.90	226.10	1.20	0.042 4	0.94	泥岩	Ⅳ
	187.80	188.64	0.84	0.037 0	0.57	细砂岩	Ⅱ
	223.44	224.90	1.46	0.014 7	0.39	细砂岩	Ⅲ
Ⅱ-10-20	222.65	222.95	0.30	0.028 1	0.16	泥岩	Ⅲ
Ⅱ-10-22	220.95	223.85	2.90	0.017 0	0.91	细砂岩	Ⅲ
	223.85	225.05	1.20	0.008 7	0.19	细砂岩	Ⅲ
	205.15	205.25	0.10	0.017 6	0.03	细砂岩	Ⅱ
Ⅱ-11-01	243.50	247.30	3.80	0.022 1	1.55	细砂岩	Ⅴ
	264.16	264.66	0.50	0.060 1	0.55	泥岩	Ⅵ
	236.06	236.40	0.34	0.058 7	0.37	细砂岩	Ⅳ
	239.88	240.32	0.44	0.028 7	0.23	细砂岩	Ⅳ
	242.84	243.50	0.66	0.016 6	0.20	泥质粉砂岩	Ⅴ
Ⅱ-11-02	239.95	240.55	0.60	0.058 8	0.65	粉砂质泥岩	Ⅴ
	247.15	248.65	1.50	0.012 4	0.34	细砂岩	Ⅴ
	230.55	230.95	0.40	0.028 5	0.21	泥岩	Ⅳ

续表

钻孔编号	顶深 /m	底深 /m	厚度 /m	修正后铀品位 /%	每平方米铀量 /(kg/m²)	岩 性	地层层位
Ⅱ–11–03	245.45	245.55	0.10	0.018 1	0.03	细砂岩	Ⅴ
Ⅱ–11–04	266.45	266.95	0.50	0.043 2	0.40	泥岩	Ⅵ
	224.15	224.35	0.20	0.022 6	0.08	泥质粉砂岩	Ⅲ
	227.35	227.45	0.10	0.022 8	0.04	泥岩	Ⅳ
Ⅱ–11–05	232.75	232.95	0.20	0.030 7	0.11	细砂岩	Ⅳ
Ⅱ–11–06	289.75	292.55	2.80	0.048 2	2.48	泥质细砂岩	Ⅵ
	248.20	253.40	5.20	0.019 0	1.82	细砂岩	Ⅴ
	240.60	241.60	1.00	0.056 5	1.04	泥岩	Ⅳ
	238.05	240.60	2.55	0.018 2	0.90	细砂岩	Ⅳ
Ⅱ–11–07	249.65	256.65	7.00	0.016 4	2.11	细砂岩	Ⅳ
Ⅱ–11–09	268.05	272.75	4.70	0.028 5	2.46	细砂岩	Ⅴ
	224.85	228.35	3.50	0.049 2	3.17	细砂岩	Ⅳ
Ⅱ–12–01	234.19	235.44	1.25	0.027 3	0.63	细砂岩	Ⅲ
	231.81	233.19	1.38	0.019 6	0.50	细砂岩	Ⅲ
	249.81	250.31	0.50	0.015 2	0.15	细砂岩	Ⅲ
Ⅱ–12–08	225.40	227.35	1.95	0.032 3	1.16	粗砂岩	Ⅲ
	228.00	228.77	0.77	0.040 4	0.57	粗砂岩	Ⅳ
	219.50	219.84	0.34	0.080 0	0.5	细砂岩	Ⅲ
	223.30	225.00	1.7	0.015 1	0.47	细砂岩	Ⅲ
	190.60	191.30	0.70	0.030 5	0.39	细砂岩	Ⅱ
	225.00	225.40	0.40	0.039 0	0.29	泥岩	Ⅲ
	227.35	228.00	0.65	0.024 5	0.29	泥岩	Ⅲ
	228.77	229.18	0.41	0.028 6	0.22	泥岩	Ⅳ
Ⅱ–12–09	206.94	207.94	1.00	0.023 1	0.43	细砂岩	Ⅱ
	256.45	263.15	5.90	0.022 5	2.44	细砂岩	Ⅳ
Ⅱ–14–01	211.50	215.50	4.00	0.043 7	3.22	细砂岩	Ⅱ
Ⅱ–14–05	232.16	233.50	1.34	0.081 6	2.01	细砂岩	Ⅲ
	233.50	234.22	0.72	0.055 3	0.73	泥岩	Ⅲ
	237.34	237.76	0.42	0.046 0	0.36	细砂岩	Ⅲ
	189.60	190.00	0.40	0.014 0	0.1	粉砂岩	Ⅰ
Ⅱ–14–08	208.26	208.68	0.42	0.100 2	0.77	细砂岩	Ⅱ
	205.02	205.38	0.36	0.044 1	0.29	泥岩	Ⅱ
	206.52	206.82	0.30	0.035 2	0.19	泥质粉砂岩	Ⅱ
Ⅱ–14–09	220.40	221.20	0.80	0.023 1	0.34	细砂岩	Ⅱ
	202.50	202.88	0.38	0.015 9	0.11	细砂岩	Ⅰ
Ⅱ–14–12	205.38	206.03	0.65	0.086 8	1.04	细砂岩	Ⅱ
	209.80	210.40	0.60	0.019 7	0.22	细砂岩	Ⅱ

续表

钻孔编号	顶深 /m	底深 /m	厚度 /m	修正后铀品位 /%	每平方米铀量 /(kg/m^2)	岩 性	地层层位
Ⅱ-15-01	216.75	216.95	0.20	0.013 2	0.05	细砂岩	Ⅴ
	226.85	235.05	8.20	0.045 3	6.84	细砂岩	Ⅴ
	240.30	249.35	9.00	0.025 2	4.17	细砂岩	Ⅴ
Ⅱ-16-01	218.31	221.06	2.75	0.044 8	2.27	长石细砂岩	Ⅱ
	230.44	232.56	2.13	0.048 1	1.89	长石粗砂岩	Ⅲ
	248.06	248.81	0.75	0.017 6	0.24	砂质砾岩	Ⅲ
Ⅱ-16-04	273.72	276.46	2.74	0.045 3	2.28	细砂岩	Ⅴ
	200.12	200.64	0.52	0.023 1	0.23	泥岩	Ⅱ
	278.14	278.44	0.30	0.028 6	0.16	泥岩	Ⅵ
Ⅱ-16-05	241.64	244.50	2.86	0.063 5	3.34	细砂岩	Ⅲ
	210.90	215.80	4.90	0.035 9	3.23	细砂岩	Ⅲ
	245.58	246.04	0.46	0.196 1	1.66	泥质粉砂岩	Ⅲ
	244.50	245.05	0.55	0.124 6	1.26	泥质粉砂岩	Ⅲ
	245.05	245.58	0.53	0.080 6	0.79	细砂岩	Ⅲ
	232.90	233.50	0.60	0.064 0	0.71	泥岩	Ⅲ
	227.34	227.98	0.64	0.036 0	0.43	细砂岩	Ⅲ
	237.64	237.88	0.24	0.047 0	0.21	含泥砾砂岩	Ⅲ
	246.04	246.22	0.18	0.052 1	0.17	细砂岩	Ⅲ
	194.02	194.38	0.36	0.015 2	0.10	泥岩	Ⅰ
Ⅱ-16-08	204.19	206.19	2.00	0.077 4	2.85	细砂岩	Ⅱ
	222.31	223.69	1.38	0.027 9	0.74	细砂岩	Ⅲ
Ⅱ-16-09	234.00	234.80	0.80	0.051 7	0.76	泥岩	Ⅲ
	233.00	234.00	1.00	0.023 4	0.43	泥质粉砂岩	Ⅲ
	234.80	235.42	0.62	0.037 3	0.43	细砂岩	Ⅲ
Ⅱ-16-12	203.78	204.26	0.48	0.059 4	0.52	细砂岩	Ⅱ
	195.68	196.08	0.40	0.039 6	0.29	泥岩	Ⅱ
Ⅱ-16-13	336.5	337.42	0.92	0.049 1	0.83	泥岩	Ⅰ
	293.68	294.08	0.40	0.094 7	0.70	泥质粉砂岩	Ⅳ
	278.34	278.84	0.50	0.052 3	0.48	泥质粉砂岩	Ⅲ
	264.24	264.54	0.30	0.077 1	0.43	细砂岩	Ⅱ
	275.3	275.54	0.24	0.026 2	0.12	细砂岩	Ⅲ
Ⅱ-16-16	200.10	200.70	0.60	0.053 4	0.59	细砂岩	Ⅱ
Ⅱ-18-01	253.24	253.64	0.40	0.093 0	0.68	细砂岩	Ⅲ
	242.98	243.38	0.40	0.082 2	0.60	细砂岩	Ⅲ
Ⅱ-18-04	237.50	237.80	0.30	0.040 0	0.22	泥岩	Ⅳ
	242.36	242.68	0.32	0.014 6	0.09	泥岩	Ⅳ
Ⅱ-18-05	241.66	249.90	8.24	0.043 3	6.56	细砂岩	Ⅲ
	232.70	233.04	0.34	0.065 2	0.41	细砂岩	Ⅲ
	209.40	209.96	0.56	0.021 4	0.22	细砂岩	Ⅱ

续表

钻孔编号	顶深 /m	底深 /m	厚度 /m	修正后铀品位 /%	每平方米铀量 /(kg/m²)	岩性	地层层位
Ⅱ-18-09	276.14	276.40	0.26	0.071 8	0.34	长石细砂岩	Ⅳ
	251.78	252.08	0.30	0.051 5	0.28	泥岩	Ⅲ
	254.5	254.88	0.38	0.038 8	0.27	泥岩	Ⅳ
	232.34	232.58	0.24	0.037 1	0.16	泥岩	Ⅱ
Ⅱ-SW-1B	309.56	315.06	5.50	0.035 0	3.54	细粒砂岩	Ⅵ
	294.44	298.31	3.87	0.037 0	2.63	细粒砂岩	Ⅴ
	287.94	294.06	6.12	0.020 0	2.25	细粒砂岩	Ⅳ
	308.44	309.56	1.12	0.054 0	1.11	粉砂岩	Ⅵ
	298.31	299.94	1.63	0.034 0	1.02	粉砂岩	Ⅴ
Ⅱ-SW-4B	271.44	280.94	9.50	0.039 0	6.82	细粒砂岩	Ⅴ
Ⅱ-SW-5	225.81	234.81	9.00	0.025 0	4.14	细粒砂岩	Ⅲ
	259.81	265.81	6.00	0.021 0	2.32	细粒砂岩	Ⅴ
	212.31	215.56	3.25	0.018 0	1.08	细粒砂岩	Ⅱ
Ⅱ-SW-6	276.31	281.56	5.25	0.036 0	3.48	细粒砂岩	Ⅴ
Ⅱ-SW-8A	253.44	266.31	12.87	0.031 0	7.34	细粒砂岩	Ⅴ
	281.31	285.81	4.50	0.027 0	2.24	泥岩	Ⅵ

图3-35为研究区04号剖面铀矿分布图，矿体主要分布在Ⅴ砂组顶部，厚度较大，连续性较好，在Ⅳ砂组底部也有一规模相对较小的矿体展布，连续性一般，其他矿体出现在Ⅵ砂组顶部和Ⅱ砂组中下部，多孤立出现，规模较小。

16号剖面上（如图3-36所示），铀矿主要分布于Ⅲ砂组底部及Ⅱ砂组中部，也表现为较差的横向连续性，多在剖面上孤立出现。

总体上，本区的铀矿化在6个砂组层中均有分布，其中厚大铀矿体主要赋存于Ⅲ、Ⅳ、Ⅴ砂组中，并且从东北往西南方向，主要含矿层位不断变新。即在矿区的东北部，含矿层位以Ⅴ砂组为主，Ⅵ砂组次之；在矿区的中部，主要含矿层位为Ⅲ、Ⅳ砂组；在矿区的西南部，含矿层位主要集中于Ⅱ、Ⅲ砂组；Ⅰ砂组的矿化很弱，分布范围也十分局限，仅见于矿区西南的一小地段。

总之，本区的铀矿化除受断裂构造影响外，含矿层的地层结构、沉积不整合，砂体的连通性与孔渗性能、沉积物的还原容量等直接制约着铀成矿的潜力与规模大小。

（1）铀矿化主要赋存于姚家组下段与姚家组上段之间的沉积不整合面附近的砂体中，这些层位具有合适的“泥－砂－泥”结构，而且位于不整合面附近的地层在沉积间断的地表风化作用下，往往渗透性较好，含铀的地下水体优先沿此通道入渗及运移，这样就有利于在这些砂体中发生铀的沉淀聚集，所以研究区较大规模的铀矿体多分布于靠近不整合面附近的砂体内。

（2）不同砂组河道砂体沉积时受可容纳空间大小的控制，其具体沉积特征也存在较大差异，导致了其砂体孔渗性及连通性的差异（如图3-37所示），如在Ⅵ砂组沉积时，由于整体可容纳空间较低，河道砂体多表现为相互切割，呈现单期较薄，多期叠置的特点，不同期次河道砂体间被薄层泥质夹层所分割，虽然在此阶段单期河道砂体泥质含量较少，孔渗性较好，但多期砂体间泥质夹层对其砂体的连通性产生了非常大的影响，不利于含铀地下水在其内连续运移，难以形成较大规模的铀矿体；Ⅴ砂组顶部及Ⅳ砂组下部，河道沉积于可容纳空间较高的阶段，单期辫状河道呈厚而窄的特点，连通性相对较好，有利于含铀地下水在其内运移，并在合适的地质－地球化学障中沉淀富集起来。

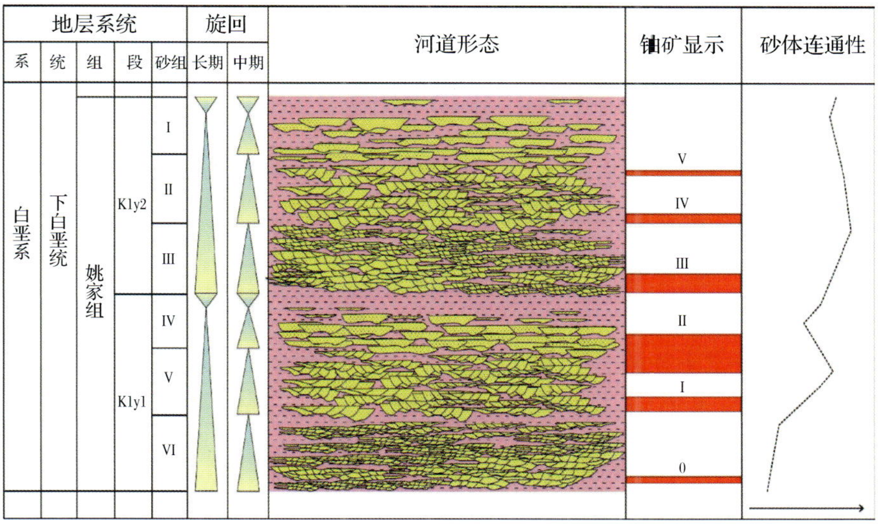

图 3-37　钱家店地区姚家组沉积－成矿关系模式图

（3）从各砂组沉积微相分布图上也可看出，主要铀矿层分布于Ⅲ、Ⅳ、Ⅴ砂组的河道边部或心滩边部位置，在泛滥平原中的次要河道中也有一定的分布。由于河道边部或心滩边部一般靠近泛滥平原沉积，这些位置砂体的泥质含量相对增加，其孔渗性会受到一定的影响，有利于地下水体的减速，有利于含铀地下水中铀的充分沉淀；而且在该区域，原生及后生的还原性物质较为丰富，从而有利于富集形成较大规模的铀矿体。较大规模的铀矿体多分布于Ⅴ砂组顶部，这也与Ⅴ砂组由下至上泥质含量相对增加、还原性物质较为丰富有密切关系。

第四章

矿床地质

钱家店（钱Ⅱ块）铀矿床位于内蒙古通辽市高林屯种畜场场部东北约6 km处。矿区东西长3.5 km，南北长3.5 km，面积12.5 km^2。矿区内无地表露头，均被第四系（草原）覆盖。地形高差小于10 m，海拔高程在158~166 m之间。地表无常流水，只有雨季时才有季节性的时令河及水泡子，气候干旱少雨。居民区只有洋井一处，以牧为主（如图4–1所示）。

第一节　矿区地层及岩性

矿区地层自下而上可见上白垩统青山口组（K_2qn）、姚家组（K_2y）及嫩江组（K_2n）。主要特征见钱家店矿区地层综合柱状图（如图4–2所示），补充说明如下。

（一）青山口组（K_2qn）

矿区内钻孔仅见青山口组顶部，岩性为紫红色粉砂质泥岩，其下为紫红色泥质粉砂岩。水平层理发育，因为非找矿目的层，未做深入研究。

图4-1　钱家店（钱Ⅱ块）铀矿床地貌

（二）姚家组下段（K_2y^1）

浅灰、灰色细粒砂岩为主，少量中细粒砂岩及粉砂岩、泥岩。砂岩属于长石砂岩类，分选中等，次圆状，砂岩为厚层状。

本段顶部为厚5~6 m较为稳定的紫红色泥岩层，可作为姚家组下段与上段的分界标志。

中下部有一层厚0.5~4 m不等的薄层紫红色泥岩层。两泥岩层（隔水层）之间为厚30~40 m的含矿砂体，是姚家组下段主要含矿主岩。砂岩中夹有多层灰色泥岩或紫红色泥岩层（或透镜体），而在含矿地段多见有灰色泥岩薄层（或透镜体）。砂岩－泥岩组成多个下粗上细的正粒序组合。

砂岩中常有有机质条带或团块状（黑色炭化树干）以及星点状黄铁矿。紫红色泥岩以其质不纯，常与粉砂混杂且成分不均匀为特点。灰色、深灰色泥岩成分较均匀，主要成分为长英质及少量云母类黏土矿物，深灰色泥岩反光镜下常有分散状有机质及黄铁矿颗粒。

姚家组下段厚65~70 m，与下伏青山口组之间为短暂沉积间断，其间可见含砾砂岩、细砾岩等粗碎屑沉积。砾石成分以灰色、紫红色泥岩为主，偶见火山岩砾石。

系	统	组	段	代号	柱状图	厚度/m	岩性描述	沉积相	铀矿化
第四系				Q		100~130	砂、粉沙、砾石等松散碎屑堆积	残、坡积相	
白垩系	上统	嫩江组		K_2n		30~60	上部分以灰、深灰色泥岩为主，夹粉砂岩，水平层理发育。下部为细砂岩、粉砂岩及泥岩。自下而上粒度变细。砂岩粒度为次圆状，分选好，水平层理发育，为一种较稳定的沉积环境。与下伏姚家组整合接触	滨浅湖相	无矿化显示
		姚家组	上段	K_2y^2		65~70	浅灰、灰色细粒砂岩为主，夹有多层紫红色泥岩薄层及灰色泥岩透镜体。砂岩与泥岩组成多个下粗上细的沉积韵律。姚家组上段与姚家组下段呈明显的冲刷接触关系，冲刷面上可见含砾砂岩、砾岩，向上粒度逐渐变细。砂岩中可见楔状、板状交错层理，泥岩为水平层理	砂质辫状河相	见三层工业矿体
			下段	K_2y^1		65~70	浅灰、灰色细粒砂岩，属长石砂岩类，分选中等，次圆状。本段顶部为厚约5~6 m较稳定的紫红色泥岩层，中下部有一薄层泥岩，两泥岩层间为厚约30~40 m的含矿砂体。本段下部粒度偏粗，沉积韵律明显，与下伏青山口组之间为沉积间断面，可见粗碎屑沉积物	砂质辫状河相	见三层工业矿体
		青山口组	上段	K_2qn		未见底	仅见上段顶部，紫红色粉砂质泥岩，水平层理，厚8~9 m。其下为紫红色泥质粉砂岩		

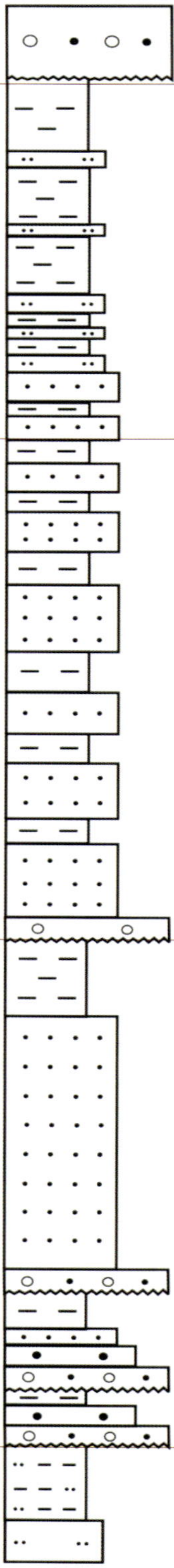

图4-2 钱家店矿区地层综合柱状图

（三）姚家组上段（K_2y^2）

浅灰、灰色细粒砂岩为主，少量中细粒砂岩及粉砂岩、泥岩。砂岩属于长石砂岩类，分选中等，次圆状。砂岩中夹有多层紫红色泥岩及灰色泥岩薄层或透镜体。而含矿地段多为灰色泥岩薄层（或透镜体）。砂岩－泥岩常组成多个下粗上细的正粒序组合。

姚家组上段厚65~70 m，与下伏姚家组下段之间呈明显的冲刷接触关系，冲刷面上可见含砾砂岩、砾岩、向上粒度逐渐变细。

姚家组下段与姚家组上段之间的地层－岩性无多大区别，只是姚家组上段泥岩夹层略多些。

1. 含矿主岩岩石学特征

据夏毓亮等（2006年12月）分析测试报告，钱家店铀矿床8~20号线的含矿主岩是上白垩统姚家组，以灰色、灰白色岩屑长石砂岩为主，其次为含泥砾岩屑长石粗砂岩、砂砾岩，灰色粉砂岩和灰色泥岩。

灰色、灰白色岩屑长石细砂岩，细粒结构，孔隙式胶结，碎屑成分中酸性火山岩岩屑占20%~35%，少量花岗岩岩屑，长石25%~30%，石英少于20%，岩屑、黑云母含量1%~2%，其成分成熟度低。胶结物主要为黏土，其次为碳酸盐、黄铁矿等。碎屑磨圆度多为次棱角状或次圆状，结构成熟度中等。

2. 含矿主岩岩石化学特征

根据100件含矿主岩硅酸盐化学全分析结果（2006年12月分析测试报告），含矿砂岩主要为长石砂岩，含矿砂岩的平均SiO_2/Al_2O_3为5.97，明显低于佩蒂庄岩石化学分类表中长石砂岩的平均值（8.16），说明含矿砂岩成分成熟度低。含矿砂岩的平均K_2O+Na_2O为4.22％，$K_2O>Na_2O$，表明砂岩中长石主要为钾长石。含矿砂岩中平均CaO含量为0.48%，少量样品含量为1%~2%，含矿砂岩的Fe^{3+}/Fe^{2+}比值为1.29，Fe^{3+}略大于Fe^{2+}，为弱氧化还原环境。

含矿粉砂岩、泥岩的平均SiO_2/Al_2O_3为5.62，平均K_2O+Na_2O为3.81，$K_2O>Na_2O$。平均CaO含量为0.97%，Fe^{3+}/Fe^{2+}比值为0.77，Fe^{3+}略小于Fe^{2+}。以上参数表明含矿粉砂岩、泥岩的成分与含矿砂岩成分相似物源一致，属于还原环境。

上述化学全分析结果所取得的认识与镜下薄片鉴定结果相吻合。以上结果表明姚家组沉积期物源总体上趋近于花岗质岩类的化学成分特点。

3. 与铀成矿相关的元素分析（2006年12月分析测试结果）

（1）姚家组岩石39件样品，有机碳平均含量为0.2%，表明姚家组砂体对铀成矿具有较好的还原能力。

（2）姚家组岩石100件样品S的平均含量为0.15%，是较为富S的，是砂岩中铀成矿很好的还原剂。U与S呈很好的正相关，相关系数0.77。

（3）姚家组岩石中CO_2平均值为1.02%（换算成CaO，含量为2.03%），不会对地浸采矿产生较大的影响。

（四）嫩江组(K_2n)

下部为细粒砂岩、粉砂岩夹泥岩；上部以灰、深灰色泥岩为主，夹粉砂岩。自下而上粒度变细，砂岩颗粒为次圆状，分选好。含贝类化石，泥岩中夹有薄层鲕粒灰岩。嫩江组岩性以细粒（泥岩）为主，颜色暗，水平层理发育，代表沉积环境相对稳定的滨浅湖相沉积环境。

矿区内嫩江组未见顶，厚度一般为30~60 m，与下伏姚家组呈整合接触。

（五）第四系（Q）

第四系为砂、粉砂、砾石等松散碎屑堆积，厚100~130 m。

第二节　矿区构造

（一）矿区所处地质构造单元

钱Ⅱ块铀矿床位于开鲁坳陷（盆地）钱家店凹陷的西北部（如图2-1所示）。

钱家店凹陷位于开鲁坳陷（盆地）东北部，呈NNE－NE向狭窄条带状展布，长约100 km，宽9~20 km，面积1 280 km^2。据区域资料又可进一步划分（由北向南）为宝龙山、胡力海、喜伯营子、衡门盖子四个小洼陷。

（二）褶皱构造

根据三维地震解释资料，钱家店铀矿床前第四系地质图（如图4-3所示），矿区东南部发育隐伏背斜构造（核部已抬升剥蚀），核部地层为青山口组（K_2qn），两翼依次为姚家组下段、姚家组上段及嫩江组地层，矿区位于该背斜西翼。此外，在矿区东南部东四家子以北也见有小的隐伏短轴背斜，核部为K_2y^1地层，翼部为K_2y^2及K_2n地层，区域上还有其他小的短轴背斜。因晚白垩世嫩江运动，区域上的构造运动方式由张性转为压性、压扭性，产生挤压褶皱（及断裂），这一反转构造压性、压扭性应力场，致使本区挤压褶皱、背、向斜发育，在尔后抬升过程中有的地段遭受剥蚀，核部地层（为青山口组）出露成所谓“天窗构造”。

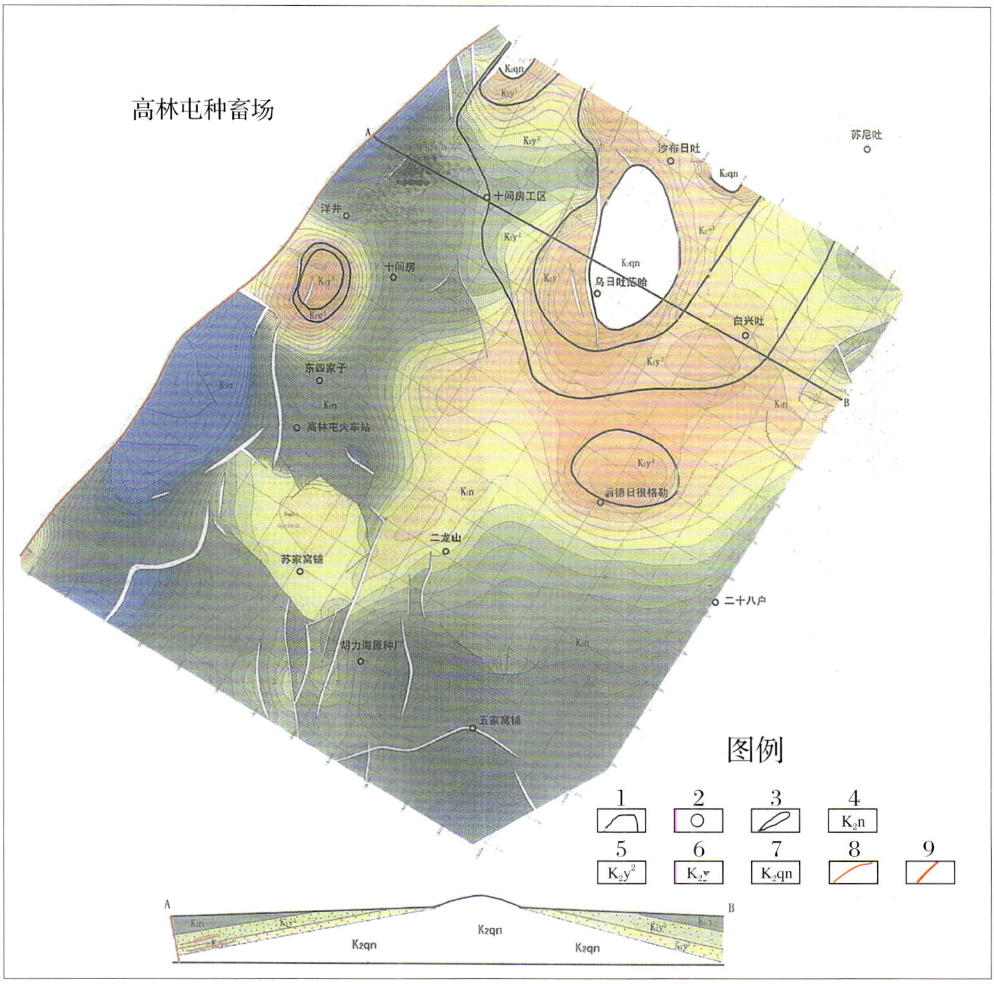

图4-3　钱家店铀矿床前第四系地质图

注：据罗毅等，2006,略有修改。
1-地层界限；2-地名；3-辉绿岩脉；4-嫩江组；5-姚家组上段；
6-姚家组下段；7-青山口组；8-断层；9-铀矿体

由于钱家店矿区位于隐伏背斜（乌日吐茫哈）西翼，地层产状倾向NW，单斜状。此外，姚家组下段、姚家组上段底板等深线图（如图6–1、图6–2所示）与之相吻合。底板等高线图明显地反映出地层呈单斜状，且底板埋深SE浅，NW深（两者高差有40~50 m），底板等高线大致呈NE－SW向展布，可认为代表矿区地层走向线，倾向NW，倾角平缓，小于10°。上述褶皱构造及含矿层底板埋深特征，显示出矿区有类似于箕状盆地性质，即NW深，SE浅。

（三）断裂构造

多份地震解释结果表明，矿区内部构造平缓，断裂构造并不发育，但矿区外围，尤其是矿区西部，断裂构造发育。

（1）据辽河油田2000年前地震解释结果，矿区外围以NNE向断裂为主，NW向断裂次之。主要发育1、2、3、4号断层。1号断层位于矿区西北部，是切穿基底的主要断层，在地震剖面上呈上陡下缓的犁状(如图4–4所示)，下部与基底古斜坡相连，上部倾角一般70°~80°，向下渐变为30°~40°。该断层具有发育时间早（义县期以前）、活动时间长（据已有资料在嫩江期仍在活动）、延伸距离远（>25 km）、断距大（<2 000 m）等特点。该断层也可认为是矿区西部的控盆构造。2号断层发育于矿区东北部，延伸方向与1号断层平行，但延伸长度和断距都小于1号断层，被认为是1号断层的派生断裂构造。

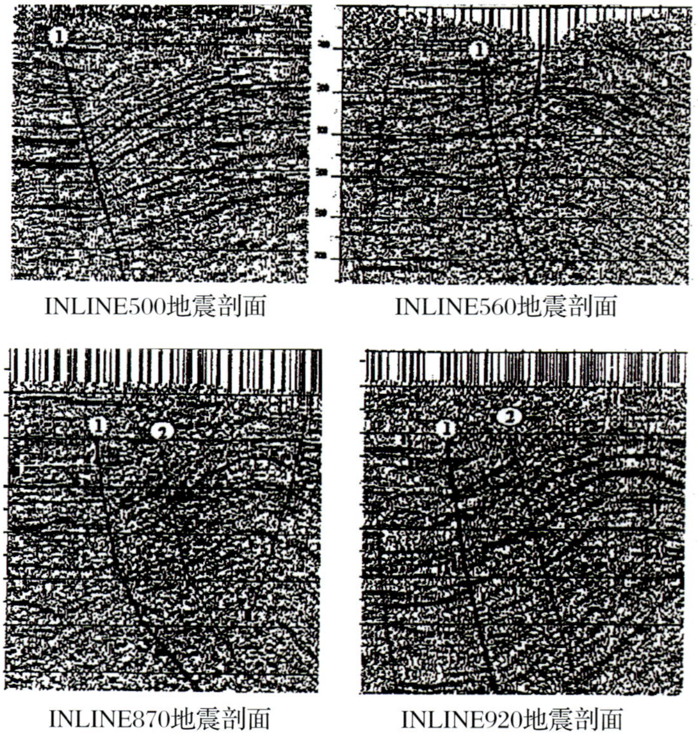

图4-4　矿区1号断层地震剖面特征图

注：据辽河油田研究院（2000年）。

（2）据北京潜能恒信地球物理技术有限公司（2006年4月）提交的《钱家店凹陷北段三维地震浅层高分辨率处理及精细解释研究》报告，在工作区南部和西南部，上白垩统沉积期发育控盆断裂（上陡下缓呈犁状），并可延伸至深部，与下白垩统中的断层相搭接（如图4–5所示）。该控盆断层平面上延伸1~5 km，断距10~20 m。上述认识与辽河研究院认识相一致。

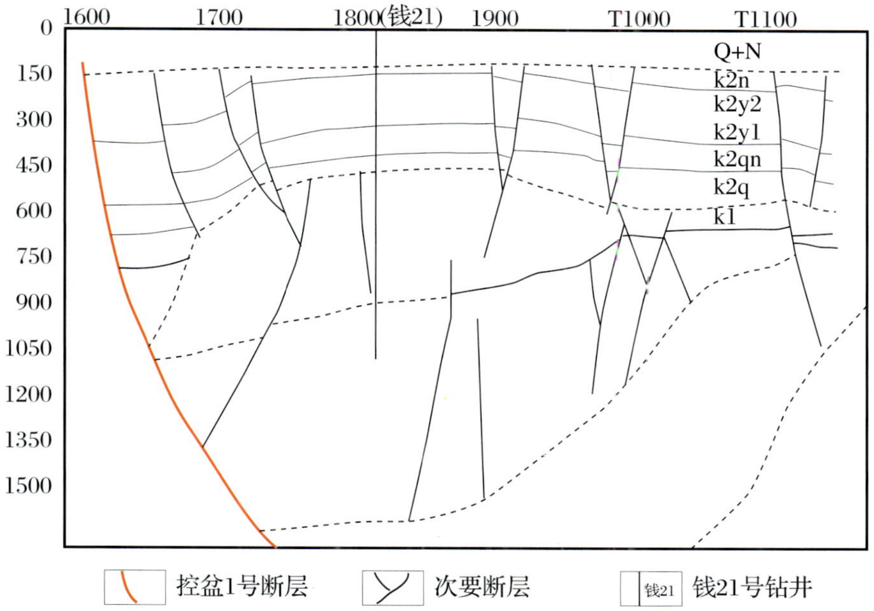

图4-5 矿区及外围三维地震断裂构造解释图

注：据北京潜能恒信地球物理技术有限公司，2006，略有修改。

此外，在已施工钻孔中见有脉岩（以基性辉绿岩脉为主），在矿区外围QC–3井中也见有脉岩，表明脉岩在区域上有着一定的分布。辉绿岩脉存在，表明地质历史中有过热事件。通过对该辉绿岩的激光Ar–Ar法年龄测定，年龄结果为（50±3）Ma，其形成时代为古新世。因脉岩未错断地层及含矿层，对地层和矿体产状、形态尚未发现有影响。

第三节 沉积相、古地理及其与铀矿化关系

（一）沉积特征

含矿层姚家组有着陆源碎屑沉积建造所具有的基本特征。即在地层剖面中岩石组合有规律周期性重复的沉积韵律；反映水动力条件及其变化的沉积构造及层理类型；在一定沉积环境条件下形成的砂泥沉积体；沉积体粒度分布有其一定的规律性；反映沉积体形成的古气候（古生态）条件等。

由于砂体的沉积特征及形成环境对于评价本区铀成矿条件和扩大找矿成果具有重

要意义，有必要对含矿主岩沉积特征作如下概述。

1. 沉积韵律

综观开鲁坳陷区域上存在着几个大的沉积韵律（或可称沉积旋回），如泉头组－青山口组，姚家组－嫩江组，均代表了垂向上粒度变化为下粗上细，沉积环境上代表了由动荡－相对宁静的变化规律。如姚家组以河流相沉积为主，进入嫩江组沉积期则以湖相沉积为主。在姚家组沉积期，由于水流的变化以及受古地形的影响，又可见若干个下粗上细的岩石组合反复出现，其间以冲刷构造为界面。如Ⅱ－12–01孔，姚家组上下段均可分出3个韵律；Ⅱ－04–01孔，姚家组下段可分出2个沉积韵律，姚家组上段可分出4个沉积韵律。从现有地质剖面不难看出，姚家组上段沉积韵律变化较姚家组下段为频繁，即姚家组上段砂体规模（单层砂体厚度）受到限制，并直接影响到含矿层的规模。

2. 沉积构造及层理类型

所见沉积构造为不同水流强度下形成的冲刷构造－冲刷面，为河流下切作用的标志，发育于某一个沉积韵律的底部，其上有大小各异的砾岩、含砾砂岩或泥砾，冲刷面往上粒度渐变细，冲刷面下伏为泥岩或粉砂岩等细碎屑物质。冲刷面的规模大小（冲刷幅度）直接反映了河流下切作用的强度以及河流的规模。钱Ⅱ块冲刷面的规模从河床滞留沉积粗碎屑物的规模来看，属中等强度的水流，冲刷幅度一般在几十厘米至1 m（如图4–6所示）。从钱Ⅱ块钻孔岩芯所见层理类型有块状层理、交错层理、波状层理、水平层理等。

图4-6 冲刷面砾岩

注：Ⅱ-02-02，261 m。

块状层理是指缺乏纹层构造的层理，为快速、连续沉积的标志。钱Ⅱ块绝大部分砂岩段都具有块状层理，砾岩段更具明显的块状层理。

交错层理由一系列斜交于层系面的纹层组成。钱Ⅱ块地区大型板状、槽状交错层理并不明显，但可见楔状及不太清晰的板状交错层理。此处再次表明水流强度属中等强度的水流。

波状层理的特点是纹层呈对称或不对称的形状，但其总方向平行层面。钱Ⅱ块波状层理、斜波状层理常见，特别在粉砂岩及泥岩中常见（如图4–7所示）。

图4-7　波状、斜波状交错层理

注：Ⅱ-02-02，262 m。

水平层理是纹层呈直线状互相平行，并且平行于层面。钱Ⅱ块水平层理常见于粉砂岩及泥岩中，由于含有机质纹层及泥质条带而显现出来。纹层约1~2 mm。水平层理形成于相对稳定的水动力条件，常常见于某个沉积韵律的上部（如图4–8所示）。

图4-8　砂岩中泥质条带呈水平层理

注：Ⅱ-02-02，262 m。

此外，在砂岩中还常见到同生变形构造及钙质结核（如图4–9所示）。

图4-9　含钙质结核砂岩

注：Ⅱ-12-01，320.4 m。

3. 砂体特征及砂/泥比值

一定规模的砂体是砂岩铀矿赋存的有利空间。矿区砂体主要呈似层状、透镜状，砂体间有薄层泥岩相隔。姚家组下段砂体较为稳定，连续性好，单层砂体厚度可达30~40 m。含矿砂体中有数层不连续的薄小（厚0.3~0.5 m）灰色泥岩、粉砂岩透镜体。姚家组上段砂体单层厚度较小，一般15~20 m。这是由于姚家组上段泥岩层数相对较多（泥岩层连续性差，以透镜状产出），分隔砂体而使姚家组上段单层砂体厚度不如姚家组下段。因而姚家组下段与姚家组上段砂/泥比值也不尽相同。以Ⅱ–01–13孔为例，姚家组上段砂/泥比值为1.9，而姚家组下段砂/泥比值可达20。其他钻孔的情况也大致相同，不再一一列举。

4. 相变及粒度变化

相变是陆相碎屑岩固有的沉积特征。尽管钱Ⅱ块姚家组砂岩连续性好，相对稳定，但相变依然可见。如Ⅱ–02–02孔，0–1号矿体岩性为细砂岩，向南西方向200 mⅡ–SW–8A孔相变为泥岩；又如Ⅱ–05–01孔、Ⅱ–SW–5孔，2号矿体为细砂岩，但相隔100 m的Ⅱ–003–01孔相变为粉砂岩。相变总体特征是砂岩层相对稳定，尤其是含矿层砂体相对稳定，而泥岩透镜体夹层稳定性较差。

钱Ⅱ块粒度概率曲线从一个侧面较好地反映了姚家组沉积物的沉积特征。QC–1井36张粒度概率图，大致可以分成以下几类：

（1）含砾砂岩类

1）直线型

概率曲线呈直线状或近于直线状，悬浮总体占90%以上，斜率较缓（15°~30°），分选差。这一类型不能分出河流作用的三个次总体，代表急流状态的粒度特征（如图4–10所示）。

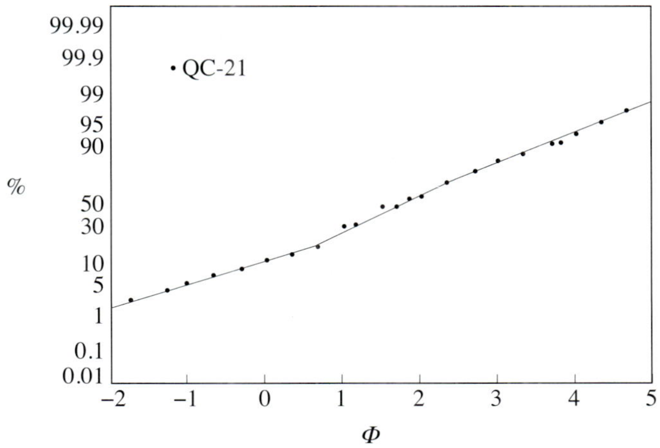

图4-10　粒度分析正态概率图——直线型

2）折线型

概率曲线呈多段折线，3个次总体也不易区分，斜率总体平缓（20°~30°），个别线段斜率可达50°~60°。这一类型也代表了水流急湍状态，但比前一类水流相对平静（如图4–11所示）。

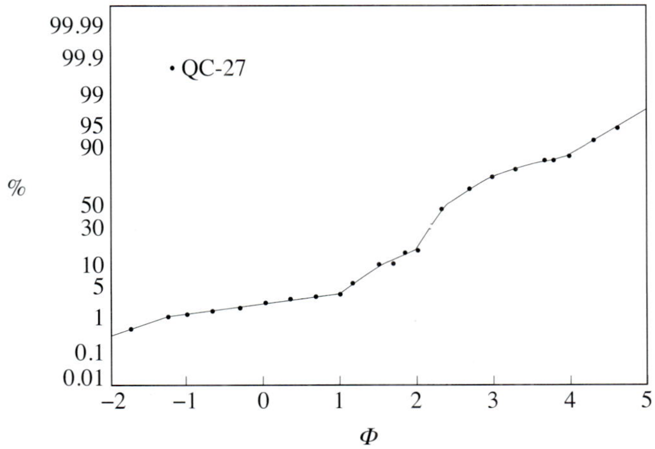

图4-11　粒度分析正态概率图——折线型

（2）中细粒、细粒砂岩

1）三段型

三段型3个总体分段明显，跳跃总体与滚动总体的截点在2Φ左右，悬浮总体与跳跃总体的截点在2.5~3Φ，跳跃总体含量在50%左右，其斜率为60°~70°，岩石平均粒径为2~3Φ，标准偏差为0.5~0.8。以上表明砂岩具有明显的河流相特征（如图4–12所示）。

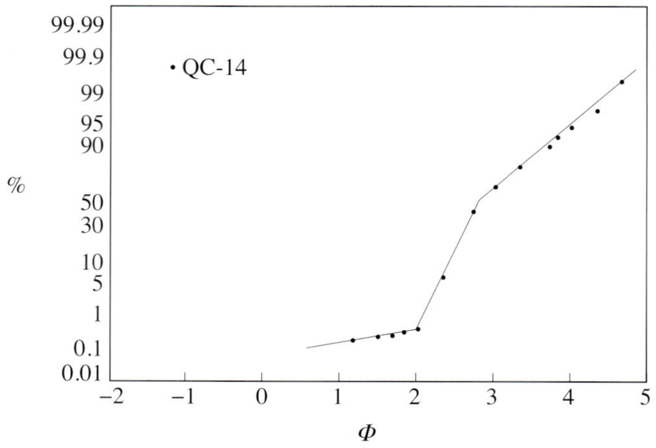

图4-12　粒度分析正态概率图——三段型

2）直线–折线型

曲线呈直线–折线，斜率40°~50°，岩石平均粒径为3.6~3.7Φ。这一类型砂岩粒度偏细，但水流仍较动荡（如图4–13所示）。

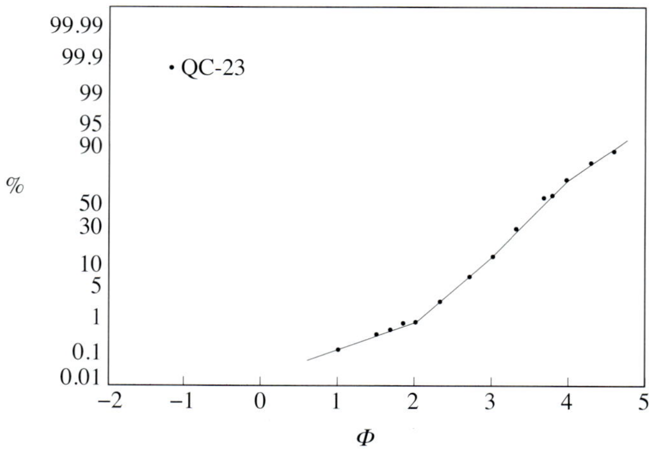

图4-13　粒度分析正态概率图——直线折线型

以上所示粒度概率图可进一步归纳为两类。第一类三段型粒度概率曲线是典型的河流相特征，在钱Ⅱ块地区具有代表性，在这种概率图中跳跃总体组分含量大于50%，而悬浮总体则为次要组分，滚动总体含量更低。第二类直线–折线型或近似一条直线，这一类型3个次总体不易区分，斜率缓（20°~30°），这一类型代表水流急湍分选差的特点，相当于洪积－河流沉积相特征。

5. 古气候特征

根据我国中新生代盆地砂岩铀矿实例，后生成矿有利的古气候条件为古气候的转折时期，即潮湿向干旱转折时期，干旱时间越长对铀成矿越有利。而长期干旱或长期潮湿的单一古气候条件只能有利于其他矿种，前者如膏盐矿床，后者如煤矿。

根据长春科技大学王东坡等的研究，泉头组孢粉组合面貌反映当时的气候为热带－亚热带的干旱气候。青山口组以裸子植物与喜湿热温暖的蕨类为主，反映了温暖潮湿的环境。姚家组蕨类孢子与裸子植物花粉几乎相等，为干旱气候，孢粉数量保存很少。嫩江组沉积时期相对于泉头组、青山口组和姚家组沉积时期的温度有明显降低，促使被子植物花粉广泛分布，为温暖潮湿气候，出现了灰黑色泥质沉积物。四方台组为干旱气候，直到明水组为温暖气候。上述资料反映出从泉头组－明水组，古气侯经历了干旱－温湿－干旱－温湿－干旱－温湿三次周期性的变化。

姚家组沉积期古气候干旱－半干旱的标志，除孢粉外，尚有以下几点证据：

（1）钙质结核

钱Ⅱ块砂岩中钙质结核较为常见，结核常呈椭圆状或不规则状，也有管状结核。管状结核可认为是树干、树枝等被交代而成的植物假象。结核大小几毫米至几厘米不等，滴盐酸明显起泡。

钙质结核是地表水反复渗透淋溶和毛细管作用形成的，是成岩作用的产物，也是半干旱、干旱气候特有的标志。有学者认为钙质结核形成区的年降雨量约在200~600 mm，且年蒸发量超过年降雨量。

（2）红层

红层是干旱气候最直接的标志。矿区姚家组中与砂岩互层的泥岩大都为紫红色岩层，部分钻孔中姚家组下段砂岩也呈紫红色、杂色（见本节沉积相部分），这种紫红色、杂色是在沉积－成岩期干旱氧化条件下形成的原生色，是干旱气候条件下一种泛滥平原的暴露标志。

以上特征在前期报告中已有详细的叙述，此处不再重复。但必须强调的是沉积特征、沉积条件是本区铀成矿的大的前提条件，应该引起重视。本文拟适当展开论述，为本区铀成矿机制的探讨提供背景素材。

（二）沉积相

1. 青山口组

据辽河油田提供的相分析资料，青山口组下部为辫状河道相，上部为曲流河边滩相。

2. 姚家组

矿区姚家组沉积相总体为区域上冲积扇－河流沉积体系的一部分，为典型的辫状河沉积体相，进一步划分可归入砂质辫状河类型。主要证据如下：

（1）具有下粗上细的正韵律，即每个沉积韵律的下部（或底部）为粗（或中粗粒）碎屑岩，向上渐变为细砂岩、粉砂岩，顶部为泥岩。尚未见下细上粗的代表三角洲沉积的反韵律。

（2）各韵律层之间（一般可分出3~5个以上）均呈河流冲刷接触关系，冲刷面常见（但规模不大）。

（3）各种类型的交错层理发育，为楔状、槽状交错层理。泥岩则为水平层理或波纹层理。

（4）砂/泥比值明显的砂大于泥，一般比值在3~5及以上。

由于含矿砂体以细砂岩为主，砂体及上覆泥岩相对稳定；交错层理规模及冲刷幅度相对较小；砂岩中砾石含量较少，砾径较小（一般<5 mm），磨圆度中等~好等等，反映出大型盆地远源砂质辫状河道特征（个别钻孔姚家组下段底部出现砾质辫状河沉积），区别于中小型盆地近源砾质辫状河沉积（如海拉尔盆地群）。无论姚家组下段或姚家组上段，相对稳定且有一定厚度的砂体为该区铀矿化赋存创造了良好的前提条件。

从图4–14、图4–15钻孔相分析的实例可以看出，姚家组下段或姚家组上段，下部为砂质（或砂质－砾质）辫状河道，上部为泛滥平原。其间又发育多个沉积韵律（正韵律）。

3. 嫩江组

嫩江组沉积环境较姚家组相对稳定，为滨湖相三角洲－湖相沉积，其依据是岩石粒度偏细（细砂、粉砂、泥），颜色稍暗，水平层理发育，交错层理少见，在泥岩中夹有薄层鲕状灰岩，代表一种水体较深的沉积环境。

（三）古地理

1. 古洼地的确定及其依据

遵循沉积学基本原理并结合钱家店矿床实际，研究认为矿区内浅灰、灰色砂岩分布区是辫状河的水下低洼沉积区。由于砂岩中富含有机质（及有机质条带），泥岩中见有炭化植物碎片，以及含矿砂岩中有多层（有的可达7~8层以上）灰色泥岩透镜体等（如图4–16，图4–17所示），足以证明矿区内灰色砂岩边界内是一个沉积期内相对

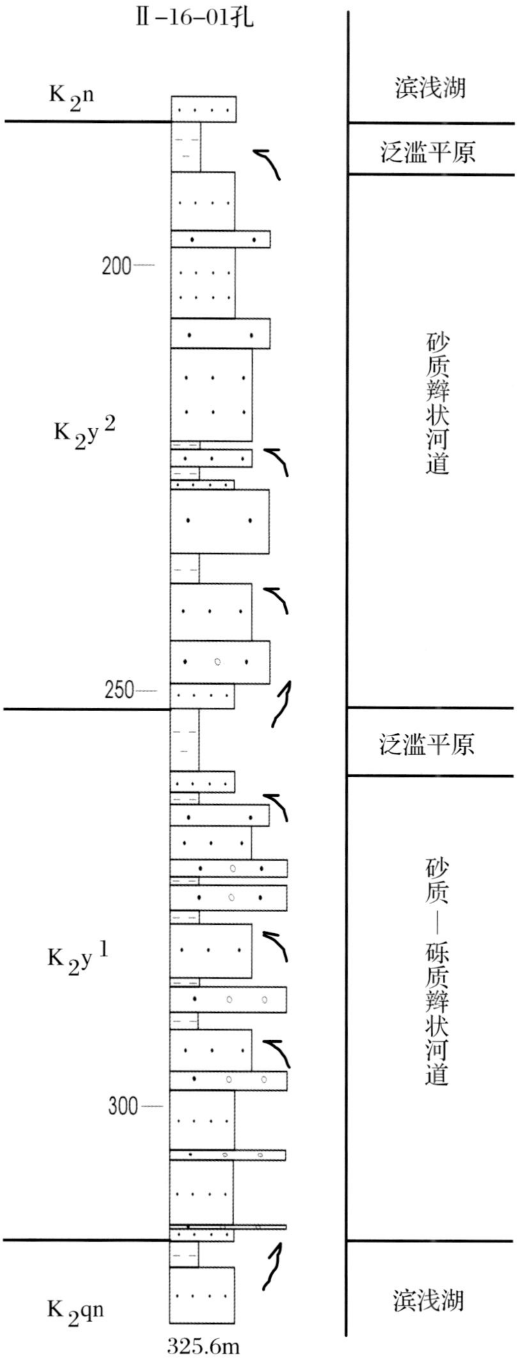

图4-14 钱Ⅱ块铀矿床Ⅱ-16-01孔相柱状图

K_2n-嫩江组；K_2y-姚家组；K_2qn-青山口组

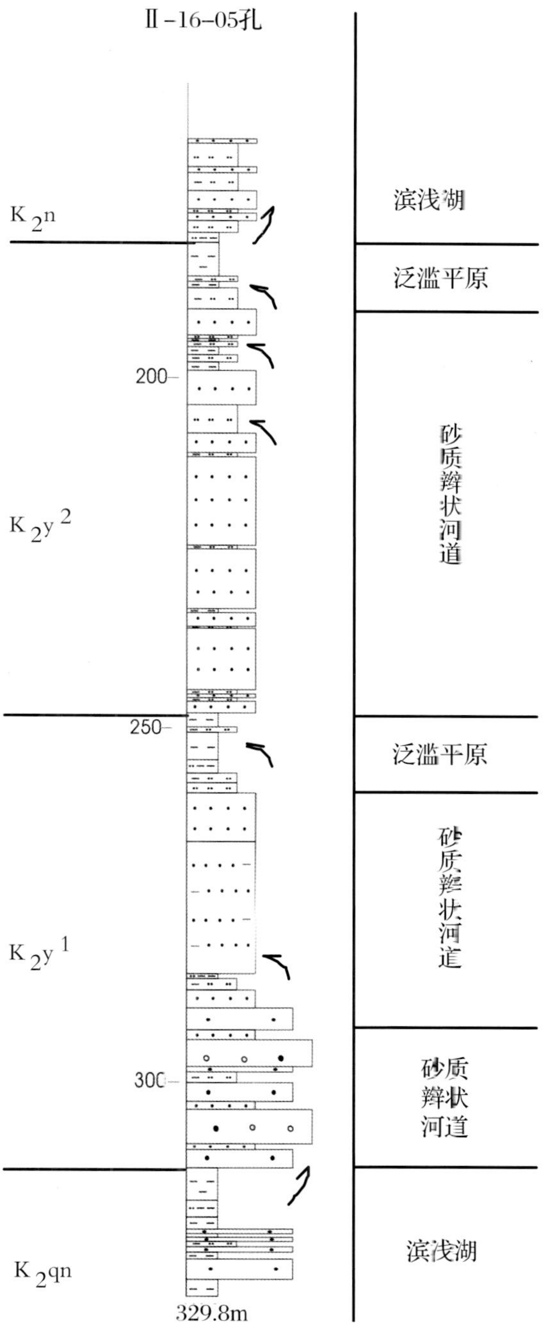

图4-15 钱Ⅱ块铀矿床Ⅱ-16-05孔相柱状图

K_2n-嫩江组；K_2y-姚家组；K_2qn-青山口组

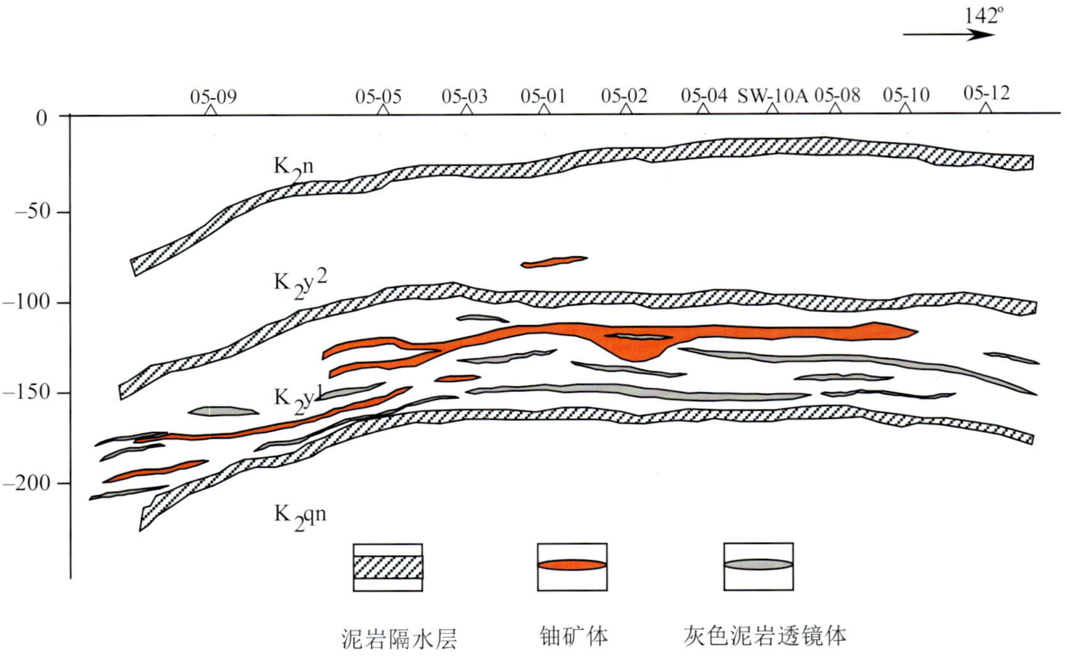

图4-16　钱Ⅱ块铀矿床05勘探线姚家组下段含矿地段灰色泥岩密集分布示意图

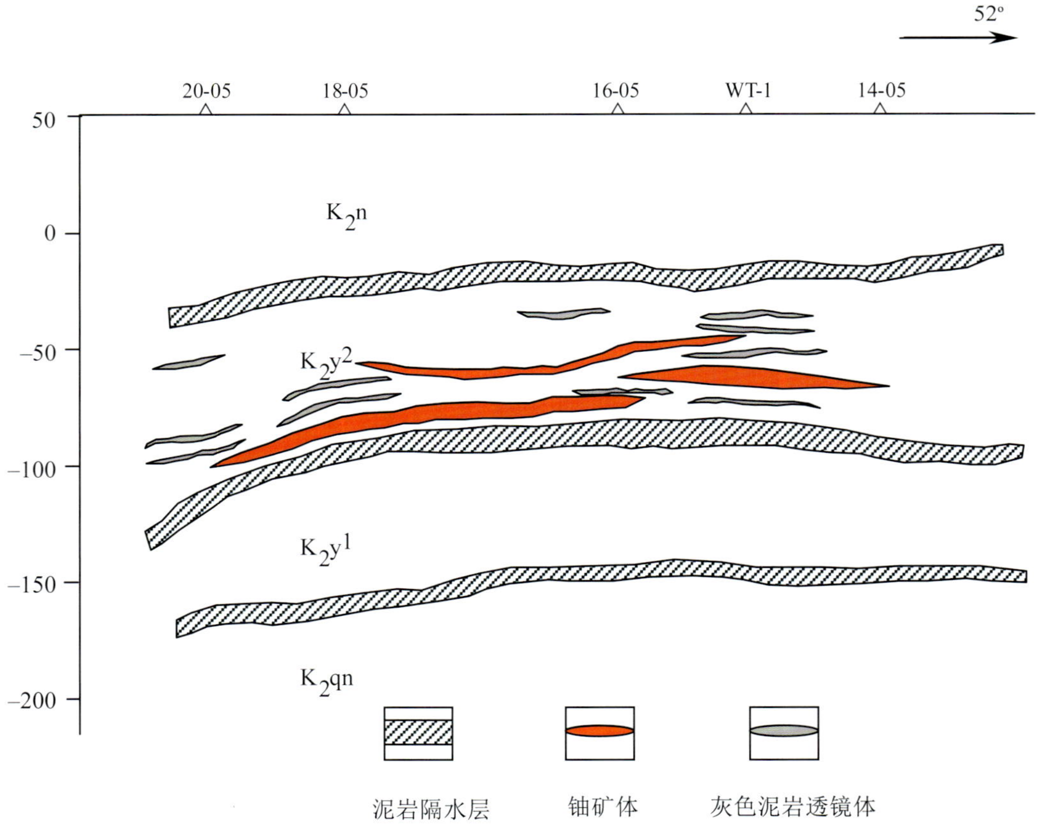

图4-17　钱Ⅱ块铀矿床20-05~14-05纵剖面姚家组上段含矿地段灰色泥岩密集分布示意图

还原的古气候洼地沉积区，是一个对砂岩铀成矿极为有利的次级微地貌单元。反之，浅红、紫红色砂岩（粉砂岩、泥岩）则是形成于水上氧化还原（属泛滥平原或越岸沉积相）环境。根据上述认识，通过逐个钻孔岩性、颜色核实，编制了姚家组下段沉积古洼地图（如图4–18所示）及姚家组上段沉积期洼地图（如图4–19所示）。在图中，将古洼地（还原区）与氧化区分别圈出其范围，并在两者之间又划出一个沉积期氧化–还原交替区。所谓氧化–还原交替区系指垂向上紫红色砂岩与灰色砂岩多次互层(如图4–20、图4–21所示)，亦即垂向上水下–水上–水下–水上多次交替（这与辫状河道多次迁移有关）。在平面上也可勾画出氧化区–氧化还原交替区–还原区(古洼地)。

2. 姚家组下段沉积期古洼地

根据姚家组下段沉积期古洼地示意图（如图4–18所示），洼地南北长2.2~2.3 km，东西长1~1.2 km，面积为2.2~2.8 km^2，呈南北向（略偏北东）锯齿状边界形态。

3. 姚家组上段沉积期古洼地

姚家组上段沉积期古洼地的范围（如图4–19所示）与姚家组下段沉积期大部分相叠合，但范围明显大于姚家组下段沉积期，除西南部、北部能够圈定其边界外，东部不封口。推测姚家组上段沉积期有可能由辫状河向曲流河过渡，因而河流流域面积扩大。

（四）沉积相、古地理及其与砂岩型铀矿化关系

（1）钱家店砂岩型铀矿床工业铀矿化明显地赋存于辫状河水体中，砂体厚度大小与铀矿化规模成正相关。而泛滥平原沉积的紫红色粉砂岩、泥岩无铀矿化显示，处于河道间相位的深灰、灰色泥岩中常有 >1 kg/m^{2}的铀矿化。

（2）铀矿化位于古洼地内。通过详细研究矿床边界的含矿钻孔，发现无矿钻孔砂岩常为紫红、浅红色砂岩或紫红色与灰色砂岩多次交互成层，其所以无矿，因为这种砂岩形成于水上沉积环境，亦即氧化环境，缺乏砂岩型铀成矿最基本的相对还原的环境。通过详细研究已圈定的古洼地，可认为实际上是一个级别序次很低的微地貌单元。所谓微地貌单元是指高差仅为十几米至几十米的低洼地。这种微地貌低洼地对矿区砂岩中铀成矿有着举足轻重的地位，其作用将在下一章成矿规律部分展开讨论。

（五）关于矿区内红色砂岩成因的讨论

矿区内大面积分布红色砂岩(如10、12、14、16、18、20号勘探线姚家组下段砂岩)，砂岩成因（原生色或次生色）存在不同看法，有人认为大面积红色砂岩是后生蚀变色，并据此认为矿床位于氧化带前锋线部位。

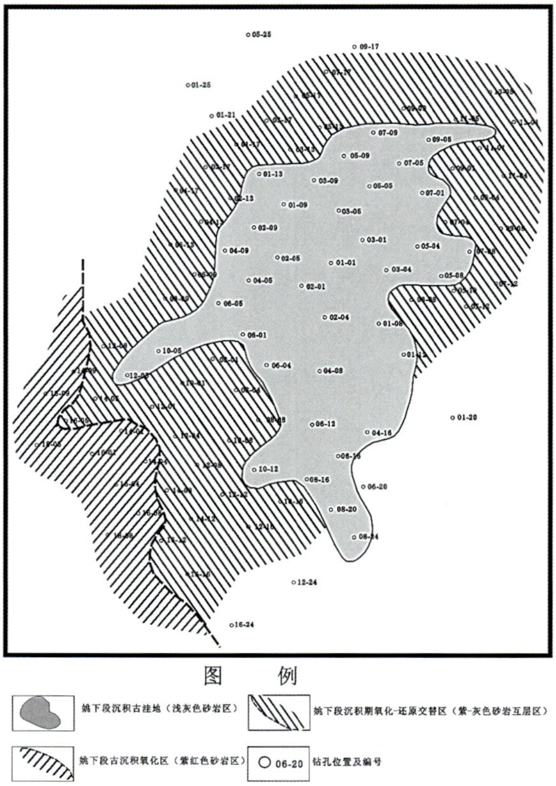

图4-18　姚家组下段沉积期古洼地位置示意图

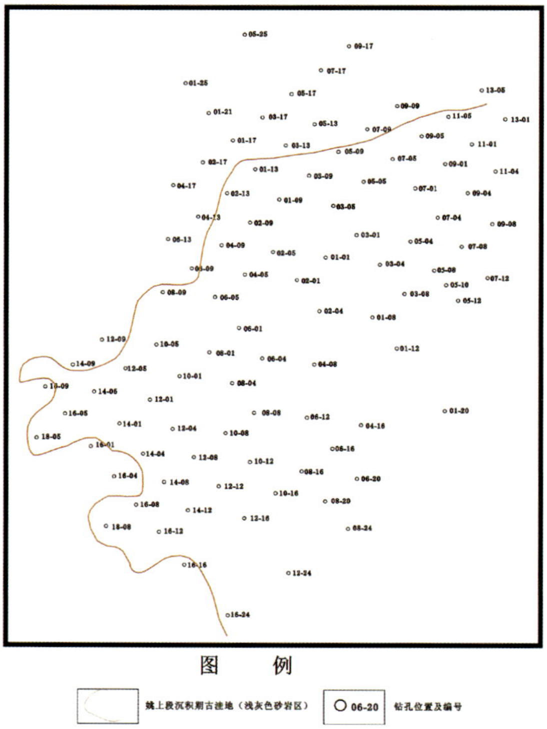

图4-19　姚家组上段沉积期古洼地位置示意图

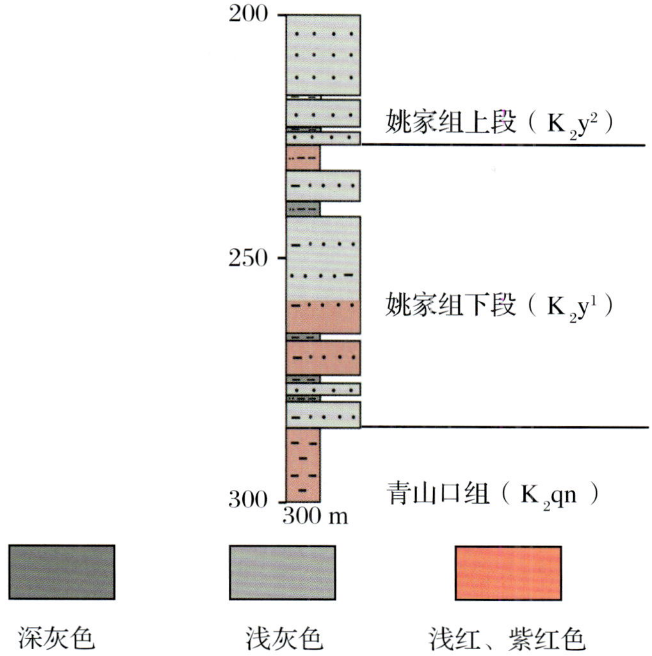

图4-20　钱Ⅱ块11-04钻孔灰色与红色互层示意图

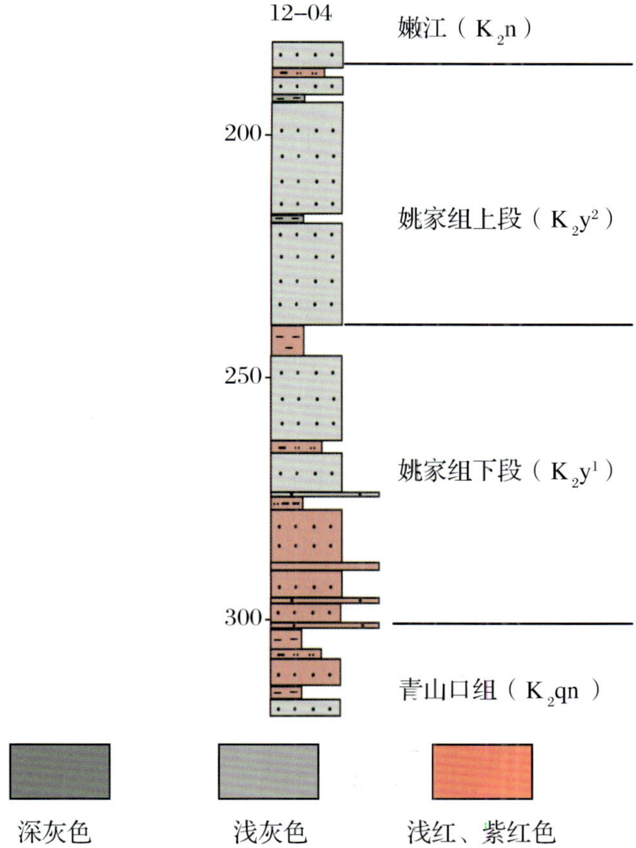

图4-21　钱Ⅱ块12-04钻孔灰色与红色互层示意图

本书作者等详细研究了钻孔剖面及野外岩芯观察，认为除局部地段有层间氧化带砂岩外，大面积分布的红色是原生色，是姚家组沉积期干旱－半干旱气候期所特有的岩性特征。其依据是①红色（紫红色）色调均匀分布，无蚀变所致的斑点状；②红色分布面积广；③在红色砂岩中有多处钙质结核（如12-01钻孔，320.4 m处），钙质结核是地表水反复渗透淋溶和毛细管作用形成的，是成岩作用的产物，也是半干旱、干旱气候特有的标志。

第四节　氧化带特征

层间氧化带是指发育在两个不透水岩层（泥岩或粉砂岩）间的灰色砂岩层，经后生氧化作用（含氧水进入沉积层）而形成的黄褐、褐黄或浅黄色砂岩，为一种次生色，根据次生色颜色深浅可粗略地分出氧化作用的强弱程度。

有的学者（陈晓林、焦养泉等）把矿区SW和NW部广布的红色砂岩以及矿区内的一些红色砂岩统统归为后生氧化砂体，而且把钱家店铀矿床定位为“典型的层间氧化带型砂岩铀矿床”，笔者断然不能认同。许多有经验的学者（如黄世杰、陈戴生等）现场对岩心的观察也都认为这些红色砂岩是在氧化环境下形成的原生色，而不是后生氧化的产物。

在钱家店矿区内，总体上层间氧化带并不发育，只在矿区内部局部地段姚家组下段砂岩中见有氧化的黄色、褐黄色的砂岩（如图4-22所示），长条状或透镜状分布（如图4-23所示），厚度几米至几十米不等。因此，钱家店铀矿床并不是典型的层间氧化带型砂岩铀矿床。矿床内层间氧化带发育部位的砂岩普遍粒度偏粗，常为中、中－粗粒或中－细粒砂岩，部分在细砂岩中，因而垂向上发育于沉积韵律的下部或底部，亦即发育在姚家组下段矿体的下方，少数发育在矿体上方或矿体中。由于粒度偏粗，因而有利于层间氧化作用的进行。

图4-22　后生氧化砂岩

注：Ⅱ-04-SZ-03，274 m。

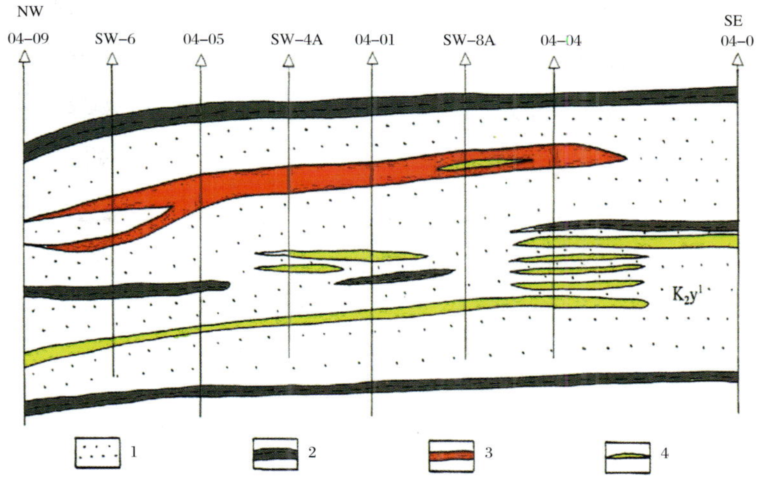

图4-23　钱Ⅱ块铀矿床04号勘探线剖面层间氧化带与铀矿化关系示意图

1-砂岩；2-泥岩；3-铀矿体；4-层间氧化带

层间氧化砂体的形成很可能与嫩江期地壳掀斜及构造“天窗”的形成使姚家组裸露，据此推测姚家组氧化砂体大范围分布主要在矿区北东和南东部。含氧水沿渗透性砂体运移，同时溶解了沿途砂体中的铀并为铀成矿提供了重要的铀源。因此，氧化砂体的存在是铀成矿和找矿的重要标志。

第五章 矿床水文地质、工程地质和环境地质

第一节 概述

通过矿床水文地质特征及地浸水文地质条件研究，基本查明该矿床水文地质、工程地质和环境地质条件，基本确定矿床水文地质类型、水文地球化学环境、地浸水文地质条件，提出矿床供水水源方向。钱家店铀矿床在勘查过程中，分阶段实施了区域及矿床水文地质条件研究，水文地质试验孔主要布置在上白垩统姚家组下段和姚家组上段，赋存的矿体选择具有代表性的地段确定为水文地质试验地段，详细查明试验地段的水文地质条件及相关水文地质参数，研究上白垩统姚家组下段、姚家组上段含矿含水层及其上覆嫩江组的水文地质特征，重点是对姚家组赋存矿体的地浸水文地质条件进行评估。含矿含水层地段，其矿体主要赋存于姚家组下段和姚家组上段砂体中。含矿主岩主要为浅灰—灰色厚层状细砂岩，砂体厚一般60~80 m，矿化层厚一般2~15 m，其规模较大，分布较集中，厚度较均匀，矿体形态较简单，主要为板状、似层状，走向NE，倾角2°~7°，与含矿砂体产状基本一致。矿石为块状构造，粒状结构，胶结较差，多数较松散。含矿岩性主要为灰色细粒长石砂岩、含中砂细粒长石砂岩，次为灰色泥质粉砂岩，灰色粉砂质泥岩、泥岩等。可见，所选水文地质试验段，主矿体埋深大多为含矿含水层中下部，厚度3.30~10.10 m，品位0.006 21%~0.047 4%，每平方米铀量0.23~3.72 kg。在不同地段，矿体埋深、厚度及品位有一定变化，选择上述区段为水文试验段位置，具较好代表性。

第二节 地形地貌、水文气象特征

（一）地形地貌及气候特征

本区处于松辽平原的西南部，西辽河平原中部，南部和北部的大片地区是风沙的频繁活动区，其上坨、召漫布，坨、甸相间，风成微地形颇为发育，下伏为断续出露的冲积平原。工作区地势平坦，堆积地形十分发育，有微波状起伏和沙坨地貌形态，局部见封闭洼地。本区在冲积、风积两个主要外营力的长期作用下，形成了一个以冲积地形为基础而又具有风成特色的地貌景观。矿床内地形高差不大，相对高差5~10 m，海拔高程158.92~169.64 m，总体趋势矿床北西略高，南部偏低，地形坡度2.9%~19.4%；地貌以草地为主，局部见有小范围沙地及农田，中部和东北部是河流长期活动、汇集的地区，在河流长期冲刷、搬运和堆积过程中，形成了一个近东西向延续的、宽阔平坦的河谷平原地形。综上所述，堆积作用是形成本区地貌形态的主要因素，而冲积、风积作用则是塑造堆积地形面貌的两个主要外营力作用。主要地貌形态有：河谷冲积平原河滩形、风积冲积平原沼地形、坨间甸地形、沙坨地形和微起伏平地形等。

（二）水文气象特征

钱家店铀矿区属大陆性半湿润半干旱气候，据多年气象观测资料表明，年极端最高气温多在36℃以上，年极端最低气温多在－30 ℃~－35 ℃，年平均气温6.0 ℃，冻结期由11月初至翌年4月初，土壤冻结深度达1.10 m；年降水量不大，一般为350~450 mm，降水主要集中在7—8月。年蒸发量一般为600~900 mm，主要表现为地面蒸发和地表水蒸发。矿区属季风区，年平均风速3.545 m/s，其中以3—5月风速最大，平均风速5.0 m/s，全年≥8级的大风一般有30~60天。

在矿床西南部范围，地表水系不发育，其外围在矿床南部约15 km处西辽河呈东西向通过，年径流量0.032~3.33亿 m^3；矿床北部约16 km处新开河自西向东流过，为季节性河流，雨季多年平均流量3.79 m^3/s。

第三节 矿床水文地质特征

（一）含水层与隔水层划分

钱家店铀矿床在区域上隶属松辽平原西辽河盆地开鲁拗陷水文地质区，区内分布巨厚的中新生界碎屑岩及松散堆积层，形成了丰富的孔隙潜水和孔隙裂隙承压水。依据该矿床的含水构造和埋藏条件，结合施工的铀矿地质勘探孔和水文孔有关资料，矿区可划分出四个含水层。各含水层之间分布有四个隔水层，含水层与隔水层划分及其地下水类型见表5–1。

表 5–1 钱家店铀矿床 13–16 试验段含水层与隔水层划分简表

序号	含 水 层	隔 水 层	地层代号	地下水类型
1	第四系松散砂含水层	上白垩统嫩江组顶部灰色泥岩	Q	潜 水
2	上白垩统嫩江组含水层	上白垩统姚家组上段顶部紫红色泥岩	K_2n	承压水
3	上白垩统姚家组上段含矿含水层	上白垩统姚家组下段顶部紫红色泥岩	K_2y^2	
4	上白垩统姚家组下段含矿含水层	上白垩统姚家组下段底部紫红色泥岩	K_2y^1	

由表5–1可知，上白垩统姚家组上段含水层为姚家组下段含矿含水层的直接上覆含水层，勘探区姚家组上段含水层底部局部可见铀矿化异常，但品位低、厚度小，不具工业价值。本文勘察的含矿含水层指上白垩统姚家组下段赋存矿体的含水层，上白垩统青山口组含水层是其直接下伏含水层，该含水层仅在部分地质勘探孔揭露，所有水文孔均未揭穿，本文未做进一步研究。

上白垩统姚家组下段（K_2y^1）含矿含水层是本文研究重点，上白垩统姚家组上段含水层是姚家组下段（K_2y^1）含矿含水层的直接上覆含水层，对地浸采矿是否有影响，钱Ⅱ–SW–14试验段专门布置了钱Ⅱ–SW–14C水文地质孔专门进行揭露研究，以便查明其水文地质条件，并提供有关水文地质参数，阐明二者间水力联系。第四系含水层是本区生产生活用水的主要水源，在钱Ⅱ块铀矿床13~16试验段及外围调查了44个民井、机井、钻探施工供水井分别进行取样分析。该矿床上述各含水层与隔水层的水文地质特征分述如下。

（二）含水层特征

矿床内含水岩组主要为第四系松散层孔隙潜水含水和上白垩统碎屑孔隙承压含水岩组。

1. 第四系松散层含水层(Q)

第四系松散层含水层是矿床最上部含水层，为一套风积、冲积、冲湖积和冰水沉积而成的巨厚松散堆积物。自下而上包括：中更新统大清沟组(Q_2d)、上更新统顾乡屯组(Q_3g)和全新统(Q_4)。其地层结构自上而下表现为粉质黏土、黏土、粉土隔水层与细砂、中细砂含水层呈交替互层产出。据该矿床四个试验段九个水文地质孔有关资料，松散层厚度一般108. 0~127.0 m，平均厚度118.0 m，与矿床西南部基本一致。该含水层是由多个含水层组成的统一含水层组；据有关资料，该含水层组上部砂体较厚，较稳定，厚度60 m左右，中部为粉砂与黏土、粉质黏土互层，砂体厚度较薄；下部砂体稳定，厚度约20 m。该含水层赋存孔隙潜水，潜水位埋深浅，一般为3~6 m，富水性好，单井涌水量一般1 000~2 000 m^3/d，局部地段可达2 000~3 000 m^3/d，该类型地下水是当地居民生产生活的主要供水水源。

2. 上白垩统嫩江组含水层(K_2n)

上白垩统嫩江组 (K_2n) 含水层处于第四系松散层与上白垩统姚家组上段（K_2y^2）含水层之间，下部以灰色细砂岩、灰色粉砂岩、泥质粉砂岩为主；上部以灰、深灰色泥岩为主，夹粉砂岩，自下而上粒度变细，砂岩颗粒为次圆状，分选性好。据四个水文试验段九个水文孔岩心及编录资料，揭露嫩江组岩性以深灰色、灰色细砂岩、粉砂质泥岩、泥质粉砂岩为主，水平层理发育，在不同地段岩性变化较大。据本区四个试验段九个水文孔及部分勘探孔资料，该层埋深一般108.0~127.0 m，厚度40.0~70.0 m，平均厚度61. 0 m，部分地段因构造影响，埋深、厚度变化较大，据编录、测井资料，该含水层含水性、富水性较差。

3. 上白垩统姚家组上段含水层(K_2y^2)

上白垩统姚家组上段（K_2y^2）含水层处于上白垩统嫩江组含水层(k_2n)与上白垩统姚家组下段（K_2y^1）含矿含水层之间，在矿床试验地段，据钱Ⅱ块13~16四个水文试验段钻孔揭露及有关资料和钱Ⅱ-SW-14C孔水文地质试验成果，其基本特征如下：

该含水层岩性以浅灰色、灰色细砂岩为主，局部含薄层灰色、紫红色泥岩、粉砂质泥岩及灰色泥质粉砂岩。根据矿床四个试验地段水文孔揭露显示，该组地层在矿床内埋深一般141.7~170.0 m，厚度一般60.2~83.5 m，其间夹2~3层灰色、紫红色泥岩、粉砂质泥岩，厚度2.0~5.0 m，因矿区北东、北西部有构造存在，在上述区段，该层位埋深、厚度变化较大。据钱Ⅱ-SW-14C孔揭露，该含水层隔水顶板位置：166.30~170.00 m，厚度3.70 m，岩性主要为紫红色泥岩，隔水性能良好；含水层位置：170.00~231.00 m，厚度61.00 m，岩性主要为浅灰色细砂岩、灰色细砂岩，期间夹多层灰色、浅红色粉砂质泥岩，含水性、富水性较差；该试验段该层位底部局部可见铀矿化异常，但品位低、厚度小，无工业矿体存在。据该区段水文孔揭露显示该含水层隔水底板位置：218.90~238.20 m，厚度3.00~5.20 m，岩性为紫红色泥岩、紫红色粉砂质泥岩，致密、坚硬、隔水性良好。

该含水层含水岩石的矿物成分以钾长石为主，少量斜长石或微斜长石，其颗粒多为次棱角—次圆状，分选性一般。岩屑多为沉积碎屑，填隙物以泥质为主，次为粉砂质，见少量铁质、硅质和钙质。一般泥质分布不均，以颗粒支撑，孔隙式胶结为主，局部见泥质呈团块状，杂基支撑基底式胶结，较疏松。

该含水层含水岩石颗粒相对比较均匀，岩心粒度分析结果表明，该含水岩层粉粒+黏粒成分一般7.17%~41.55%，平均值15.50%。含水岩石不同岩性粒径成分含量特征见表5-2。

表 5-2　姚家组上段含水层的含水岩石粒径成分含量特征简表

粒级含量 / %					岩　性
砾 > 2	粗砂 2.0~0.5	中砂 0.5~0.25	细砂 0.25~0.05	粉 + 泥 < 0.05	
0.0	2.02~17.56	8.27~17.71	42.43~53.40	16.97~29.33	浅灰色、灰色细砂岩、含粉砂细砂岩
0.0	1.45~20.69	18.01~38.92	33.72~54.59	10.62~22.71	浅灰色含粉砂中细粒砂岩、浅灰色中细粒砂岩
0.0	2.49~21.07	34.09~72.80	13.27~38.79	7.17~19.19	浅灰色细中粒砂岩、浅灰色含细砂中砂岩、浅灰色含粉砂细中粒砂岩

表5-2表明，该含水层岩石以中、细粒成分为主，其次为粉泥质，粗粒成分较少。四个试验段内，在上白垩统姚家组上段（K_2y^2）含水层中共取岩心颗粒分析样品71件，均为中、细粒成分为主的样品。

根据钱Ⅱ-SW-14C孔揭露，该承压含水层水位埋深较浅，静水位5.97 m，承压水头164.03 m，单位涌水量0.13 m^3/（h · m），导水系数3.5 m^2/d，渗透系数0.07 m/d，反映了该含水层富水性和渗透性较弱。

4.上白垩统姚家组下段含矿含水层(K_2y^1)

根据矿床四个试验段水文孔揭露显示，该组地层在矿床内埋深一般218.9~238.2 m，厚度63.0~71.2 m，平均厚度65.4 m（含部分泥岩夹层厚度），部分区段夹2~5层灰色、浅红色泥质粉砂岩、泥岩，单层厚度0.7~2.50 m。

（1）含水岩性特征。

该含矿含水层含水岩性主要为浅灰色、浅红色含粉砂细—中粒砂岩、中细砂岩、细砂岩，其次为细砂岩和少量粉—细砂岩，具有粒状结构，块状构造。其矿物成分以石英、黏土矿物为主，含少量长石、云母，其次为含泥砾岩屑长石中砂岩、粗砂岩、灰色粉砂岩等，局部含炭屑。宏观上该含水层砂岩多为厚层状块状构造、水平层理、斜层理、波状层理、交错层理等沉积构造发育。

该含水层含水岩石颗粒相对比较均匀，岩心粒度分析结果表明，该含水岩层粉粒+黏粒成分一般为6.85%~37.22%，平均值为16.89%，含水岩石不同岩性粒级成分特征详见表5-3。

表 5-3　姚家组下段含矿含水层的含水岩石粒径成分含量特征简表

粒级含量 / %					岩性
砾 > 2	粗砂 2.0~0.5	中砂 0.5~0.25	细砂 0.25~0.05	粉 + 泥 < 0.05	
0.0	5.37~12.48	12.1~26.17	34.59~54.64	19.35~37.22	浅灰色含中砂粉细砂岩、浅灰色含粉砂细砂岩
0.0	2.77~22.06	16.62~40.08	33.38~48.92	10.07~25.18	浅灰色含粉砂中细砂岩、浅灰色中细粒砂岩、浅灰色含中砂细粒砂岩
0.0	3.08~33.32	31.72~64.97	8.70~38.19	6.85~27.38	浅灰色、浅红色含粉砂细中粒砂岩、浅灰色、浅红色含细砂中粒砂岩、浅灰色细中粒砂岩

表5-3表明，该含水层岩石以中、细粒成分为主，粗粒成分较少。四个试验段内，在上白垩统姚家组下段（K_2y^1）含矿含水层中共取岩石颗粒分析样品129件，均为中、细粒成分为主的样品；粉泥质成分为主的样品因分析条件限制，未取样分析。

（2）含矿含水层厚度及其与矿层厚度比值。

钱Ⅱ块铀矿床13~16试验段水文孔含矿含水层厚度48.40~59.80 m（该厚度为剔除含水层中不透水透镜状薄层后的厚度），平均54.74 m，局部夹有不透水的透镜状薄层2~5层，岩性分别为紫红色泥岩、灰色泥岩、粉砂岩，泥质粉砂岩、粉砂质泥岩等。

四个试段含矿含水层埋深、厚度及其与矿层厚度比值等见表5-4。

表 5-4　各试段姚家组下段含矿含水层埋深、厚度及其与矿层厚度比值简表

序号	试验段编号	含矿含水层		矿层厚度 / m	含矿含水层与矿层厚度比值
		埋深 / m	厚度 / m		
1	Ⅱ-SW-13	372.50~375.60	49.00~48.40	17.99~7.90	2.72~6.12
2	Ⅱ-SW-14	238.20~240.40	55.20~56.80	18.30~21.4	3.02~2.65
3	Ⅱ-SW-15	224.70~227.2	56.70~54.80	19.50~7.50	2.91~7.31
4	Ⅱ-SW-16	255.50~253.50	59.80~57.20	14.50~12.30	4.12~4.65

注：含矿含水层系指不透水夹层除外的可渗透性岩层；表中所列的矿层厚度为可渗透性砂岩中工业层、矿化层、表外层厚度。

（3）水位埋深、承压水头。

据四个试验段分析统计，含矿含水层地下水水位埋深较浅，一般5.94~13.08 m，静止水位标高147.42~153.16 m，承压水头高度217.96~372.49 m。

（4）水文地质试验参数。

依据四个试段抽水试验成果，分别计算出四个试段含矿含水层主要水文地质参数见表5-5。各试段钻孔注水试验及抽注水(连通)试验成果见表5-6、表5-7。

表 5-5 各试段姚家组下段含矿含水层主要水文地质参数简表

序号	试 段	单位涌水量 / $[m^3/(h·m)]$	导压系数 / (m^2/d)	储水系数	导水系数 / (m^2/d)	渗透系数 / (m/d)
1	Ⅱ-SW-13	0.080	1.3×10^5	4.0×10^{-5}	5.02	0.10
2	Ⅱ-SW-14	0.255	9.9×10^4	1.0×10^{-4}	7.88	0.14
3	Ⅱ-SW-15	0.163	9.6×10^4	1.6×10^{-4}	8.34	0.15
4	Ⅱ-SW-16	0.135	1.0×10^5	8.4×10^{-5}	6.65	0.11

表 5-6 各试段钻孔注水试验成果简表

序号	试 段	水位抬升 /m	吸水量 / (m^3/h)	平均吸水量 / (m^3/h)	单位吸水量 / $[m^3/(h·m)]$	平均单位吸水量 / $[m^3/(h·m)]$
1	Ⅱ-SW-13	12.82	1.01	1.44	0.078 8	0.118 8
2	Ⅱ-SW-14	14.71	2.88		0.196	
3	Ⅱ-SW-15	12.04	1.15		0.095 5	
4	Ⅱ-SW-16	6.83	0.72		0.105	

表 5-7 各试段抽注水试验成果表

序号	试验段	抽水孔				注水孔				抽水量 / 注水量
		孔号	静止水位 / m	降深 / m	抽水量 / (m^3/h)	孔号	静止水位 / m	降深 / m	注水量 / (m^3/h)	
1	Ⅱ-SW-13	13A	12.07	73.54	5.69	13B	10.77	−11.1	2.02	2.82
2	Ⅱ-SW-14	14A	14.45	29.84	8.24	14B	14.45	−14.8	4.79	1.72
3	Ⅱ-SW-15	15A	11.05	49.94	8.39	15B	10.58	−10.9	2.48	3.38
4	Ⅱ-SW-16	16A	6.02	50.44	7.02	16B	6.31	−6.82	1.76	3.98

由表5-5可见：各试验段钻孔单位涌水量为0.080~0.255 $m^3/(h·m)$，导压系数9.6×10^4~$1.3\times10^5 m^2/d$，储水系数4.0×10^{-5}~1.6×10^{-4}，导水系数5.02~8.34 m^2/d，渗透系数0.10~0.15 m/d，因地层岩性、试验段位置等原因，四个试段略有差异。四个试段的注水试验均在天然状态下进行，由上表可见，钻孔抽水试验单位涌水量与注水试验钻孔单位吸水量相差不大，反映出地层的吸水性能较弱。

四个试段的抽注水试验均在天然状态下进行。各试段的抽注水试验都是不平衡条件下的抽注水试验，均为“一注一抽”试验。抽注水试验中抽水孔涌水量大于注水孔注入量；表明该含矿含水层富水性、渗透性较弱，才导致单孔注液能力有限。根据上述抽注试验结果，若要满足一定抽水能力的平衡抽注条件，在13、14试验段所在区段一个抽水孔应布设2~3个注水孔；在15、16试验段所在区段一个抽水孔应布设4个注水孔。

（三）隔水层特征

1.非含矿含水层的隔水层

据勘探资料，本区上白垩统嫩江组含水层(K_2n)隔水顶板岩石主要为灰色、紫红色粉砂质泥岩、泥质粉砂岩、泥岩等，厚度一般2.0~7.4 m，区内九个水文孔隔水顶板均为灰色、紫红色粉砂质泥岩，厚度2.2~5.4 m；隔水底板即上白垩统姚家组上段(K_2y^2)含水层隔水顶板，岩性主要为紫红色泥岩，局部为浅红色粉砂质泥岩；据本区九个水文孔资料，该隔水层埋藏深度在不同地段变化较大，一般为167.50~192.20 m，厚度1.60~3.40 m，岩性为紫红色泥岩，紫红色粉砂质泥岩，致密、坚硬、隔水性良好。

2.含矿含水层的隔水层

上白垩统姚家组下段(K_2y^1)含矿含水层隔水顶板(即姚家组上段含水层隔水底板)，岩石主要由紫红色泥岩、紫红色粉砂质泥岩、紫红色泥质粉砂岩组成，以紫红色泥岩为主，该类岩石致密、坚硬、不透水、隔水作用良好。据本区九个水文孔资料，其隔水顶板顶面埋深一般218.9~238.20 m，厚度3.00~5.20 m，岩性为紫红色泥岩、紫红色粉砂质泥岩，致密、坚硬、隔水性良好。

隔水底板岩石以紫红色泥岩为主，局部为紫红色粉砂质泥岩，据本区水文孔资料，该隔水底板顶面埋深一般292.30~318.50 m，在北西部因构造影响变化较大。在上述四个试验段九个钻孔均未揭穿该层；据本区地质勘探孔资料，该层厚度一般1.50~6.40 m，岩性主要为紫红色泥岩，致密、坚硬、不透水，隔水性良好。

第四节 水文地质结构特征

钱家店铀矿床位于松辽平原西辽河水文地质单元，该区地下水具有相对独立完整的补给、径流、排泄体系。区内含水岩组主要由第四系、上第三系和白垩系含水层构成。含水岩组地下水形成、运动与分布主要受构造、岩性、地形地貌条件控制。第四系含水层分布全区，地下水由松散岩类孔隙潜水及底部承压水构成，局部呈现弱承压性；白垩系含水层覆盖全区，矿床白垩系含水层主要由姚家组、青山口组、泉头组三个含水层组成(如图2-12所示)。

地下水为碎屑岩类孔隙裂隙承压水，矿床具有多元的水文地质结构，其中上白垩统含水构造具备泥－砂－泥结构。据本区四个水文试验段及勘探资料，上白垩统姚家组下段为本区铀矿的主要赋存部位，同时其含矿含水构造泥－砂－泥结构较好，这种结构有利于铀矿地浸开采。

第五节　地下水动态

（一）第四系孔隙潜水

第四系孔隙潜水在矿床及外围分布广泛，出露较多，其动态变化情况如图5–1所示。可见，第四系潜水在观测期内水位变幅为0.16~0.35 m，且6－9月动态变化波动相对较大，与当地气候、气象条件吻合，说明第四系潜水受大气降水直接补给，水位波动较明显。根据各观测点水位动态变化特征，结合有关资料分析，矿区内第四系潜水的水位年变幅约±0.50 m。矿区第四系潜水在观测期内的水位埋深为3.92~5.68 m，水位最大变幅为0.35 m，上述动态变化情况与区域第四系地下水动态变化情况基本一致，结合有关资料，该区第四系潜水水位年变幅为±1.2 m。

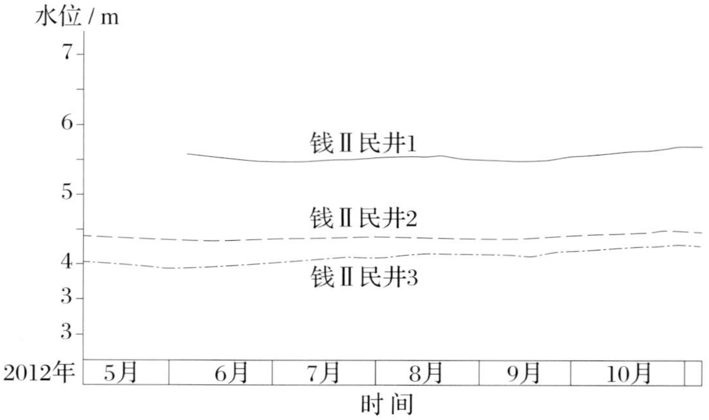

图5-1　第四系潜水水位动态变化曲线

（二）姚家组上段承压水动态

钱Ⅱ块铀矿床钱Ⅱ–SW–11A及钱Ⅳ–SW–2D孔为揭示姚家组上段承压含水层钻孔，选取上述两个钻孔为姚家组上段承压水动态观测点，其动态变化情况如图5–2所示。

由图5–2可见，矿区外围钱Ⅱ–SW–11A孔（姚家组上段承压水）在观测期内水位埋深为14.65~15.08 m，水位最大变幅0.43 m，且总体水位波动相对较大。

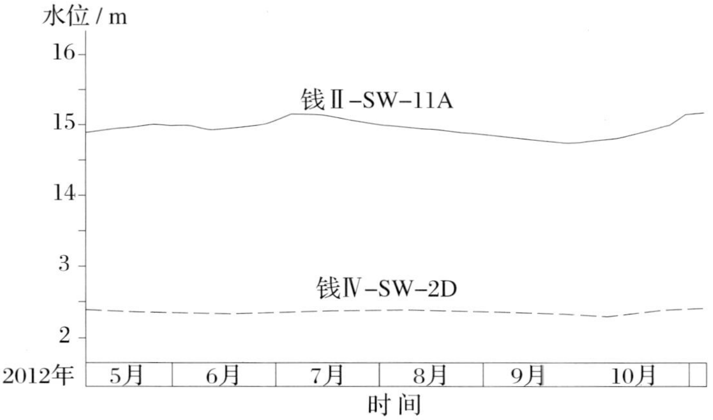

图5-2 姚家组上段承压水水位动态变化曲线

据钱Ⅳ–SW–2D孔（钱Ⅳ块姚家组上段承压含水层钻孔）地下水动态观测资料，其承压水水位在观测期内一般为2.31~2.42 m，水位变幅为0.11 m，且7—9月水位波动相对较明显，说明该层地下水位间接受大气降水及季节性影响。

（三）姚家组下段承压水动态

姚家组下段承压水在不同地段，因地面标高和地层岩性、顶底板位置不同，其静水位有一定差异（如图5–3所示），在观测期内各孔水位的变幅为0.04~0.40 m，且7—9月动态变化相对较大，水位波动明显，说明姚家组下段承压水水位受一定的季节性影响；根据上述观测点水位动态变化特征，结合有关资料分析，上述区段姚家组下段承压水水位年变幅约±0.60 m。

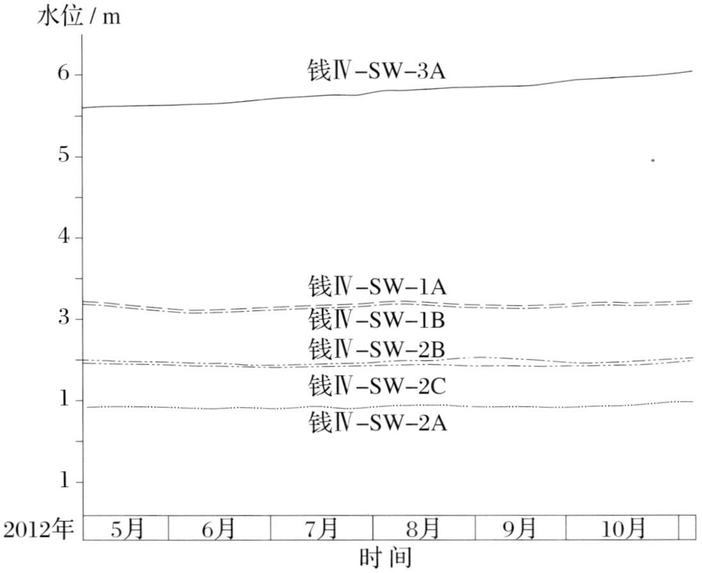

图5-3 姚家组下段承压水水位动态变化曲线

第六节　水化学、水文地球化学及放射性水化学特征

（一）第四系孔隙潜水 (Q)

第四系孔隙潜水是当地居民生产生活的主要供水水源，据矿床及外围44个民井、机井及勘探孔和水文孔施工供水井调查取样分析，该类型水水化学成分较简单，矿化度一般0.26~0.71 g/L，pH值6.94~7.82，大多为中性水，水化学类型主要为HCO_3—Na.Ca、HCO_3–Na型，局部为HCO_3–Na.Ca.Mg、HCO_3– Ca.Na.Mg型，详见表5–8。

表 5–8　第四系潜水水化学特征表

pH 值	矿化度 / (mg/L)	游离 CO_2 / (mg/L)	侵蚀 CO_2 / (mg/L)	Ca^{2+} / (mg/L)	Mg^{2+} / (mg/L)
6.94~7.82	0.26~0.71	3.37~23.61	2.01~12.04	13.10~91.64	4.18~66.93
K^{+}+ Na^{+} / (mg/L)	**HCO_3^{-} / (mg/L)**	**Cl^{-} / (mg/L)**	**SO_4^{2-} / (mg/L)**	**CO_3^{2-} / (mg/L)**	**OH^{-} / (mg/L)**
38.17~205.65	294.94~723.43	9.43~63.32	1.65~8.26	0	0

水文地球化学指标：Eh值446~473 mV，溶解氧1.66~4.58 mg/L，无H_2S，Fe^{3+}与Fe^{2+}比值大于1，水中铀含量0.70~2.40 μg/L，水中氡浓度2.223~8.343 Bq/L，详见表5–9。

表 5–9　第四系潜水水文地球化学、放射性水化学特征表

Eh 值 / mV	Fe^{3+}/ (mg/L)	Fe^{2+}/ (mg/L)	H_2S/ (mg/L)	溶解氧 / (mg/L)	铀含量 / (μg/L)	氡浓度 / (Bq/L)
446~473	0.08~0.22	0.02~0.08	0	1.66~4.58	0.70~2.40	2.223~8.343
均值459	均值 0.13	均值 0.043	0	均值 3.42	均值1.18	均值5.12

（二）上白垩统姚家组上段承压水 (k_2y^2)

据矿床钱Ⅱ–SW–14试验段钱Ⅱ–SW–14C孔上白垩统姚家组上段承压含水层水样水化学分析结果：矿化度0.58 g/L，pH值7.65，水化学类型为HCO_3.Cl–Na型，详见表5–10。

表 5–10　上白垩统姚家组上段含水层承压水（钱Ⅱ –SW–14C 孔）水化学特征表

pH 值	矿化度 / (g/L)	游离 CO_2 / (mg/L)	侵蚀 CO_2 / (mg/L)	Ca^{2+} / (mg/L)	Mg^{2+} / (mg/L)
7.65	0.58	14.16	6.02	8.27	22.17
K^{+}+ Na^{+} / (mg/L)	**HCO_3^{-} / (mg/L)**	**Cl^{-} / (mg/L)**	**SO_4^{2-} / (mg/L)**	**CO_3^{2-} / (mg/L)**	**OH^{-} / (mg/L)**
194.32	428.49	103.74	35.36	0	0

水文地球化学指标：Eh值430 mV，溶解氧3.45 mg/L，无H_2S，铁离子总量不大，Fe^{3+}与Fe^{2+}比值大于1，水中铀含量4.60 μg/L，水中氡浓度14.72 Bq/L，详见表5-11。

表 5-11 上白垩统姚家组上段含水层承压水水文地球化学、放射性水化学特征表

Eh 值 / mV	Fe^{3+} / (mg/L)	Fe^{2+} / (mg/L)	H_2S / (mg/L)	溶解氧 / (mg/L)	铀含量 / (μg/L)	氡浓度 / (Bq/L)
430	0.12	0.06	0	3.45	4.6	14.72

（三）上白垩统姚家组下段承压水 (k_2y^1)

据钱Ⅱ-SW-13~16试验段八个水文孔12次抽水试验取样分析，上白垩统姚家组下段含矿含水层承压水矿化度一般为3.64~4.89 g/L，pH值7.15~7.79，水化学类型为HCO_3 .Cl-Na型及Cl.HCO_3 -Na型，详见表5-12。

表 5-12 上白垩统姚家组下段含矿含水层承压水水化学特征表

pH 值	矿化度 / (mg/L)	游离 CO_2 / (mg/L)	侵蚀 CO_2 / (mg/L)	Ca^{2+} / (mg/L)	Mg^{2+} / (mg/L)
7.15~7.79	3.64~4.89	11.80~18.09	4.01~7.22	35.16~64.80	48.94~92.86
K^++Na^+ / (mg/L)	HCO_3^- / (mg/L)	Cl^- / (mg/L)	SO_4^{2-} / (mg/L)	CO_3^{2-} / (mg/L)	OH^- / (mg/L)
1 281.32~1 744.82	1 647.19~2 181.42	765.76~1 764.85	289.14~641.07	0	0

水文地球化学指标为：Eh值404~429 mV，溶解氧3.29~4.12 mg/L，无H_2S，铁离子总量不大，Fe^{3+}与Fe^{2+}比值大于1或1左右。放射性水化学特征为：水中铀含量130.0~312.0 μg /L，水中氡浓度31.556~75.276 Bq/L，详见表5-13。据八个水文孔18次定深取样分析结果，含矿层水中铀含量一般略高于围岩水中铀含量，其他化学成分及地球化学指标变化不大。

表 5-13 上白垩统姚家组下段含矿含水层承压水水文地球化学、放射性水化学特征表

Eh 值 / mV	Fe^{3+} / (mg/L)	Fe^{2+} / (mg/L)	H_2S / (mg/L)	溶解氧 / (mg/L)	铀含量 / (μg/L)	氡浓度 / (Bq/L)
404~429	0.08~0.16	0.02~0.06	0	3.29~4.12	130.0~312.0	31.556~75.276
均值426	均值 0.12	均值 0.07	0	均值 3.8	均值197.3	均值56.83

以上可见，矿床上白垩统姚家组下段含矿含水层承压水，处于弱氧化或氧化-还原过渡环境，岩矿心编录和物理分析结果对此认识也予以说明。含矿含水层含水岩石呈现灰色，局部呈灰褐色，表明褐铁矿化后生蚀变现象较明显，放大镜下观察，钾长石泥化现象较突出。岩石呈灰白色褪色变化，说明岩石处于弱氧化状态。

分析研究认为含矿含水层承压水的化学特征，是矿床在区域上和垂深方向比较复杂的水动力地球化学条件下形成的。

矿床在区域上位于半开启的开鲁盆地钱家店凹陷带中，含水层于盆地边缘接受大气降水补给，在水动力强烈交替带，易形成弱矿化的HCO_3–Ca型水，随着远离补给区，层间水径流运动中，一方面溶滤溶解岩石中的硫酸盐；另一方面水中的钙离子被钠离子所交替。上述过程的结果是HCO_3–Ca型水逐渐过渡到SO_4–Na型水，最后在继续运动的过程中，水动力循环逐渐缓慢，埋深也逐渐增大，在阳离子吸附交替和有机介质还原硫酸盐及混合作用或火成岩风化等作用下，SO_4–Na型水转变为HCO_3Cl–Na型或Cl.HCO_3–Na型水。在垂深方向上，含矿含水层承压水的某些化学成分反映了某些深部油田水的化学特征，这也可能与本区断裂带的存在和活动密切相关。

第七节 含水层之间的水力联系

据水文试验成果分析，上白垩统姚家组下段(K_2y^1)含矿含水层地下水与姚家组上段(K_2y^2)含矿含水层地下水及地表水之间无水力联系，理由如下：

（1）钱Ⅱ–SW–14C孔抽水试验：抽水孔为14C（姚家组上段含水层），14A、14B孔（均为姚家组下段含矿含水层）作为水位观测孔，距该抽水孔分别为15 m、30 m，14C三次降深抽水延续时间292 h，水量分别为2.77 m^3/h、4.68 m^3/h和7.56 m^3/h，降深分别为21.84 m、35.60 m和60.00 m，各观测孔水位不受该孔抽水试验影响，处于正常的动态变化之中。

（2）钱Ⅱ–SW–14A孔抽水试验：抽水孔为14A，其余两个孔作为水位观测孔，14A孔三次降深抽水延续时间336.6 h，水量分别为9.11 m^3/h、6.30 m^3/h和3.92 m^3/h，降深分别为39.63 m、25.95 m和13.40 m，14B孔水位随14A孔抽水试验的进行有明显变化，但14C孔水位不受14A孔抽水试验的影响而发生变化。

（3）钱Ⅱ–SW–14A孔注水试验：注水孔为14A，其余2个孔作为水位观测孔，14A孔注水延续时间119.5 h，注水量2.88 m^3/h，14A、14B孔水位抬升分别为14.71 m、6.20 m， 14C孔水位随14A孔注水试验的延续水位未受注水试验影响，处于正常动态变化中。

（4）钱Ⅱ–SW–14试验段姚家组下段含矿含水层进行抽注试验时，延续时间98.5 h，14A 孔抽水量8.24 m^3/h ，降深29.84 m，14B孔为注水孔，注水量4.78 m^3/h，水位抬升14.83 m，14C孔水位不受抽注试验的延续而发生变化。

（5）各试验段不同层位进行各项试验时，观测各试验段内供水井水位均不随各项试验的进行而发生变化，说明各试验层位含水层与第四系含水层之间无水力联系。

（6）各含水层水化学成分、矿化度、硬度、放射性水化学特征、水文地球化学特征也有明显差异，也说明姚家组上段、姚家组下段含水层之间，第四系潜水与姚家组上段、姚家组下段含水层之间无水力联系。

可见，上白垩统姚家组下段含矿含水层地下水与其上覆姚家组上段含水层地下水无水力联系，这两个含水层与地表水之间也无水力联系。在地浸采矿过程中，对地浸工艺钻孔成建井质量应严格控制，特别要注意对含矿含水层顶底板的止水，防止因此而产生的含水层之间的水力联系，引发环境问题。

第八节　地下水补给、径流和排泄条件

矿床地下水的补给、径流和排泄条件，直接受区域水文地质条件的控制。矿床地下水以直接或间接方式受大气降水补给。第四系松散层孔隙潜水主要受大气降水补给，其次受矿床外围沿河流两侧河水补给；深部上白垩统承压水的补给条件比较复杂，从区域上，钱家店铀矿床位于开鲁盆地的东北部，地形东高西低和南北高中间低，高地势剥蚀区大气降水为深部上白垩统承压水补给的主要来源，间接受第四系松散层孔隙潜水的渗入补给和各层间水相互越流（顶托）补给；在矿床范围，地下水径流缓慢，水力坡度较小，一般介于0.1%~0.2%之间，并以区外低洼带沿地表河流排泄，北东、北北东向展布的断裂带形成局部的排泄区，其次是地表蒸发排泄。

第九节　矿床主要充水因素

在天然条件矿床地下水的主要补给来源为：

（1）第四系潜水，它是区域中新生代地层富水岩组的主要补给源。区内第四系潜水分布广泛，直接受大气降水和地表水的补给，水量丰富。是矿床地下水主要的直接充水因素。

（2）大气降水，是渗入地下成为第四系潜水补给的水源，是矿床地下水的间接充水因素。

（3）其他地下水，深部地下水的越流和构造断裂充水带的地下水对矿床地下水的补给。但据目前矿床勘探工程所揭露情况和地层结构条件及四个试验段现场试验情况分析，在上述地段未发现该类型水对矿床具有重要充水作用。

矿床进入地浸开采阶段，矿山的充水因素将发生变化，但由于地浸开采基本是采取抽、注平衡状态，在这种情况下矿山的充水因素一般不会有大的变化，只有当抽、注不平衡状态，特别是抽远远大于注时，造成区域降落漏斗较大或成建井不当，沟通了上下含水层的水力联系，地下水天然平衡条件遭到破坏，改变了矿床充水因素，引起新的矿山充水因素产生。

矿床在勘探、开发时应注意上述充水因素，以免造成地下水污染。

第十节 供水水源评价

矿区第四系松散层孔隙潜水，水量丰富，水质较好，可作为本矿区的主要供水水源。区内第四系孔隙潜水，含水层厚度大，主要受大气降水补给；据本次水文地质调查及与关资料，本区地下水水位埋深浅，一般3~6 m，单井出水量一般1 000~2 000 m^3/d。

据本区44个样品分析结果，该类地下水的水化学成分较简单，总硬度29.24~369.80 mg/L（以$CaCO_3$计），矿化度0.26~0.71 g/L，pH值6.94~7.82，大多为中性水，水化学类型主要为HCO_3—Na.Ca、HCO_3—Na型水，该类型地下水是当地居民生产生活的主要供水水源。

据钱家店铀矿床钱Ⅱ–SW–13试验段供水井水质全分析结果，其水化学类型简单，为低矿化度弱碱性HCO_3—Mg.Ca.Na型水，总硬度为288.0 mg（以$CaCO_3$计），pH 值为8.0。该水样水质全分析结果（见表5–14）与《生活饮用水卫生标准》（GB 5749—2006）对比可见：该水样中毒理指标、放射性指标均符合饮用水标准；但微生物指标、感官性状和一般化学指标中：菌落总数为2 850，指标限值为100；浑浊度(NTU)检测结果为3，指标限值为1；肉眼可见物：见少量黄色悬浮物，指标限值为无；锰检测结果为0.30 mg/L，指标限值为0.1 mg/L，以上四项指标不符合《生活饮用水卫生标准》，其余指标均符合该标准要求。上述“菌落总数、浑浊度” 两项不符合指标可能与该井井深较浅（18 m），为浅层地下水，加之附近为农田、牧场、草场及放牧等原因有关，其他两项不符合指标可能是地层岩性或其他原因引起；需要注意的是在钱Ⅳ块铀矿所在地第四系潜水浅层水取样分析也出现“浑浊度”“肉眼可见物——黄色悬浮物”及“锰”超标的情况，在下一步工作时应引起重视。据有关资料该区深层潜水水质总体较好，建议在第四系取60~100 m深层潜水进行检测，视检测结果确定供水水源具体位置。

根据本区水文地质条件，矿山供水水源应根据矿山建设的总体规划要求选择水源地的具体位置，工业用水和生活饮用水可以选择不同地段进行供水。矿山供水，可选择在离矿山用水较近的地段凿井，井型采用大口井和管井，取水深度宜在40~80 m之间；生活饮用水在充分调查论证的基础上，可选择在生活区上游2~3 km处建井，进行集中供水，视检测结果进行必要的处理后再行使用，并设立水源保护区，以防地表被放牧产生的动物粪便等污染，井型采用管井，取水深度60~100 m，建井数量根据矿山用水量需要布设。

工业用水主要是矿山开采供水，选择在离矿山用水较近的地段时，注意地浸采铀可能造成地下水污染，应采取防渗等保护措施，以防污水渗入第四系孔隙潜水中，造成地下水污染。

表 5-14　钱家店铀矿床 13~16 试段第四系潜水水质全分析结果与饮用水水质标准对照表

序号	检验项目	单位	检测结果	指标限值	单项判定
一、微生物指标					
1	总大肠菌群	MPN/100 mL	未检出	不得检出	符合
2	耐热大肠菌群	MPN/100 mL	未检出	不得检出	符合
3	大肠埃希氏菌	MPN/100 mL	未检出	不得检出	符合
4	菌落总数	CFU/mL	2 850	100	不符合
二、毒理指标					
1	砷	mg/L	0.000 7	0.01	符合
2	镉	mg/L	<0.000 2	0.005	符合
3	铬（六价）	mg/L	<0.01	0.05	符合
4	铅	mg/L	<0.002	0.01	符合
5	汞	mg/L	<0.000 04	0.001	符合
6	硒	mg/L	<0.000 4	0.01	符合
7	氰化物	mg/L	<0.002	0.05	符合
8	氟化物	mg/L	0.90	1.0	符合
9	硝酸盐	mg/L	3	10(地下水源限制时为20)	符合
10	三氯甲烷	mg/L	<0.000 2	0.06	符合
11	四氯化碳	mg/L	<0.000 2	0.002	符合
三、感官性状和一般化学指标					
1	色度（铂钴色度单位）	–	<5	15	符合
2	浑浊度(散射浊度单位)	NTU	3	1(水源与净水技术条件限制时为3)	不符合
3	臭和味	–	无异臭、异味	无异臭、异味	符合
4	肉眼可见物	–	少量黄色悬浮物	无	不符合
5	pH	无量纲	8.0	不小于6.5且不大于8.5	符合
6	铝	mg/L	<0.002	0.2	符合
7	铁	mg/L	0.1	0.3	符合
8	锰	mg/L	0.30	0.1	不符合

续表

序号	检验项目	单位	检测结果	指标限值	单项判定
9	铜	mg/L	<0.05	1.0	符合
10	锌	mg/L	<0.05	1.0	符合
11	氯化物	mg/L	71.8	250	符合
12	硫酸盐	mg/L	10.8	250	符合
13	溶解性总固体	mg/L	510	1 000	符合
14	总硬度(以$CaCO_3$计)	mg/L	288	450	符合
15	耗氧量（COD_{Mn}法，以O_2计）	mg/L	2.9	3(水源限制，原水耗氧量＞6 mg/L时为5)	符合
16	挥发酚类（以苯酚计）	mg/L	<0.002	0.002	符合
17	阴离子合成洗涤剂	mg/L	<0.05	0.3	符合
四、放射性指标					
1	总α放射性	Bq/L	<0.02	0.5	符合
2	总β放射性	Bq/L	0.05	0.1	符合

第十一节　地浸水文地质条件评价

（一）地浸水文地质参数

通过四个试验段水文孔的钻探编录、水文孔成井设计、水文试验等工作，结合有关勘探孔资料，钱家店铀矿床13~16试验段姚家组下段含矿含水层主要水文地质参数概括如下：

（1）含矿围岩的胶结程度，一般较疏松，局部呈松散状态，部分地段有泥岩、泥砾岩出现，含水砂岩间有不透水夹层，相对较薄。

（2）岩石颗粒组成比较均匀，以细粒长石砂岩为主，其次为较均匀的中细粒长石砂岩。不均匀的砂砾岩、泥砾岩多为薄层出现，在矿床范围不发育。

（3）粒径成分，依据粒度试验结果，岩石粒度成分以中、细粒组分为主，砾及粗砂含量较少；中砂占12.10%~64.97%，平均值为40.13%；细砂占8.70%~54.64%，平均值为29.98%；黏粉粒含量为6.85%~37.22%，平均值为16.89%。

（4）含矿含水层隔水顶板岩石主要为紫红色泥岩、紫红色粉砂质泥岩，致密、不透水；在北西、北东部因构造影响，其位置及厚度变化较大。据本区水文孔资料，该含矿含水层顶板埋深一般为218.9~238.20 m，厚度为3.00~5.20 m，为隔水性良好，分布稳定的隔水层；底板岩石主要为紫红色泥岩、紫红色粉砂质泥岩组成，其顶面埋深一般为292.30~318.50 m，厚度一般为1.50~6.40 m，坚硬、致密，隔水性良好，分布较稳定。

（5）据本区水文孔资料，含矿含水层厚度为48.40~59.80 m (该厚度为剔除含水层中不透水透镜状薄层后的厚度），平均厚度为54.74 m。

（6）地下水水位埋深浅，静止水位埋深为5.94~13.08 m，标高为147.42~152.78 m，承压水头较高，为222.80~372.49 m。

（7）含矿含水层单位涌水量0.022 3~0.070 8 L/(s·m)。

（8）含矿含水层渗透系数为0.10~0.15 m/d，均值0.125 m/d。

（9）含矿层岩石与非含矿围岩主要岩性差异不大，粉粒+黏粒成分分别为14.63%和16.53%；渗透系数分别为0.147 m/d、0.151 m/d；矿石与围岩渗透系数基本一致，其比值为0.974，详见表5-15。

表 5-15　钱家店铀矿床姚家组下段含矿含水层地浸水文地质参数一览表

岩石类型	厚度		含矿含水层厚度		（粉+黏粒）含量/%	（粉+黏粒）平均含量/%	K_{Φ}/(m/d)	K_{Φ}/均值(m/d)	矿石与其围岩K_{Φ}的比值
	范围/m	均值/m	范围/m	均值/m					
矿石	7.50~21.40	14.93	48.40~59.80	54.74	6.85~20.42	14.63	0.13~0.19	0.147	0.974
围岩	31.01~47.30	39.81			10.07~21.31	16.53	0.12~0.21	0.151	

注：该表中矿层及围岩的K_{Φ}值为室内渗透试验求得。

（10）地下水矿化度3.64~4.89 g/L，pH为7.15~7.79，水化学类型为HCO_3.Cl—Na型及Cl.HCO_3—Na型；Eh值404~429 mV，溶解氧3.29~4.12 g/L，无H_2S，铁离子总量不大，Fe^{3+}与Fe^{2+}比值大于1或为1左右。水中铀含量一般为130.0~312.0 μg /L，水中氡浓度为31.556~75.276 Bq/L，含矿层水中铀含量一般略高于围岩水中铀含量。

（二）地浸砂岩型铀矿床水文地质分类

依据本次水文地质试验成果，按照《地浸砂岩型铀矿水文地质勘查规范》（EJT 1194—2005）要求，将该地浸砂岩型铀矿床水文地质条件总结如下：

钱家店铀矿床13~16试验段含矿含水层渗透系数0.10~0.15 m/d，均值0.125 m/d，介于0.1~1.0 m/d之间，属渗透性一般的矿床；承压水头222.80~372.49 m，超过100 m，属强承压水的矿床；14试验段单位涌水量为0.070 8 L/（s·m），介于0.05~0.10 L/（s·m）之间，属较大涌水量，其他三个试验段单位涌水量0.022 3~0.045 4 L/（s·m），介于0.01~0.05 L/（s·m）之间，属较小涌水量，总体属涌水量较小的矿床；静水位埋深为5.94~13.08 m，小于50 m，属水位埋深小的矿床。

该矿床含矿含水层埋深一般221.50~242.30 m，局部地段大于350 m，分布稳定，厚度超过50 m，隔水顶板和隔水底板岩层稳定，与其他含水层和地表水无水力联系，含矿含水层内含矿岩石渗透性均一，基本等于非含矿岩石的渗透性，属渗透性一般的矿床。

综上所述，该地浸砂岩型铀矿床地浸水文地质条件复杂程度总体属于第一类型~第二类型，即水文地质条件简单~中等的铀矿床。

（三）地浸水文地质条件评估

根据含矿含水层及其顶底板隔水层结构和水文地质条件对地浸的影响程度，按照《地浸砂岩型铀矿水文地质勘查规范》（EJT 1194—2005）要求及国外有关铀矿床地浸条件评价参数，将该铀矿床地下水水文地质参数与之对照，比较分析，结果见表5–16。

表 5–16　钱家店地浸砂岩型铀矿地浸水文地质条件评价参数表

<table>
<tr><th rowspan="2">评价参数</th><th colspan="4">地浸水文地质条件评价等级</th><th colspan="2" rowspan="2">钱家店铀矿床姚家组下段地浸水文地质条件参数及评价</th></tr>
<tr><th>最有利</th><th>有利</th><th>较有利</th><th>不利</th></tr>
<tr><td>单孔涌水量 / (m^3/d)</td><td>1 200~240</td><td>240~120</td><td>120~24</td><td>≥1 200或<24</td><td>146.88~218.64</td><td>有 利</td></tr>
<tr><td>渗透系数 / (m/d)</td><td>10~1</td><td>1~0.5</td><td>0.5~0.1</td><td>≥10或<0.1</td><td>0.10~0.15</td><td>较有利</td></tr>
<tr><td>水文地质结构</td><td colspan="2">具有稳定的隔水顶底板</td><td>隔水顶底板稳定性较差</td><td>隔水顶底板缺失</td><td>具稳定的隔水顶底板</td><td>最有利</td></tr>
<tr><td>含矿含水层厚度 / m</td><td>20~30</td><td>30~50或10~20</td><td>50~80</td><td>≥80或<10</td><td>48.40~59.80</td><td>有利~较有利</td></tr>
<tr><td>岩石粒度</td><td>粗砂</td><td>中砂</td><td>细砂</td><td>粉砂、泥</td><td>中砂~细砂</td><td>有利~较有利</td></tr>
<tr><td>黏粒含量 / %</td><td><10</td><td>10~20</td><td>20~30</td><td>≥30</td><td>粉粒+黏粒含量16.9%</td><td>有 利</td></tr>
<tr><td>分选性</td><td>好</td><td>较好</td><td>中等</td><td>差</td><td>较好</td><td>有 利</td></tr>
<tr><td>胶结程度</td><td>疏松</td><td>较疏松</td><td>较致密</td><td>致密</td><td>较疏松</td><td>有 利</td></tr>
<tr><td>水位埋深 / m</td><td><50</td><td>50~100</td><td>100~150</td><td>≥150</td><td>5.94~13.08</td><td>最有利</td></tr>
<tr><td>承压水头高度 / m</td><td>≥100</td><td>≥50</td><td>≥20</td><td><20</td><td>222.80~372.49</td><td>最有利</td></tr>
<tr><td>含矿层与非含矿层渗透系数比值</td><td>≥1</td><td>1~0.75</td><td>0.75~0.5</td><td><0.5</td><td>0.974</td><td>有 利</td></tr>
<tr><td>含矿含水层与矿层厚度比值</td><td colspan="2">1~5</td><td>5~10</td><td>≥10</td><td>2.65~7.31</td><td>有利~较有利</td></tr>
<tr><td>地下水矿化度 / (g/L)</td><td><1</td><td>1~3</td><td>3~5</td><td>≥5</td><td>3.64~4.89</td><td>较有利</td></tr>
<tr><td>碳酸盐含量 / %</td><td><1</td><td>1~2</td><td>2~3</td><td>≥3</td><td>4.2</td><td>不利</td></tr>
</table>

注：碳酸盐含量评价指标是酸法浸出时的评价标准,碱法浸出时可不予考虑。

综合分析研究认为：钱家店铀矿床13~16试验段属地浸砂岩型铀矿床水文地质条件简单~中等类型，基本具备地浸条件。其中：水文地质结构、水位埋深、承压水头高度三项指标对地浸最有利；单孔涌水量、黏粒含量、岩石分选性、胶结程度、含矿层与非含矿层渗透系数比值五项指标对地浸有利；渗透系数、矿化度两项指标为较有利；含矿含水层厚度、岩石粒度、含矿含水层与矿层厚度比值三项指标部分地段有利，部分地段较有利。若采用酸法浸出，碳酸盐含量指标对地浸不利，碱法浸出时可不考虑该指标。

从钱家店铀矿床13~16试验段水文地质试验研究资料初步分析结果表明，13~16试验段水文地质条件与钱Ⅱ块西南部、钱Ⅲ块、钱Ⅳ块地段某些水文地质条件具有相似性，钱Ⅱ块西南部地浸开采已取得成功，一些地浸试验方法、技术可供钱Ⅱ块13~16试验段参考，但应注意，钱Ⅱ块13~16试验段地浸开采相对于钱Ⅱ块西南部还是有所不同，首先，钱Ⅱ块西南部主要矿体赋存部位为姚家组上段（K_2y^2）含矿含水层，而东北部矿体主要赋存部位为姚家组下段（K_2y^1）含矿含水层，矿体埋藏深度、水文地质条件、水化学特征、地浸水文地质条件与西南部含矿含水层具有一定差异，钱家店铀矿床各地段地浸水文地质条件参数详见表5－17。

表5-17　钱家店铀矿床各试验段地浸水文地质条件参数对照表

评价指标	铀矿床			
	钱Ⅱ块13~16试验段	钱Ⅱ块西南部试验段	钱Ⅲ块试验段	钱Ⅳ块试验段
单孔涌水量/(m^3/d)	146.88~218.64	165.37~191.98	60.48~236.74	164.16~296.4
渗透系数/(m/d)	0.10~0.15	0.098~0.134	0.098~0.11	0.144~0.220
水文地质结构	具有稳定的隔水顶底板	具有稳定的隔水顶底板	具有稳定的隔水顶底板	具有稳定的隔水顶底板
含矿含水层厚度/m	48.40~59.80	34.40~36.50	41.40~53.20	22.40~101.40
岩石粒度	中砂~细砂	细砂	细砂	中砂~细砂
黏粒含量/%	粉粒+黏粒含量16.9%	粉粒+黏粒含量21.68%	粉粒+黏粒含量23.5%	粉粒+黏粒含量16.9%
分选性	较好	较好	较好	较好
胶结程度	较疏松	较疏松	较疏松	较疏松
水位埋深/m	5.94~13.08	7.11~10.80	3.70~6.40	2.68~5.87
承压水头高度/m	222.80~372.49	168.63~175.59	304.30~356.74	285.82~313.82
含矿层与非含矿层渗透系数比值	0.974	1.01	1.09	0.94
含矿含水层与矿层厚度比值	2.65~7.31	4.80~6.31	9.00~21.28	4.04~14.08

续表

评价指标	铀矿床			
	钱Ⅱ块 13~16 试验段	钱Ⅱ块西南部试验段	钱Ⅲ块试验段	钱Ⅳ块试验段
地下水矿化度 / （g/L）	3.64~4.89	2.10~2.39	1.94~2.46	1.93~2.37
碳酸盐含量 / %	4.2	1.62	2.97	4.7
地浸水文地质条件初步评价	较有利	较有利	较有利	较有利

通过对比认为，钱Ⅱ块地段13~16试验段（东北部）相对于西南部地浸水文地质条件，较为有利的方面是岩石粒度、黏粉粒含量两项指标，不利的方面是含矿含水层厚度较大，地下水矿化度较大。

通过钱Ⅱ块13~16试验段现场水文试验、分析研究认为，该矿床基本具备地浸采矿条件，单孔抽注液量基本满足地浸现场试验要求，地浸水文地质参数评价结果为第三型——较有利，可在水文地质工作基础上开展现场地浸试验，对矿床地浸采矿条件做出全面评价。

第十二节　矿床工程地质

（一）第四系松散岩类

本区岩性主要由细砂、泥质细砂、黄土状亚砂土、泥质亚砂土、粉砂等组成，结构松散，胶结程度差。其上部0.5~4 m之间以风积砂和亚砂土为主，下部多为细砂、粉砂，其间夹多层厚度为1~5 m的亚黏土和黏土。据有关资料介绍：黄土状亚砂土具有一定湿陷性，因湿陷其抗压强度降低可能造成工程地质基础沉降。据矿区东北约10 km处的《宝龙山井田勘探地质报告》（东煤六公司）介绍，其砂样试验结果：细砂含量占42%~70%。天然坡角在干燥状态下为37°~41°，水下状态为32°~37°。试验结果说明，细砂被水饱和之后，流动性大，易形成流砂。区内第四系水位埋藏浅，富水性好，岩层渗透性强，涌水量大，在工程上易形成渗漏和回水现象，当区内地下水的平衡受到破坏时，容易产生流砂、涌砂等现象。

（二）矿区基岩

矿区内含矿含水层岩性以灰色细砂岩为主，顶底板隔水层岩性以紫红色泥岩、粉砂质泥岩及泥质粉砂岩为主。

据本区水文孔资料，含矿含水层隔水顶板岩性主要为紫红色泥岩，紫红色粉砂质泥岩，埋深218.9~238.20 m，厚度3.00~5.20 m，抗压强度为14.25 MPa，凝聚力1.965 MPa，抗剪内摩擦角32.68°，岩性致密坚硬，强度较高，稳定性较好，对施工地浸钻孔及防止地浸时浸出液向非含矿层越流十分有利。

含矿含水层隔水底板岩石以紫红色泥岩为主，局部为紫红色粉砂质泥岩，其顶面埋深一般 292.30~318.50 m，厚度1.50~6.40 m，坚硬、致密，隔水性良好，分布较稳定，岩层总体稳定，但部分区段底板岩性不均一，底板附近有杂色泥砾岩、砂砾岩存在。

矿床内泥岩、泥质粉砂岩等不透水岩石的湿涨性能较大，在本区勘探工作中，大量的勘探孔施工，部分地段勘探孔的网度、密度可能加大，在成矿有利区段可能大量施工地浸试验孔及开采孔，钻孔密度加大，随着不透水岩层揭穿，岩石内部平衡遭到破坏，在地下水作用下可能发生横向膨胀，而使钻孔缩径，导致卡钻等孔内事故发生。

本区姚家组下段地层部分区段有紫红色、灰色及杂色泥砾岩、砂砾岩存在，厚度不等，主要分布在底板附近，钻进过程中易发生孔内事故。

第十三节　环境地质

（一）区域地质稳定性

区域内新构造运动较活跃，断裂活动具有明显的继承性和反复活动性，但距矿区较远，对矿区影响较小。据《中国地震动峰值加速度区划图》（GB 18306—2001）,本区地震动峰值加速度为0.05 g，对应地震烈度为Ⅵ度。据通辽地震局近年资料，区内地震活动较频繁，但以1~3级小地震为主，3级以上有感地震数量相对较小, 但因铀矿地浸工程的特殊性，本矿床开发和地面设施建设中应引起足够重视。

（二）地质灾害特征

矿区地处松辽平原西南部，西辽河平原中部，堆积地形十分发育，相对高差3~8 m，地形坡度2%~10%，地形总体平缓，地表无基岩出露，第四系堆积层在区内广泛分布，厚度较大，一般为120 m左右，无天然陡峻的边坡，矿区目前主要为草场、牧场，地势平坦，不具备发生崩塌、滑坡灾害的地质、地形地貌条件。

矿区地面地形较平坦，地势开阔，地表为植被、草场，沟谷不发育，加之降雨量不大，一般不会形成大的洪水，区内也不具备发生泥石流的物源、水源及地形地貌条件，发生泥石流的可能性较小。矿区尽管地势较为平缓，但夏季可能会有短时暴雨形成漫流，在相对低凹的地段形成短时间洪水，对矿区生产、施工设施及人员可能造成威胁，在雨季应做好防洪工作，以保护人员和财产安全。

矿区内第四系潜水是当地生产、生活的主要供水水源，其补给来源丰富，开采量相对补给量较少，地下水位埋深较浅，发生地面沉降灾害的可能性较小。下部承压水具稳定的顶、底板，含水性、富水性总体较弱，铀矿采用地浸开采，开采过程中产生的废水、废液综合利用后回灌至含矿含水层重复循环利用，只要制定科学的开采方案，一般不会产生由于地下水抽排而引起的地面沉降灾害。

在矿区部分地段，有盐碱土分布，其主要原因为矿区地下水位埋藏较浅，一般为3~6 m，在部分地形低洼地带为1~3 m，甚至小于1 m，在地下水位小于临界深度的地段，地下水径流相对滞缓，加之饱气带岩性主要由亚砂土、亚黏土组成，从而为土壤盐碱化形成提供了条件，应注意上述盐碱土地段对农作物、草场的影响。

矿区内除坨间甸地外，岩性结构一般变化不大，岩性比较单一。矿区地层上部和中部主要由细砂，黄土状亚砂土组成，下部为粉细砂层，除黄土状亚砂土外，其余岩层的水理性质和力学性质基本一致。黄土状亚砂土具有湿陷性，因湿陷其抗压强度降低而造成工程地质基础沉降，这一岩性特征在本区各项地面建筑工程中应引起注意。

坨间甸地，地形低平，岩性主要由淤泥质亚砂土、淤泥质细砂组成，这一地带工程地质条件一般较差，上部多见地表水体分布，局部易形成沼泽化；在下部局部地区可能潜藏有软弱夹层（草炭、腐泥）。坨间甸地地下水埋藏较浅，冬季往往形成路面冻胀，春季造成路面翻浆。该地层一般富水性较好，涌水量较大，可能给各项建筑工程的基坑开挖、排水造成困难。因此，在这一地区进行铁路、公路和桥梁建筑时应进行专项工程地质勘察。

从岩性特征分析，本区主要由砂和砂质土组成。岩层渗透条件良好。因此，在本区进行水库建筑工程中的主要工程地质问题是渗透和回水。由于库盘和引水工程的大量漏水及水库回水而得不到良好的经济效益，同时因水库大量回水使地下水位抬高而造成土壤盐碱化和沼泽化。由此表明，本区水库建筑工程地质条件较差，如在本区进行水库建设，对上述存在的工程地质问题应采取一定措施。

总体认为，矿区地质灾害弱发育，地质环境较好，但对于可能产生的局部湿陷、土壤盐碱化和沼泽化等问题需予以关注。

（三）矿区地下水环境

钱Ⅱ块铀矿床附近，主要单位为通辽铀业公司，居民点主要为矿区东南部约3 km处的高林屯种畜场洋井、十间房村，人口数量较少，总体是地广人稀，人口密度小，以农田、草场、牧场为主。

第四系孔隙潜水是当地居民生产生活的主要供水水源，通过该矿床及外围第四系潜水水文地质调查，该类型水总硬度29.24~369.80 mg/L（以$CaCO_3$计），矿化度0.26~0.71 g/L，pH值6.94~7.82，大多为中性，水化学类型主要为HCO_3—Na.Ca、HCO_3—Na型水，水中铀含量0.70~2.40 μg/L，水中氡浓度2.223~8.343 Bq/L，与邻近地区第四系地下水水化学成分、放射性指标基本相似。

从上述分析结果及本区第四系水质全分析结果可见，在矿区地质勘探及附近开采中对浅层地下水没有造成放射性污染，这主要是由该矿床的基本特征、埋藏条件及勘探、开发方法手段及工作中环保措施所决定。

该铀矿床为低品位的盲矿体，地表覆盖较厚，矿体上下均有良好且稳定的隔水顶底板，岩性主要为紫红色泥岩及紫红色粉砂质泥岩，含矿含水层与上、下部含水层之间无水力联系，同时，在勘探工作中，对含矿含水层隔水顶板以上至孔口全部用水泥封闭，有效隔断了含矿含水层与上部含水层间的水力联系，从而保证了第四系地下水不受污染；但因铀矿床的特殊性，在该矿床的勘探开发中地下水环境保护问题还应引起高度重视。

对本区水质全分析中四个超标指标及邻近地区第四系浅层地下水“浑浊度、肉眼可见物及锰”三项指标超标应进行进一步的分析研究，找出原因，采取相应措施，确保供水水质。

（四）环境保护措施

1. 勘探过程中的环境保护措施

在钱Ⅱ块铀矿床13~16试验段铀矿勘探工作中，因铀矿体大多被揭穿，所有钻探工程均应采取有效防护措施。地质勘探孔目的层顶板以上15 m至孔底应使用水泥全段封闭，同时应取心检查封孔质量；水文孔及其他钻孔均应对含矿含水层隔水底板使用黏土、水泥封闭，隔水顶板至孔口使用水泥封闭，从根本上杜绝矿层开启。同时勘探工作中应妥善处理钻探过程中护壁泥浆、废水等废弃物，采取的岩心特别是矿段岩心应在密封条件较好的岩心库保管，以免对矿区及外围环境造成影响。

2. 地浸开采过程中的环境保护措施

（1）防止非含矿层地下水的污染：含矿含水层顶、底板稳定，隔水性能好，地浸过程中一般不会产生地浸液向上部含水层越流，对邻近含水层造成污染。所有的地浸孔(抽、注液孔和观测孔)成井时，应对含矿含水层顶、底板及顶板以上井壁用水泥封闭，确保地浸液不进入邻近含水层，造成地下水的污染。

（2）防止地表水及地表的污染：由于溶浸液是循环使用的，只要保证输液管道密封完好，不发生泄漏，蒸发池底及四周进行严格的防渗处理，就不会因此造成地表水及地表的污染。

（3）废液的处理：在地浸过程中，溶浸液是循环使用的，不存在废液处理问题，当地浸结束后，溶浸液必须进行处理。因为通过地浸，地下水化学成分的原始状态已被破坏，最主要的表现是铀含量升高及其他有害组分增加，应按放射性废物处置及其他方法进行有效处理，以防对地下水、地表环境造成污染。

（4）废渣的处理：废渣主要指蒸发池内的固体沉淀物。对蒸发池进行严格的防渗处理，最终的废渣集中清理后运至指定地点按有关要求进行处理。

钱家店铀矿床

第六章 矿体（层）地质

第一节 含矿砂体特征

（一）含矿砂体顶、底板特征

钱家店铀矿床姚家组含矿砂体区域上稳定发育的泥岩隔水层有三层，即青山口组顶部泥岩层、姚家组下段顶部泥岩层和姚家组上段顶部泥岩层，各泥岩层与上覆地层均呈整合接触关系，各含矿砂体和顶、底板隔水层特征见表6-1。

表 6-1 含矿地层柱状结构

统	组	段	平均厚度 / m	砂 / 泥比	岩性
上白垩统	姚家组	上段	6.90		紫红色泥岩
			50.68	3.0	以灰色细砂岩、中砂岩为主，中上部夹灰色泥岩、粉砂岩透镜体
		下段	5.93		紫红色泥岩
			48.54	4.6	以灰色细砂岩、中砂岩为主，中下部夹较多灰色泥岩、粉砂岩透镜体
	青山口组	上段	6.49		紫红色泥岩

三层区域性分布的紫红色泥岩把姚家组含矿地层分为上下两个含矿含水层（岩系），即姚家组下段含矿含水层（姚家组下段含矿砂体）和姚家组上段含矿含水层（姚家组上段含矿砂体）。

三层泥岩隔水层厚度及产状稳定、连续性好，未见明显构造破坏。钻孔统计表明姚家组含矿砂体上部泥岩层平均厚度6.90 m，中部泥岩层平均厚度5.93 m，下部泥岩层平均厚度6.49 m，沿倾向各勘探线中以01号钻孔为界，北西部泥岩层北西缓倾，倾角小于8°，东南部泥岩层产状近水平，局部向南东缓倾。

该区隔水层泥岩以紫红色泥岩为主，夹有粉砂质泥岩或粉砂岩，质不纯。较致密，渗透系数均小于0.01 m/d，具良好隔水作用。泥岩主要成分为长英质及少量云母类黏土矿物。

泥岩抗压拉剪强度测定（SW－2AⅡ号矿体顶底板）表明，抗压强度为12.416~14.125MPa；拉剪强度内摩擦角为32.68°、内聚力为1.965 MPa，泥岩抗压抗剪强度较高，对地浸相当有利。

（二）含矿砂体空间展布

钱家店铀矿床含矿砂体为姚家组下段和姚家组上段含矿砂体，由于含矿砂体上下三层泥岩隔水层在区内稳定发育，而含矿砂体受泥岩隔水层严格控制，矿区内姚家组下段及姚家组上段含矿砂体连续分布。

（三）含矿砂体产状

在勘探区矿床范围内姚家组下段含矿砂体与姚家组上段含矿砂体产状相近，含矿砂体总体走向北东37°，倾向北西，倾角小于10°。

含矿砂体沿走向产状稳定，砂体无大的起伏，仅砂体厚度有所变化。含矿砂体在倾向上呈规律性变化，东南地区含矿砂体产状近于水平，局部向东缓倾，西北部砂体向北西缓倾，向北西方向砂体倾角略有增大。在钱家店凹陷北西部边缘的NE向控盆断裂附近，地层倾角增大，但在该断裂附近铀矿体分布零星。

1. 姚家组下段含矿砂体产状

从姚家组下段含矿砂体底板隔水层等深线图6-1看出，勘探区西南部、中部和东南部地区含矿砂体底板产状较平缓，地层是向西北部地区缓倾，且越向北西倾角越大。

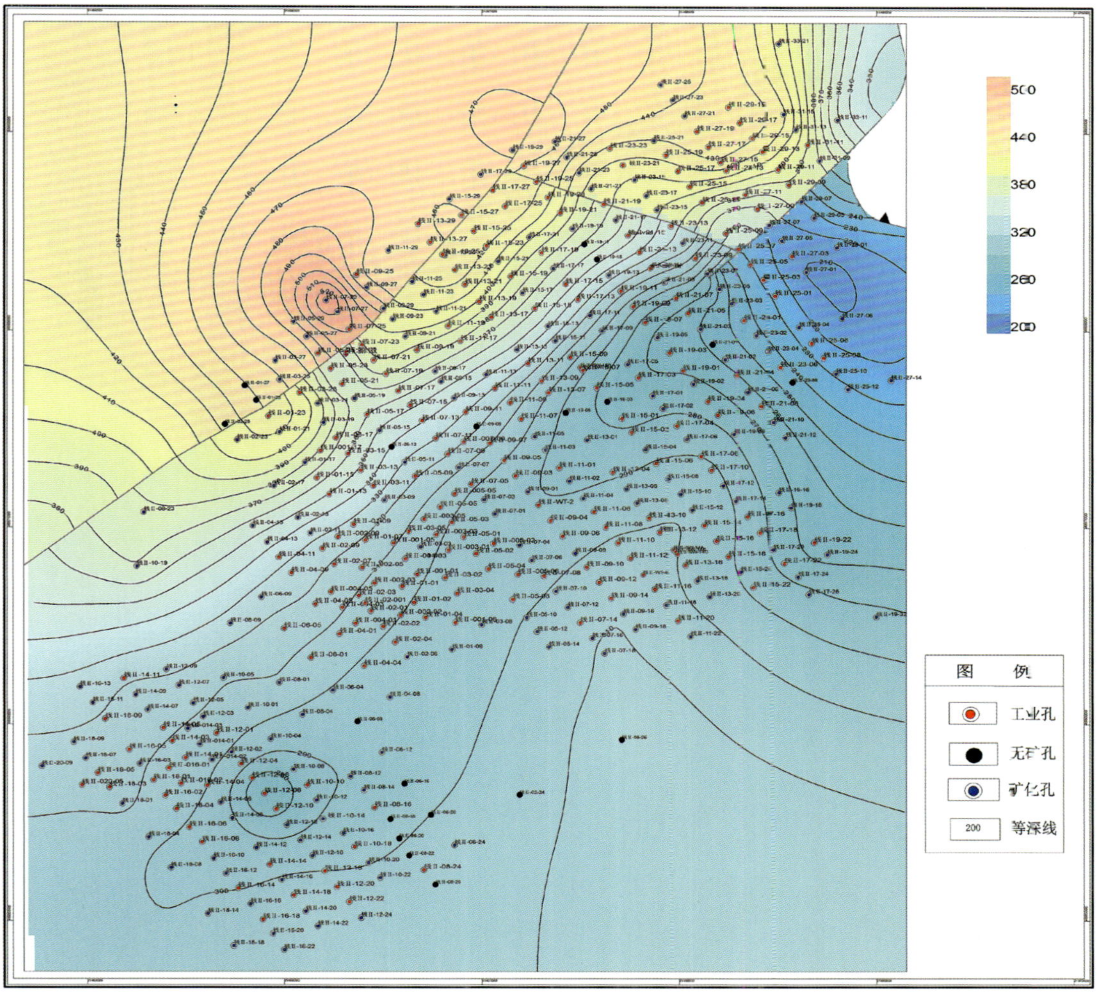

图6-1　姚家组下段含矿砂体底板隔水层等深线图

2. 姚家组上段含矿砂体产状

从姚家组上段含矿砂体顶板隔水层等深线图6–2看出，姚家组上段含矿砂体产状与姚家组下段十分相似。勘探区东部、中部和西南部地区地层产状相对平缓，总体向北西方向倾斜，越向西北地区倾角越大。

（四）含矿砂体埋深及厚度

1.姚家组下段含矿砂体埋深及厚度

姚家组下段含矿砂体底板高程介于－116.00~－188.50 m之间；东南部含矿砂体底板埋深较浅，西北部含矿砂体底板埋深较大。姚家组下段含矿砂体严格受上、下部泥岩隔水层控制，含矿砂体底板及顶板埋深具有相似的变化规律，反映姚家组下段含矿砂体产状及厚度的稳定性。

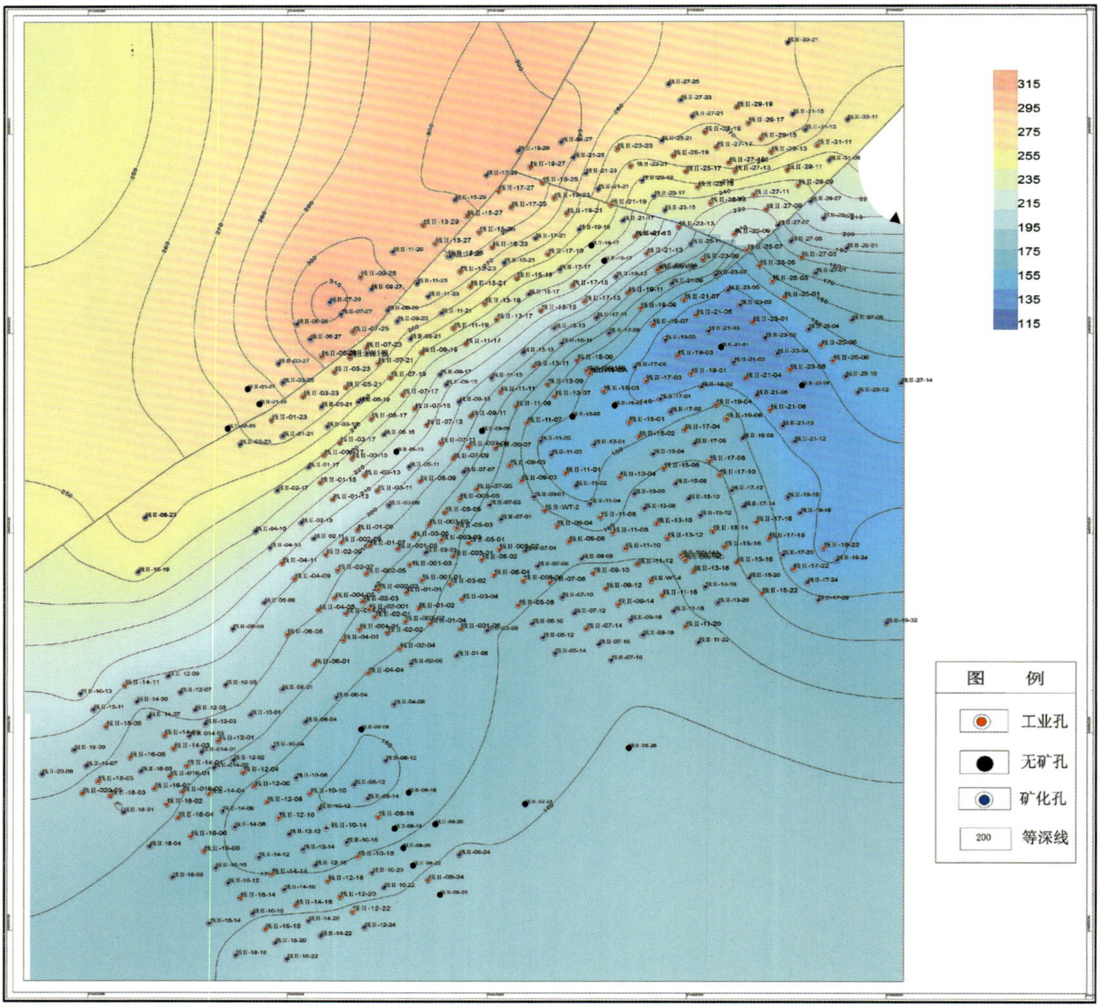

图6-2　姚家组上段含矿砂体顶板隔水层等深线图

统计姚家组下段钻孔的结果表明，姚家组下段含矿砂体厚度介于30.40~61.30 m之间，平均厚度48.54 m。勘探区内姚家组下段含矿砂体厚度总体较稳定，绝大多数钻孔姚家组下段砂体厚度在50~55 m之间，局部有增厚或变薄（如图6–3所示）。勘探区西北部姚家组下段含矿砂体厚度增大，而西南、东南及东北部厚度变小。也存在局部含矿砂体变薄及增厚现象。

2. 姚家组上段含矿砂体埋深及厚度

姚家组上段钻孔的统计表明，含矿砂体底板高程 –56.00~ –126.95 m；厚度35.90~68.85 m，平均厚度50.68 m（如图6–4所示）。

姚家组上段含矿砂体严格受上下部泥岩隔水层控制，含矿砂体顶板及底板的埋深具相似变化规律，说明姚家组上段含矿砂体产状及厚度稳定。

勘探区内姚家组上段含矿砂体埋深呈东南浅、北西深。勘探区内姚家组上段含矿砂体西北部厚度小且稳定，东部厚度大且变化大。

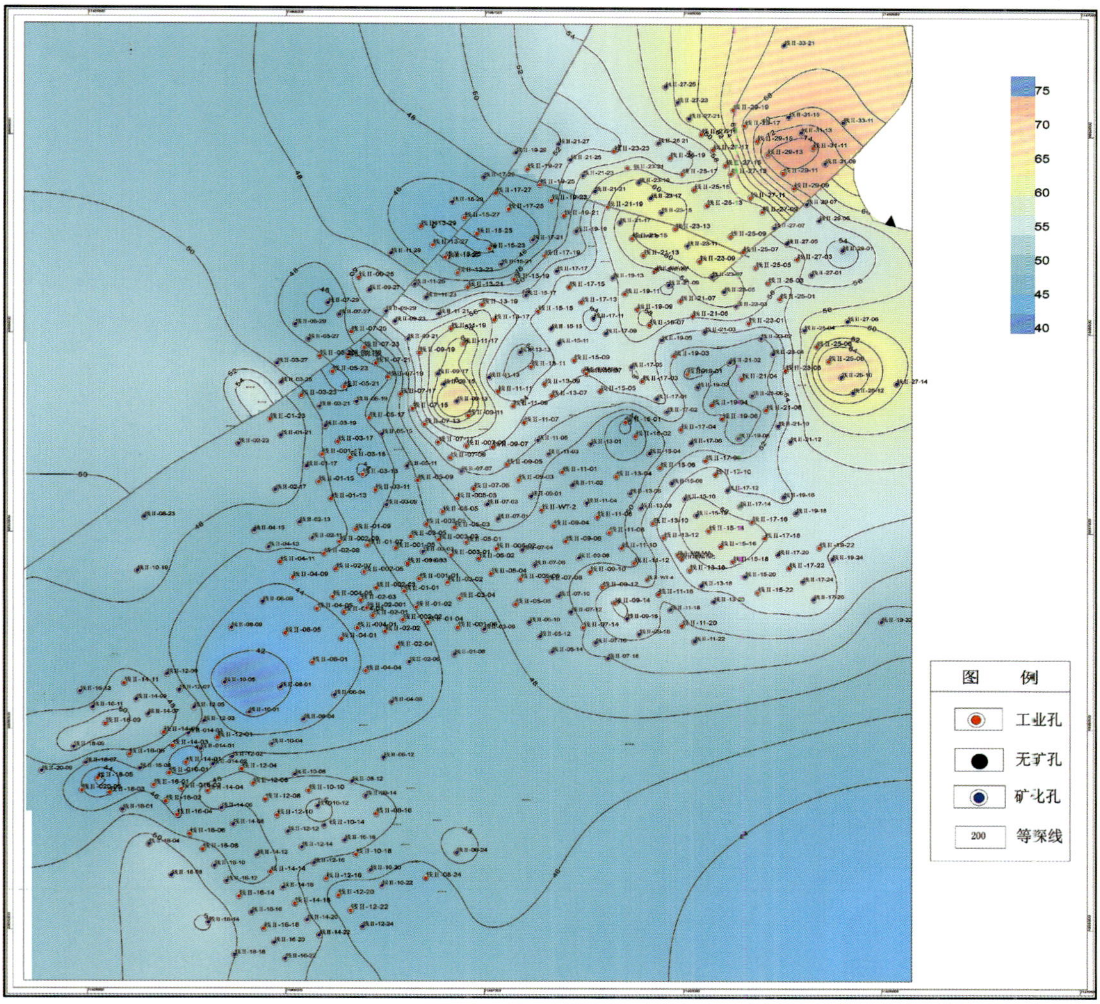

图6-3　姚家组下段砂体等厚图

（五）含矿主岩特征

1. 含矿层岩石组合

钱家店铀矿床具有含矿层姚家组下段、上段含矿砂体及分隔两个含矿含水层的泥岩隔水层岩石组合，其岩性特征如下：

砂岩类：姚家组下段、姚家组上段含矿砂体以砂岩为主。砂岩颜色以浅灰、灰白色为主，也有浅紫色、黄褐色。砂岩按粒度分有粗砂岩、中砂岩和细砂岩，以细砂岩占多数，部分为中砂岩，粗砂岩较少；按成分以石英砂岩和长石质石英砂岩为主，少量长石砂岩。该区砂岩中常见含砾，即含砾砂岩，砾石主要为泥砾、岩砾及石英长石矿物碎屑。砂岩中含砾砂岩为层状。

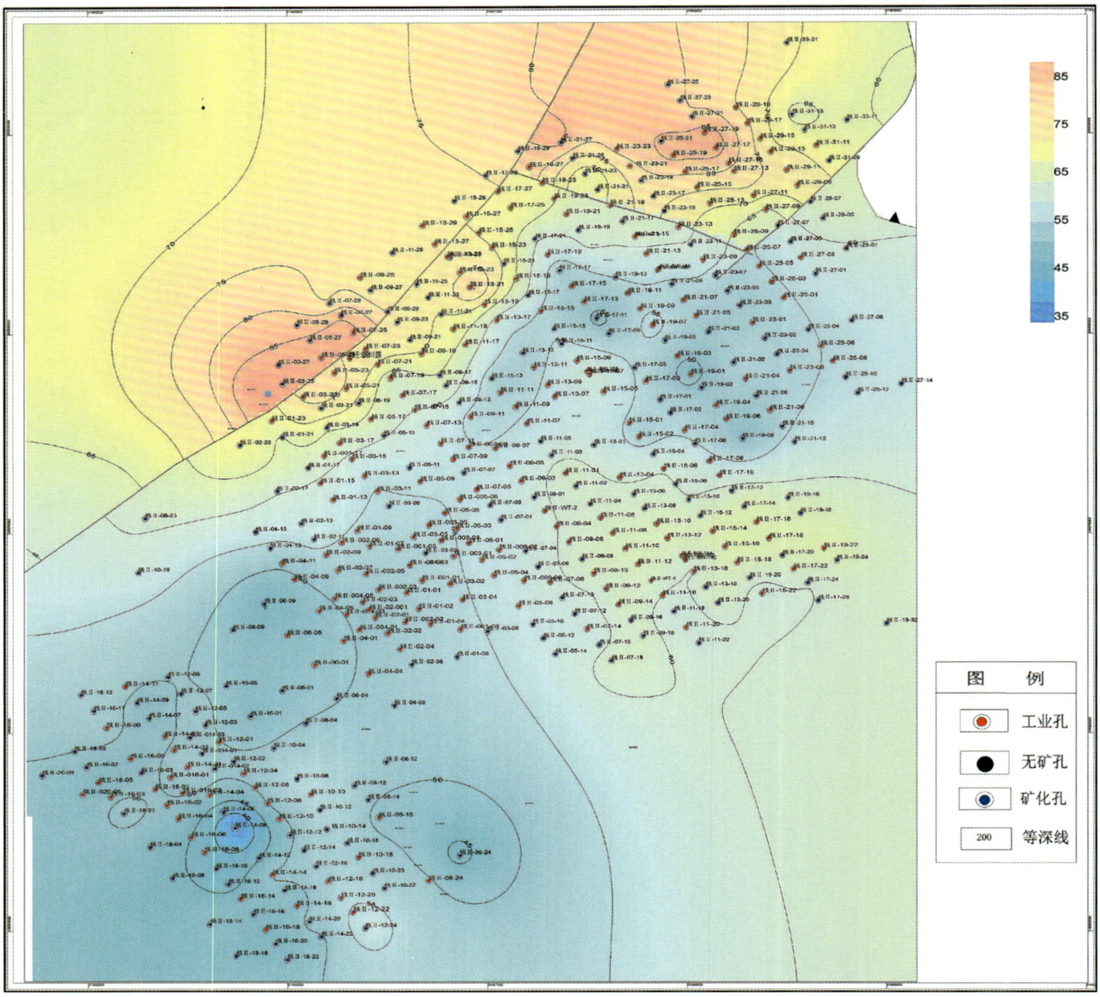

图6-4 姚家组上段砂体等厚图

砾岩类：含矿砂体中主要有泥砾岩，岩砾及矿物碎屑砾岩较少。砾岩为层状或不连续层状。

粉砂岩、泥岩类：在含矿砂体中粉砂岩、泥岩多呈长透镜体产出，少数为不连续夹层。泥岩多为紫红色，部分为浅灰色、深灰色，矿化泥岩均为灰色；泥岩中多含粉砂质。

泥岩隔水层：为紫红色泥岩，含粉砂质较少，泥岩为层状。

2. 含矿主岩岩石学特征。

（1）含矿主岩岩石特征。

钱Ⅱ块砂岩铀矿床姚家组下段、姚家组上段含矿砂体含矿主岩为浅灰色及灰白色细砂岩、中砂岩，部分为含砾砂岩；泥岩、粉砂岩中矿化较少，含矿泥岩、粉砂岩为灰色、深灰色。

该区含矿层姚家组地层中砾、砂、粉砂、黏土各种粒级碎屑岩均可见到，同类岩石中碎屑颗粒也有差别，岩石分选性差～中等；砂岩中碎屑磨圆度中等，为次棱角状－次圆状。砂岩中碎屑矿物以石英为主，长石次之，岩屑较少；岩石成分成熟度较高。

砂岩结构构造：砂岩以细粒结构为主，其次为中粒结构；岩石以块状构造为主，层理构造也常见，发育的层理构造有：平行（水平）层理、斜层理、波状层理、交错层理、槽状层理等，其次发育有冲刷充填构造。

碎屑特征：砂岩中的碎屑以砂粒碎屑（0.1~0.2 mm）为主，砂粒成分主要为石英、长石；砂岩中砾级碎屑较少。含砾砂岩中砾石一般2~8 mm；砾石成分为花岗岩、火山岩、硅质岩、石英、长石等；磨圆度好，为次棱角－次圆状；含砾砂岩中砾石含量5%~15%。含砾砂岩中的砾石与砂岩中砂粒同源，均为蚀源区物质远距离搬动的产物，砾石成分中花岗岩及酸性火山岩类岩屑的存在说明蚀源区为富铀源区。除上述远源含砾砂岩外，该区还发育近源成因的含泥砾砂岩，泥砾多为紫红色，少量浅灰色；泥砾粒径变化较大，从2~10 cm均可见到，且泥砾磨圆度差，为棱角状－次棱角状；有的泥砾未完全固结，具拉长、压扁变形特征；泥砾含量一般$<30\%$，少数$>30\%$，为泥砾岩。

填隙物（胶结物）：砂岩中的填隙物为黏土基质及碳酸盐、铁质、硅质胶结物。多数砂岩填隙物以黏土为主，部分含较多的碳酸盐胶结物，铁质和硅质胶结物较少。黏土成分为微细黏土矿物；碳酸盐矿物多为细小不规则分散状、团块状，偶见鲕状团块；铁质自生矿物主要为黄铁矿，呈不规则粒状、等轴状，星散状分布在胶结物中，黄铁矿多发生氧化转变为褐铁矿，褐铁矿多呈规则粒状黄铁矿假象；硅质胶结物多形成碎屑石英次生加大，细粒状及微晶自生石英。

胶结类型：砂岩胶结物形式主要为孔隙式胶结，部分为基底式胶结。

有机质：砂岩中有机质有两种存在形式，即固态和气态有机质。固态有机质主要有炭质碎屑或条带，偶见地沥青；气态有机质为烃类。含矿砂岩中的碳质有机质主要分布在灰色砂岩、泥岩中，碳质含量越高砂岩颜色越深；浅紫色砂岩及紫红色泥岩中碳质少或不含碳质。

（2）含矿主岩岩石化学。

姚家组含矿砂体化学成分（平均含量）见表6-2，SiO_2=72.03%，TiO_2=0.43%，Al_2O_3=14.73%，FeO=1.13%，Fe_2O_3=1.27%，K_2O=3.35%，Na_2O=1.02%，CaO=2.83%，MgO=1.12%，MnO=0.08%，P_2O_5=0.12%。

表 6-2 姚家组及姚家组上段、姚家组下段含矿砂体岩石化学成分对比表

地层	样品数	U / 10^{-6}	灼失量 / %	FeO / %	TFe / %	Fe_2O_3 / %	SiO_2 / %	Al_2O_3 / %	CaO / %	MgO / %	K_2O / %	Na_2O / %	TiO_2 / %	MnO / %	P_2O_5 / %
姚家组上段	131	185.9	4.34	1.16	2.51	1.24	72.30	11.47	2.67	1.00	3.50	1.09	0.45	0.10	0.12
姚家组下段	191	225.2	5.00	1.11	2.52	1.29	71.85	16.95	2.95	1.21	3.25	0.98	0.41	0.07	0.12
姚家组	322	209.3	4.73	1.13	2.52	1.27	72.03	14.73	2.83	1.12	3.35	1.02	0.43	0.08	0.12

按佩蒂庄岩石化学分类（$SiO_2/Al_2O_3—Na_2O/K_2O$）图解，姚家组含矿砂体绝大多数属长石砂岩，少数为岩屑砂岩，这与砂岩矿物成分特征相吻合。砂岩SiO_2/Al_2O_3=4.89,比值较低，明显低于佩蒂庄岩石化学分类图中长石砂岩平均值8.16，说明砂岩成分成熟度较低，岩石中含有较多的长石碎屑和黏土；K_2O+Na_2O=4.37%，且$K_2O>Na_2O$，说明砂岩中含钾矿物较多，钾主要来自长石中钾长石组分，部分来自基质中黏土矿物。CaO+MgO=3.95%，CaO>MgO，是由于岩石中含碳酸盐(方解石)所致，这与岩石有较大烧失量相吻合；$FeO+Fe_2O_3$=2.4%，Fe_2O_3 / FeO =1.12，该区Fe_2O_3 / FeO总体较低说明含矿砂体总体处于还原环境，少量(浅紫色砂岩) Fe_2O_3 / FeO较大，说明其环境为氧化条件。

（六）含矿砂体砂 / 泥比值、粒度、孔隙度及渗透率

1. 含矿砂体砂/泥比值

姚家组下段及姚家组上段含矿砂体砂/泥比值统计表明：姚家组下段含矿砂体砂/泥比值为1.0~10.9，平均4.6；姚家组上段含矿砂体砂/泥比值为1.2~7.3，平均3.0。姚家组下段泥岩粉砂岩主要集中在姚家组下段含矿砂体下部，姚家组下段含矿砂体砂/泥比值明显高于姚家组上段。

各钻孔中含矿砂体砂/泥比值变化较大，反映含矿岩系横向上具有一定的相变，这一岩性特征与辫状河流相沉积吻合。

2. 含矿砂体岩石粒度

对24个钻孔160件样品岩石粒度分析结果见表6–3。由表6–3可见，姚家组含矿砂体粒径0.10~0.25 mm占51.59%，粒径在0.05~0.10 mm及0.25~0.50 mm分别占13.84%和10.73%，粒径0.01~0.05 mm及0.1~1.0 mm分别占6.67%和1.45%，粒径＞1.00 mm占0.54%，粒径＜0.01 mm占14.93%。说明该区含矿砂体以细砂岩（粒径0.10~0.25 mm）为主，中砂（粒径0.25~0.50 mm）、粗粉砂（粒径0.05~0.10 mm）次之，细粉砂（粒径0.01~0.05 mm）少，砾石（粒径＞1.00 mm）、粗砂（粒径0.50~1.00 mm）很少，而泥质＜0.01 mm的含量中等。

表 6-3　含矿砂体岩石粒度分析结果

粒径 / mm	> 1.00	1.00~0.5	0.5~0.25	0.25~0.10	0.10~0.05	0.05~0.01	< 0.01
%	0.54	1.45	10.73	51.59	13.84	6.76	4.93

3. 含矿砂体岩石孔隙度

姚家组下段及姚家组上段含矿砂体岩石孔隙度统计结果表明，姚家组下段含矿砂体岩石孔隙度12.4%~36.72%，平均30.7%；姚家组上段含矿砂体岩石孔隙度20.6%~35.1%，平均29.9%。总体来说，姚家组下段矿砂体岩石孔隙度大于姚家组上段。姚家组下段、姚家组上段含矿砂体岩石孔隙度有一定的变化，各钻孔中含矿砂体岩石孔隙度绝大多数介于27.2%~36.7%之间，极少数样品孔隙度仅12.4%~12.5%，系含粉砂质较多所致。

4. 含矿砂体岩石渗透率

姚家组含矿砂体岩石渗透率范围(1~4 119) $\times 10^{-3}$ μm^2，平均447.1 $\times 10^{-3}$ μm^2。姚家组下段含矿砂体岩石渗透率范围(1~4 119) $\times 10^{-3}$ μm^2，平均497.2 $\times 10^{-3}$ μm^2；姚家组上段含矿砂体岩石渗透率范围(1~1 508) $\times 10^{-3}$ μm^2，平均246.2 $\times 10^{-3}$ μm^2；姚家组下段含矿砂体岩石渗透率明显高于姚家组上段。

姚家组下段及姚家组上段含矿砂体中不同钻孔及同一钻孔不同层位岩石渗透率均有显著变化，说明该区含矿砂体不同地段、不同层位岩石渗透性有较大差异。

姚家组含矿砂体岩石中岩石粒度变化较小；岩石孔隙度有一定的变化，极少数变化较大；岩石渗透率差别很大。岩石渗透率与孔隙度密切相关，岩石孔隙度越大其渗透率越大，反之亦然；岩石渗透率与粒度关系不明显。

第二节　矿体特征

（一）矿体空间展布

在姚家组含矿砂体中按矿化层位的不同划分为6个矿层赋存部位，自下而上矿层编号依次为0号、Ⅰ号、Ⅱ号、Ⅲ号、Ⅳ号和Ⅴ号矿层，每一个矿层又由一个或几个矿体组成。前三个矿层分布在姚家组下段砂体中，后三个矿层分布在姚家组上段砂体中（如图6-5所示）。

0号矿层：产在姚家组下段的下部层位，主要分布在勘探区的东北部。其中分布在21~29勘探线间的0-3号矿体规模较大，沿走向呈多边状镰刀形产出。其他呈零星分布的小矿体都是单孔控制。

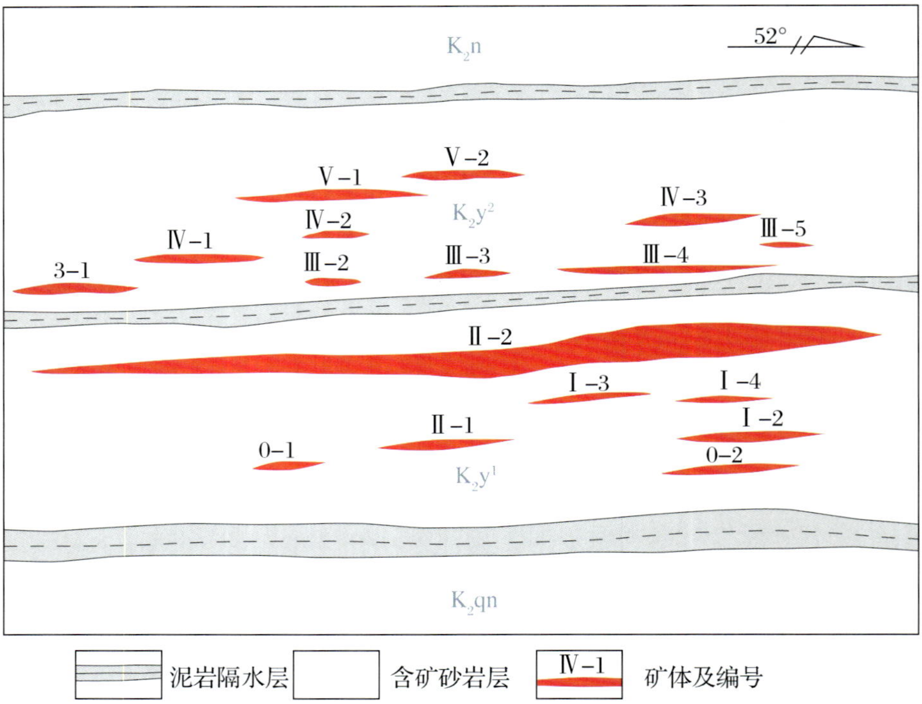

图6-5 钱家店铀矿床矿体相对位置纵剖面示意图

Ⅰ号矿层：位于姚家组下段含矿砂体中部，该层矿体分布面较广。

Ⅱ号矿层：位于姚家组下段含矿砂体中上部，该层铀矿体分布面也比较广，是钱家店铀矿床大矿体和主要铀矿体产出部位。

Ⅲ号矿层：分布在姚家组上段含矿砂体下部，Ⅲ号矿层的矿体零星分布在矿区东北部，而在矿区西南部有较大规模的矿体产出。

Ⅳ号矿层：位于姚家组上段含矿砂体中下部，该矿层零星分布在勘探区的西南及西北部。一般都是较小矿体。

Ⅴ号矿层：位于姚家组上段含矿砂体中上部，分布在勘探区的西南和东北部，都是零星小矿体，工业价值不大。

综上所述，含矿砂体中铀矿体顺层发育，产状与地层基本一致。矿体产于灰色、浅灰色细砂岩中，在灰色泥岩透镜体或泥岩夹层中常见铀矿化甚至富矿化段。钱家店铀矿床铀资源量主要位于姚家组下段含矿砂体的0号层位、Ⅰ号层位和Ⅱ号层位的矿体，具有较大的工业价值；而姚家组上段含矿砂体只在姚家组底部产出的铀矿体个别较大，其余大多是零星分布的小矿体，其工业利用价值欠佳。

（二）矿体规模、形态及产状

1. 矿体埋深

每个矿层的最大埋深和最小埋深是：

0号矿层矿体的最大埋深430.65 m、最小埋深229.45 m；

Ⅰ号矿层矿体的最大埋深520.55 m、最小埋深174.1 m；

Ⅱ号矿层矿体的最大埋深471.35 m、最小埋深147.57 m；

Ⅲ号矿层矿体的最大埋深384.85 m、最小埋深134.10 m；

Ⅳ号矿层矿体的最大埋深318.55 m、最小埋深213.05 m；

Ⅴ号矿层矿体的最大埋深274.85 m、最小埋深137.45 m。

因此，矿体埋深基本都在500 m深以内。

2. 矿体规模

矿层所含矿体规模：

0号矿层：矿体长50~300 m；宽50~140 m；

Ⅰ号矿层：矿体长200~400 m，宽50~310 m；

Ⅱ号矿层：矿体长100~1 300 m，宽90~1 000 m；主矿体长1 200 m，宽690 m，是姚家组下段含矿砂体的主矿体；

Ⅲ号矿层：矿体长50~800 m，宽80~200 m，其中Ⅲ-7号矿体长800 m，宽725 m，是姚家组上段含矿砂体的主矿体；

Ⅳ号矿层：体长75~430 m，宽50~200 m；

Ⅴ号矿层：矿体长100~300 m，宽50~100 m。

钱家店铀矿床铀矿体规模较大的矿体主要产于Ⅱ号矿层，单个矿体的铀资源量大于3 000 t；铀资源量大于1 000 t的矿体在Ⅰ号矿层和Ⅲ号矿层有分布，其余矿层的矿体规模一般都较小，铀资源量为几百吨或几十吨。

3. 矿体产状和形态

矿体产状与地层(含矿砂体)产状一致（如图6-6～图6-9所示）。倾向上，各勘探线以01号孔为界东南部矿体产状平缓或近于水平，西北部矿体向北西缓倾，倾角为2°~8°，向北西方向，倾角呈增大趋势。

004勘探线剖面：钻孔Ⅱ-004-03东南部Ⅱ号矿层矿体近水平，北西部矿体北西缓倾。

0号矿层、Ⅰ号矿层、Ⅲ号矿层、Ⅳ号矿层及Ⅴ号矿层的矿体产状，以各勘探线01号钻孔为界，东南部近水平，北西部向北西缓倾。

铀矿体形态：在剖面上呈透镜状，平面上多呈板状、多边形状和不规则状。

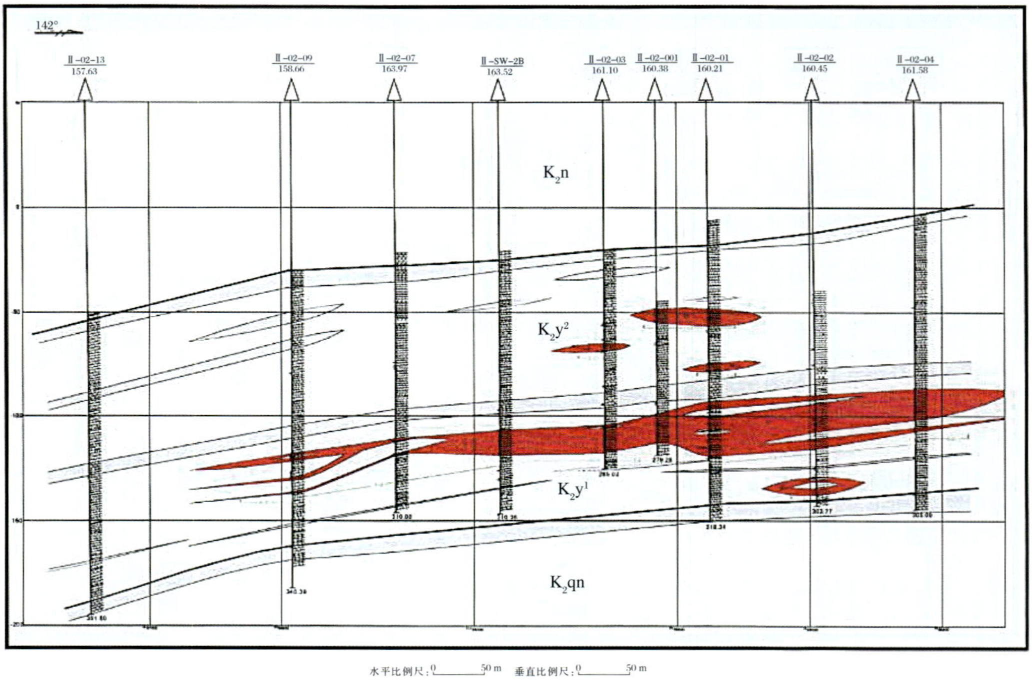

图6-6　02号勘探线矿体剖面图

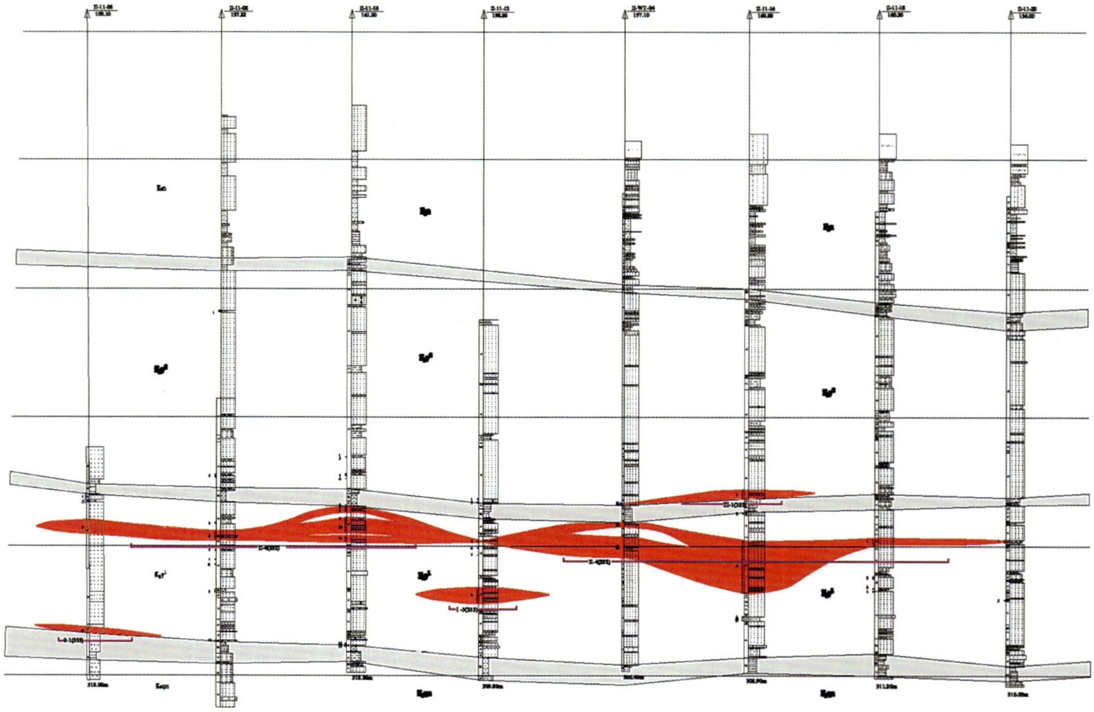

图6-7　11号勘探线矿体剖面图

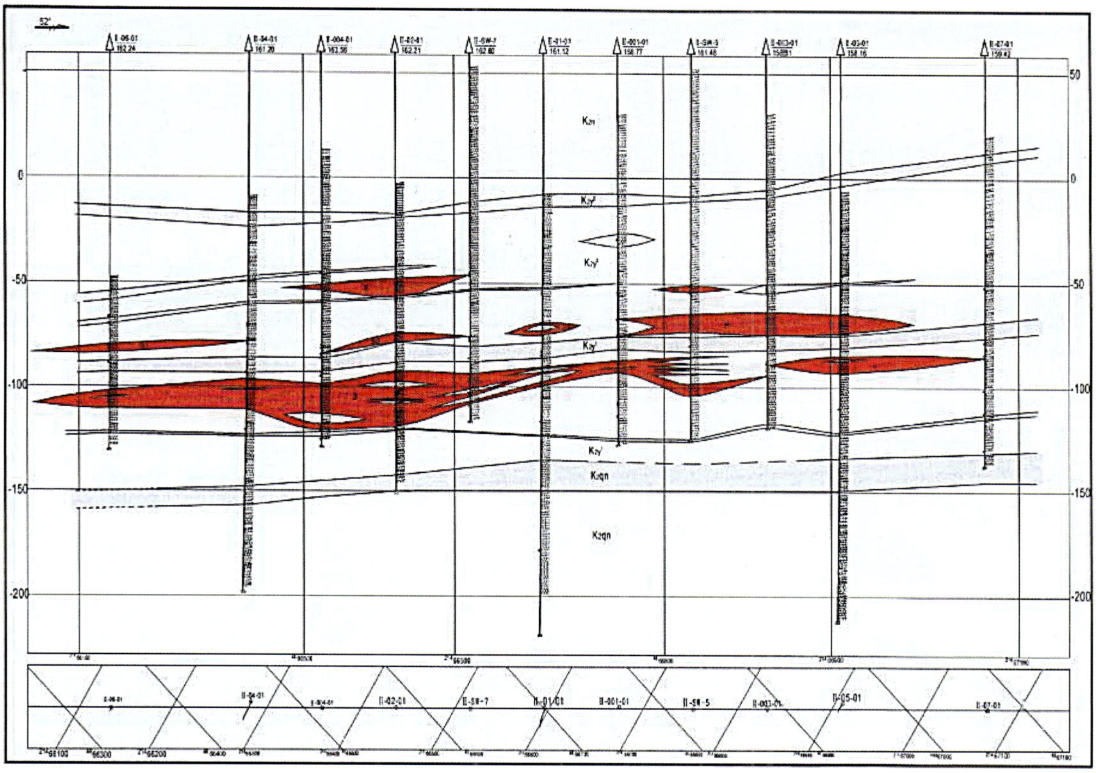

图6-8 01号孔矿体纵剖面图

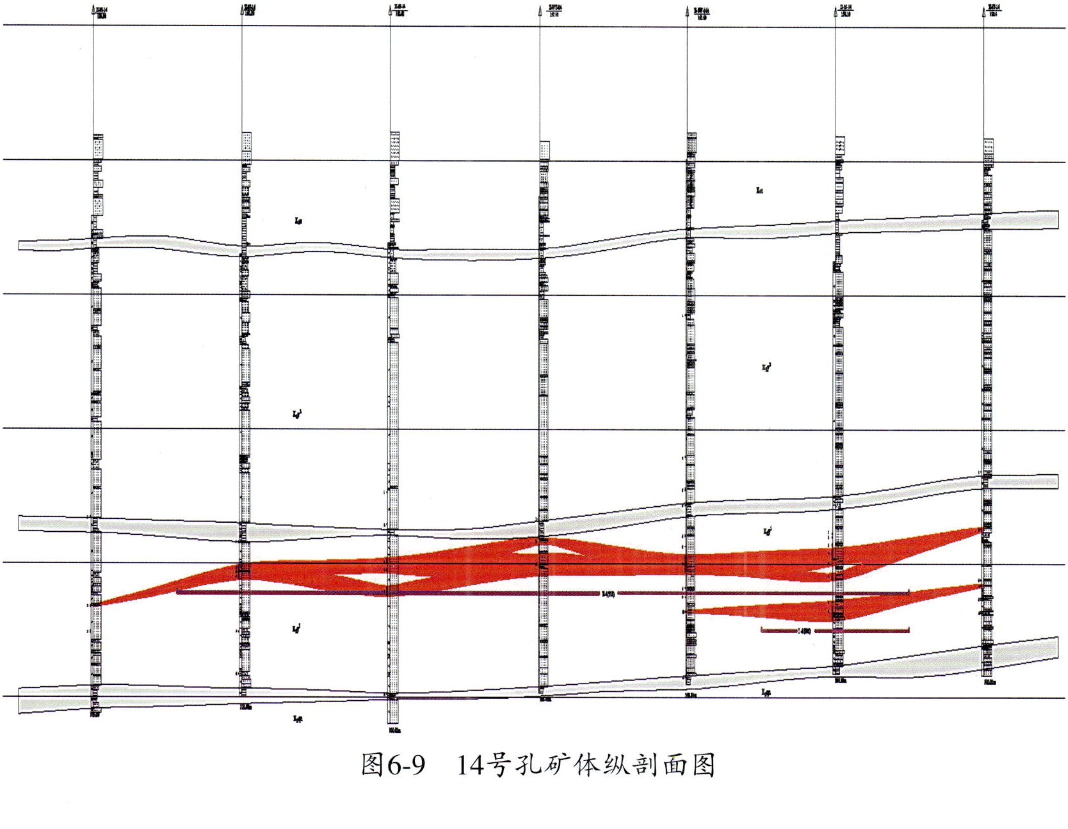

图6-9 14号孔矿体纵剖面图

（三）矿体砂/泥比值

Ⅱ号矿层主矿体砂/泥比值见表6－4，由表6－4可见，59个钻孔中有25个钻孔主矿体含矿岩石均为砂岩，泥岩厚度为0；34个钻孔主矿体砂/泥比值为5.5~37.76，平均23.50。

表 6-4　Ⅱ号矿层主矿体砂/泥厚度比值及矿/砂厚度比值统计表

钻孔号	矿/m	泥岩/m	砂/泥	矿/砂	钻孔号	矿/m	泥岩/m	砂/泥	矿/砂
Ⅱ-07-08	6.25	0.62	10.08	0.13	Ⅱ-02-03	13.37	0.50	26.74	0.50
Ⅱ005-05	12.0	0.50	24.0	0.40	Ⅱ-02-001	14.0	0		0.47
Ⅱ-05-05	14.0	0.75	18.67	0.37	Ⅱ-02-01	26.75	2.12	12.64	0.79
Ⅱ05-03	3.5	0		0.09	Ⅱ-02-02	26.0	1.24	20.97	0.65
Ⅱ-05-01	8.5	1.5	5.67	0.28	Ⅱ-02-04	21.12	0		0.56
Ⅱ-05-02	21.0	1.0	21.0	0.49	Ⅱ-004-05	15.13	0		0.69
Ⅱ-05-04	5.0	0		0.11	Ⅱ-004-03	12.52	0		0.42
Ⅱ-05-08	17.0	0		0.40	Ⅱ-004-01	22.13	0		0.78
Ⅱ-003-03	13.63	0.75	18.7	0.37	Ⅱ-04-09	950	0.50	19.0	0.38
Ⅱ-03-05	9.0	0		0.21	Ⅱ-SW-6	14. 88	0.87	17.1	0.57
Ⅱ-SW-5	19.0	0		0.45	Ⅱ-04-05	18. 50	0.49	37.76	0.74
Ⅱ-03-02	13.00	0		0.33	Ⅱ-SW-4A	10. 0	0		0.36
Ⅱ-03-04	14.38	0		0.36	Ⅱ-04-01	14. 75	0.50	29.5	0.50
Ⅱ-001-05	17.62	0		0.47	Ⅱ-SW8A	16. 25	1.38	11.78	0.48
Ⅱ-001-03	9.63	0		0.26	Ⅱ-SW-8B	16.25	0.65	25.0	0.51
Ⅱ-001-01	6.0	0.37	16.22	0.14	Ⅱ-SW-8C	18.75	1.0	18.25	0.49
Ⅱ-01-13	8.25	0		0.19	Ⅱ-SZ-01	20.0	1.50	13.33	0.65
Ⅱ-SW-1B	10.37	0.38	27.29	0.23	Ⅱ-SZ-02	14.5	0.88	16.48	0.49
Ⅱ-01-09	5.52	1.0	5.52	0.14	Ⅱ-SZ-03	14.0	1.38	10.14	0.49
Ⅱ-QC-1	8.9	0		0.32	Ⅱ-04-04	8.5	0		0.19
Ⅱ-01-03	5.62	0.38	14.79	0.20	Ⅱ-SZ-05	7.0	0		
Ⅱ-01-01	9.25	0		0.27	Ⅱ-SZ-06	13.88	1.25	11.10	
Ⅱ-01-02	21.25	1.0	21.25	0.58	Ⅱ-SZ-08	10.50	0.38	27.63	0.44
Ⅱ-01-04	8.0	0		0.20	Ⅱ-SW-9B	7.87	0.75	10.49	0.20
Ⅱ-002-03	11.25	0		0.41	Ⅱ-SW-10A	6.25	0.75	8.33	0.14
Ⅱ-SW-7	14.50	0.25	58.0	0.51	Ⅱ-SW-10B	10.0	0		0.24
Ⅱ-02-09	19.25	3.85	9.0	0.47	Ⅱ-002-09	4.0	0.62	6.46	0.09
Ⅱ-02-07	8.0	0.38	21.05	0.20	Ⅱ-06-05	1.29	0		0.04
Ⅱ-SW-2A	27.5	2.4	11.46	0.73	Ⅱ-06-01	8.5	0.25	34.0	0.31
Ⅱ-SW-2B	12.12	0		0.35	平均(59孔)			23.5	0.38

第三节　矿石类型及矿石成分特征

（一）矿石类型

钱家店砂岩铀矿矿石类型，按矿石结构及含矿岩石类型可划归为细粒砂岩型铀矿、中粒砂岩型铀矿、粉砂岩型铀矿和泥岩型铀矿，该区以细粒砂岩型铀矿为主，部分为中粒砂岩型铀矿。

（二）矿石颜色及结构构造

该区含矿岩石主要为细砂岩、中砂岩，粉砂岩及泥岩矿化较少。

矿石颜色：矿石颜色为浅灰色、灰白色，部分为深灰色。矿化好的矿石颜色较深，这是由于岩石中含炭质有机质较多所致。含矿细砂岩、中砂岩及粉砂岩主要为浅灰色，部分为灰白色，浅灰色矿石矿化明显优于灰白色矿石；含矿泥岩为灰色、深灰色，少量灰黑色，泥岩含炭质碎屑、条带或团块，炭质含量高者矿化好。

矿石结构构造：含矿砂岩为细粒结构、中粒结构；矿石构造主要为块状构造。矿石多较疏松易碎、松散；少数含矿砂体胶结较好，矿石较致密。含矿泥岩为块状构造，胶结较好、致密，多含炭质条带或小层（层理）而易碎。

（三）矿石成分

1. 矿石矿物组成及特征

含矿砂岩中碎屑矿物主要是石英、长石，岩屑含量较少；基质为黏土矿物，胶结物为碳酸盐、铁质、锰质。

含矿砂岩矿物定量分析表明，矿石中矿物成分主要为石英、钾长石、斜长石、黏土矿物，矿石中含铁白云石、方解石；重矿物中陆源矿物有石榴石、锆石、白钛矿、钛磁铁矿、电气石、十字石、绿帘石、蓝晶石、黑云母、榍石、金红石等；自生矿物有黄铁矿、（赤）褐铁矿、重晶石、锐钛矿等。矿石中各类矿物含量见表6–5、表6–6。

矿石矿物特征：

石英、长石：矿石中石英56.2%~79.5%，平均68.4%；钾长石6.8%~11.9%，平均9.9%；斜长石7.2%~19.3%，平均10.6%。含矿砂岩中石英、钾长石、斜长石为碎屑矿物，细粒及中粒，磨圆度中等，为次棱角状—次圆状。石英碎屑主要为单晶，也见细粒石英集合体；钾长石主要为微斜长石，微斜长石格子双晶发育，斜长石聚片双晶发育，有的双晶较模糊，长石具有黏土化蚀变，形成高岭石和绢云母等黏土矿物。显微镜下可见含矿砂岩中含少量变形黑云母、白云母矿物碎屑。

表 6–5 姚家组下段含矿层岩石矿物含量表

孔号	井深 / m	矿物含量 /%								
		黏土总量	石英	钾长石	斜长石	方解石	菱铁矿	黄铁矿	菱锰矿	铁白云石
02–03	264.8	5.7	68.5	10.1	7.9	5.4	0.9			4.2
	265.3	8.7	65.4	11.7	7.2	1.3		1.1		4.5
	265.8	5.1	76.1	7.9	7.6			0.7		2.6
	266.2	7.5	70.8	11.1	8.2					2.4
	268.0	4.1	73.9	9.6	9.8				0.9	1.8
	269.2	13.0	56.2	9.0	19.3					2.5
	270.0	8.9	70.9	8.7	9.3			0.5		1.7
	271.0	6.8	68.3	11.3	11.2			0.6		2.5
	272.0	6.3	73.2	8.5	8.2					3.2
	272.8	3.6	79.5	6.8	8.8					1.3
	273.0	5.6	70.5	11.1	10.4					2.4
	273.5	6.6	74.3	9.1	7.6	0.7				1.7
02–04	246.0	7.6	70.4	10.2	10.5					1.4
	246.5	12.3	60.7	10.9	14.1			0.5		1.6
	247.2	8.6	63.3	9.9	15.4	0.9				1.9
	248.0	4.5	73.7	10.8	9.4					1.6
	249.0	9.4	64.1	10.7	10.0	1.3		0.7		3.8
	250.0	5.8	70.0	8.7	10.9	2.3			0.9	1.5
	250.8	6.6	70.8	9.1	10.8	1.2				1.5
	252.2	12.6	64.3	9.7	11.8					1.6
	253.0	5.0	70.0	10.6	11.3					3.2
	254.5	4.6	69.5	9.8	12.3			1.7		2.0
	257.5	9.1	64.5	10.3	14.6					1.5
04–05	259.0	6.7	68.3	10.8	12.3					1.8
	278.0	6.3	66.9	11.8	11.8			0.7		2.5
	278.5	11.9	59.0	8.7	8.7		1.6			10.1
	279.0	3.7	64.3	11.9	11.5	0.7				8.0
	280.3	5.3	75.4	8.2	8.7		0.3			2.1
	281.0	6.4	69.0	10.8	9.8					4.1
	282.0	7.5	63.4	10.2	8.9					9.0
平均值		7.2	68.4	9.9	10.6	1.7				3

表 6-6 姚家组下段、姚家组上段含矿层岩石黏土矿物含量表 %

	钻井号	井深 / m	相对百分含量 /%						混层比
			蒙皂石	伊 / 蒙混层	绿 / 蒙混层	伊利石	高岭石	绿泥石	
姚家组上段	001-01	226.3		14.8		10.5	68.5	6.2	44
	SW-7	207.4		35.3		16.8	38.6	9.3	37
		239.0		11.0		9.5	75.3	4.2	50
	平均值			20.4		12.3	60.8	6.6	43.7
姚家组下段	001-01	248.4		13.8		9.0	72.4	4.8	40
		250.2		16.7		8.4	71.5	3.4	53
	001-05	258.0		8.5		7.3	80.9	3.3	35
		282.5		4.2		8.3	82.8	4.7	35
	SW-3A	286.0		8.1		9.0	78.6	4.3	35
		287.5		8.8		12.1	75.1	4.0	35
	SW-5	261.5		8.2		10.4	76.8	4.5	35
	03-04	253.0		26.7		14.3	55.2	3.8	43
	003-05	258.0		10.7		8.8	76.5	4.0	35
	005-05	254.3		10.0		9.4	75.5	5.1	35
		255.5		10.3		9.5	75.0	5.2	35
		275.5		12.6		9.6	73.0	4.8	35
	SW-7	261.0		26.5		14.2	55.7	3.6	49
	004-03	270.7		21.2		12.7	61.1	5.0	36
		274.8		18.9		7.3	67.6	6.2	43
	SW-4A	277.0		35.8		6.0	53.7	4.5	35
	04-04	249.5		16.7		12.2	67.1	4.0	53
		254.3		14.8		8.1	72.3	4.8	52
	平均值			15.14		28.7	70.6	4.4	40
姚家组上段和姚家组下段总平均				15.9		26.4	69.2	4.7	40.5

黏土矿物：矿石中黏土矿物为含矿砂岩中基质，微细粒状，与胶结物一起构成砂岩填隙物。黏土矿物3.6%~13.0%，平均7.2%。X射线分析表明，矿石中黏土矿物种类为高岭石、伊利石、绿泥石、伊/蒙混层，其相对含量高岭石38.6%~82.8%，平均69.2%；伊利石6.0%~16.8%，平均26.4%；伊/蒙混层4.2%~35.0%，平均15.9%；绿泥石3.3%~9.3%；平均4.7%。矿石中黏土矿物以高岭石为主，伊利石、伊/蒙混层次之，绿泥石含量较少。黏土矿物种类及相对含量见表6-6。

铁白云石、方解石：矿石中碳酸盐为含矿砂岩中的胶结物，也可成角砾状(假角砾)及鲕状，碳酸盐矿物为铁白云石和方解石，铁白云石多于方解石，铁白云石

1.3%~10.1%，平均3%；方解石0.7%~5.4%，平均1.7；碳酸盐矿物总量平均4.7。矿石中碳酸盐矿物多成连晶状，交代石英、长石形成碎屑边缘及内部港湾状，形成弯曲或侵入式边界。

重矿物：重矿物中陆源矿物种类及在重矿物中相对含量:石榴石4.1%~56.4%，平均27.9%；锆石4.1%~36.4%，平均20.7%；白钛矿6.7%~62.7%，平均35.5%；钛磁铁矿0.5%~82.2%，平均10.9%；电气石0.2%~4.0%，平均2.2%；十字石0.2%~3.8%，平均1.2%；绿帘石0.2%~0.7%，平均0.4%；蓝晶石0.3%~2.0%，平均1.2%；黑云母0.2%~2.0%，平均0.65%；榍石0.3%~1.8%，平均0.9%；金红石0.5%。可见陆源矿物以石榴石、锆石、白钛矿为主。重矿物中自生矿物种类及在重矿物中相对含量为黄铁矿0.2%~86.3%，平均14.3%；(赤)褐铁矿0.2%~11.3%，平均1.1%；重晶石0.2%~27.1%，平均6.0%；锐钛矿0.3%~7.0%，平均0.8%；自生矿物中以黄铁矿为主。陆源重矿物为微细粒状、柱状，次棱角状—次圆状。石榴石：无色，粒状、双锥柱状、柱状、次棱角状、次圆状，部分具环带；白钛矿：白色、黄白色，粒状、次圆状。自生重矿物为微细粒状或胶状体，多自形。黄铁矿：暗黄色，自形粒状、粒状粉晶集合体和胶状体两种，显微镜下自形粒状及粒状粉晶集合体黄铁矿呈星散状分布在基质及胶结物中为成岩期矿物。胶状黄铁矿与沥青铀矿共生，呈细脉状，系铀矿化期矿物。重晶石：灰白色，粒状，大部分具包体。

2.矿石化学成分

姚家组含矿砂体铀矿化样品($U>100\times10^{-6}$)与不含矿样品($U<100\times10^{-6}$)岩石化学成分见表6－7。

表 6-7 姚家组含矿砂体岩石化学成分 %

$U/10^{-6}$	样品／个	SiO_2	Al_2O_3	TiO_2	FeO	Fe_2O_3	CaO	MgO	K_2O	Na_2O	MnO	P_2O_5
＜100	206	72.54	11.23	0.41	1.10	1.07	2.56	1.09	3.47	1.05	0.08	0.11
＞100	126	71.18	20.46	0.45	1.17	1.62	3.24	1.18	3.17	0.98	0.09	0.13

矿化岩石SiO_2/Al_2O_3=3.48，非矿化岩石SiO_2/Al_2O_3= 6.46，矿化岩石明显低于非矿化岩石，说明含矿砂岩成熟度更低，含矿岩石中长石碎屑及黏土成分更高，这由矿化岩石中具较高Al_2O_3 (20.46%)(非矿化岩石Al_2O_3 =11.23%)得到证明。矿化岩石FeO=1.17%，Fe_2O_3=1.62，Fe_2O_3/ FeO =1.38；非矿化岩石FeO=1.10%，Fe_2O_3=1.07%，Fe_2O_3/ FeO =0.97，矿化与非矿化岩石FeO含量相近，而Fe_2O_3含量矿化岩石略高于非矿化岩石，这可能是由于部分非矿化岩石中有机质含量较高、Fe_2O_3含量较低所致。无论是矿化还是非矿化岩石，该区含矿砂体中岩石Fe_2O_3/ FeO比值(0.97~1.38)均偏低，均反

映还原环境。

3.矿石中有害组分

目前，我国可地浸砂岩地浸方法采用酸法地浸，要求含矿岩石中易溶于酸的组分（主要是碳酸盐）一般应<3%。故含矿岩石中碳酸盐的含量决定酸法开采的经济与否，碳酸盐含量高者不宜采用酸法开采，而应考虑碱法开采。酸法开采过程中，碳酸盐的危害一是耗酸，二是酸碱反应产生的沉淀物堵塞砂岩孔隙，降低岩石渗透性，不利于地浸。

钱Ⅱ块砂岩铀矿各矿体矿石碳酸盐分析表明，该区含矿砂岩碳酸盐总体偏高，矿体中含少量碳酸盐胶结的薄层状小透镜体，这些透镜体碳酸盐含量很高（>12%），透镜体岩石类型主要有两种：一是碳酸盐胶结泥砾岩；二是碳酸盐胶结粉砂岩、细砂岩，碳酸盐胶结岩石较致密，硬度大，透水差。

含矿砂岩中碳酸盐矿物主要是铁白云石，方解石次之。而铁白云石不溶于冷酸，常温下滴酸不起泡，地浸过程远比方解石难溶，可能不影响地浸。根据前苏联及我国新疆伊犁砂岩铀矿地浸经验，矿石中碳酸盐<3%可用酸法地浸。该区矿石碳酸盐含量偏高，平均大于3%，可能更适合碱法地浸，该问题尚须进一步研究。

第四节 铀的赋存状态

（一）铀的存在形式

钱家店铀矿床矿石中铀的存在形式可分为吸附铀、铀矿物及含铀矿物三类。铀的主要存在形式为铀矿物及吸附铀，存在于含铀矿物中的铀很少。该区铀矿物为沥青铀矿，吸附铀主要为有机质及黏土吸附，而含铀矿物主要是砂岩中的碎屑锆石。

1. 铀矿物形式

该区铀矿石中铀矿物为沥青铀矿。沥青铀矿有的分布于草莓状黄铁矿中或草莓状黄铁矿边部（如图6－10所示），其电子探针分析结果见表6–8。从表6–8中可看出，与草莓状黄铁矿共生的沥青铀矿成分分别为：UO_2含量为35.2%~65.36%，其他成分主要为P_2O_5为5.51%~10.08%、FeO为0.44%~1.77%，SiO_2为2.97%~8.45%，CaO为3.28%~5.37%，这种沥青铀矿可能属同生沉积成因。有的分布于块状（胶状）黄铁矿、黄铜矿组合体的边缘，沥青铀矿呈颗粒状，团块状（如图6－11所示）。据电子探针分析结果（见表6－9、表6－10），其主要成分为：UO_2含量为40.75%~62.17%，SiO_2为2.67%~17.9%，

P_2O_5为5.73%~8.66%，CaO为2.03%~4.10%。其次为Al_2O_3、MgO、TiO_2、FeO、PbO等成分，它们的含量少于1%，该种沥青铀矿可能与热改造有关。

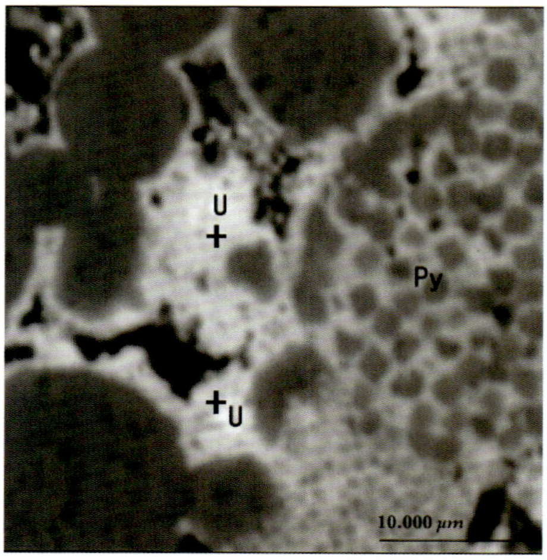

图6-10 草莓状黄铁矿与沥青铀矿共生

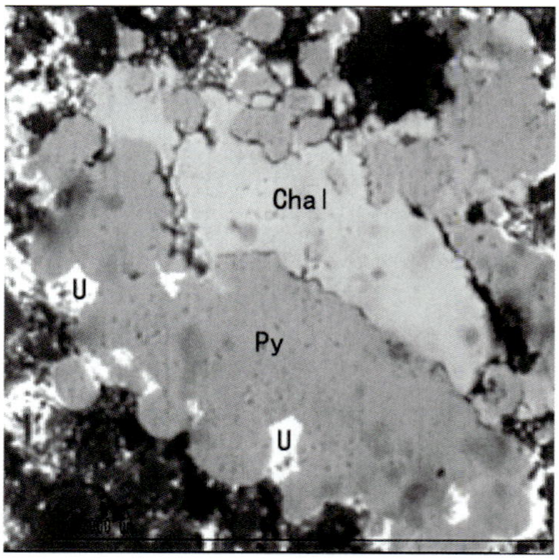

图6-11 黄铜矿－块状黄铁矿－沥青铀矿共生

呈粒状、球状、团块状、条带状及分散显微粒状、显微粒状集合体。如沥青铀矿以团块状充填在砂岩胶结物中（如图6－12所示）；沥青铀矿以团块状与胶状黄铁矿共生（如图6－13、图6－14所示）；沥青铀矿以显微状（半径为0.*n*~*n* μm）或显微粒状集合体形式分散分布在砂岩胶结物中（如图6－15~图6－19所示）。

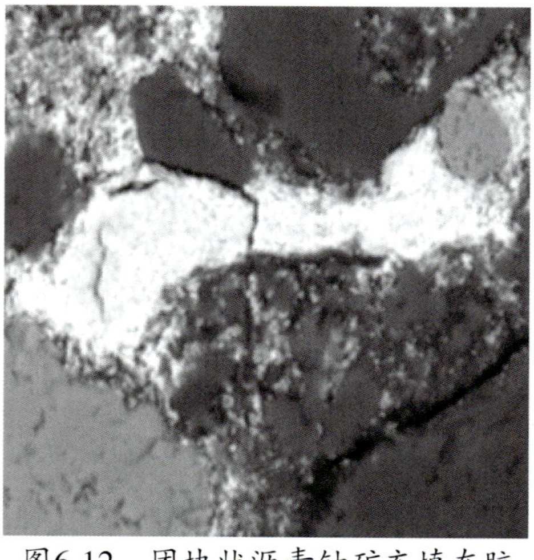

图6-12 团块状沥青铀矿充填在胶结物中 样品号1608-9(光)，1500×

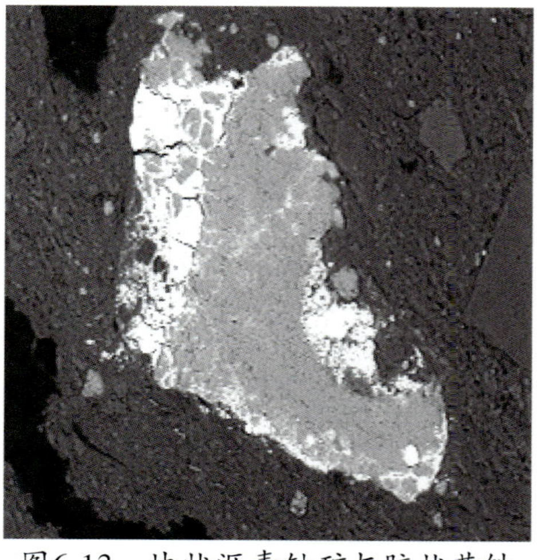

图6-13 块状沥青铀矿与胶状黄铁矿共生 样品号0401-47，200×

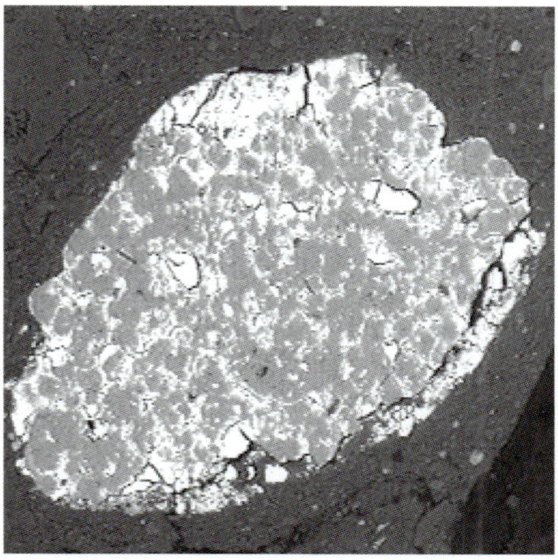
图6-14 沥青铀矿与胶状黄铁矿共生 样品号0401-47，150×

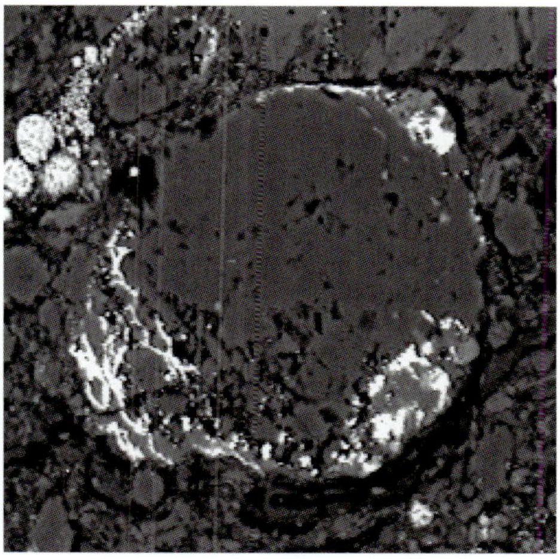
图6-15 粒状沥青铀矿分布在石英颗粒边缘 样品号1608-9(光)，800×

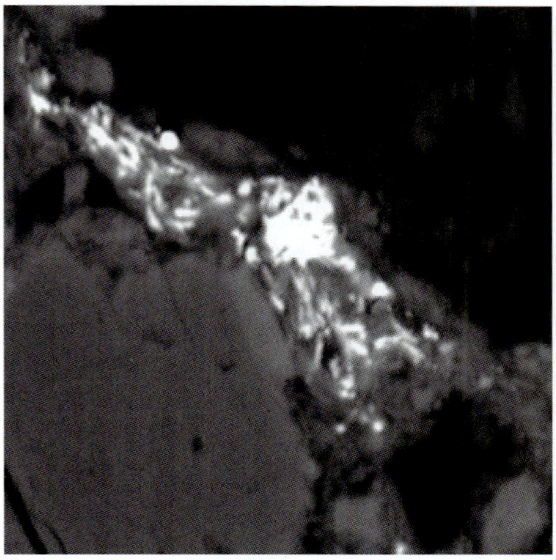
图6-16 粒状沥青铀矿充填在胶结物中 样品号1608-8(光)，2000×

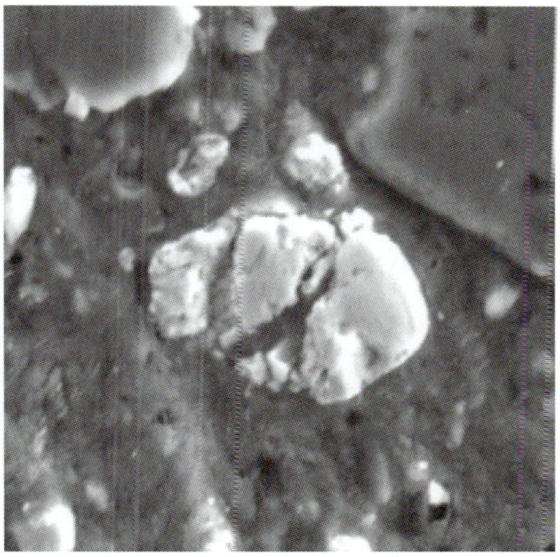
图6-17 胶结物中的粒状沥青铀矿 样品号0401-47，5000×

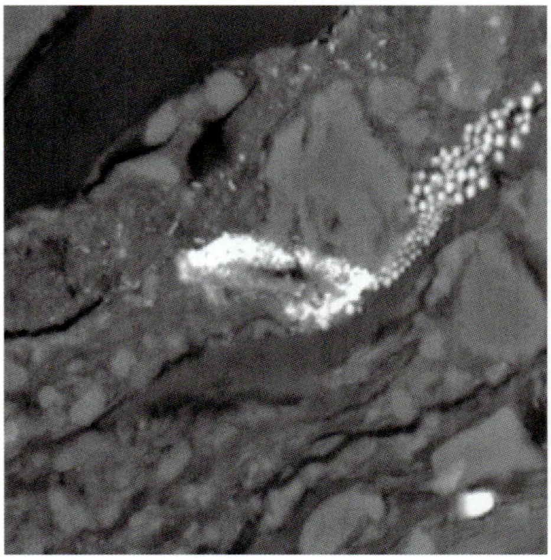
图6-18 有机质条带中的粒状沥青铀矿 样品号1608-9(光)，1500×

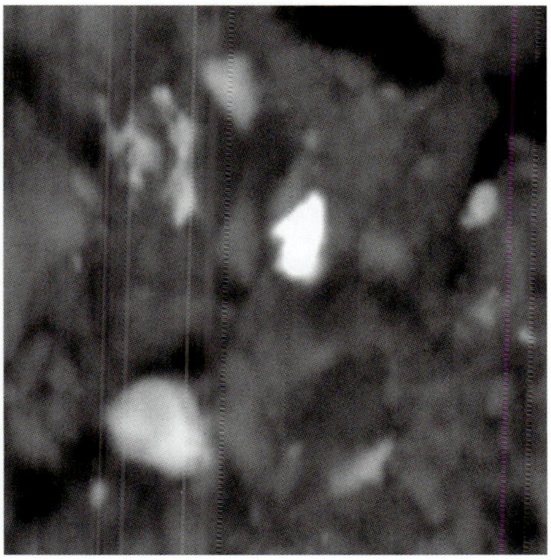
图6-19 胶结物中的粒状沥青铀矿 样品号1608-特1，5000×

2.吸附铀形式

主要是黏土矿物吸附铀及有机质吸附铀。矿石中有机质对铀吸附作用最普遍，这主要是由于有机质对介质的还原作用及有机质对铀的物理吸附作用有利于铀的沉淀富集，从有机质条带的背散射电子像（如图6–20所示）和同一位置铀的X射线面分布图像（如图6–21所示）可以明显地看出来。根据电子探针成分分析，吸附铀主要分布于炭屑中及黏土矿物中，该类是本矿床主要铀存在形式（如图6–21和图6–22所示）。其有机质电子探针分析结果见表6–10。

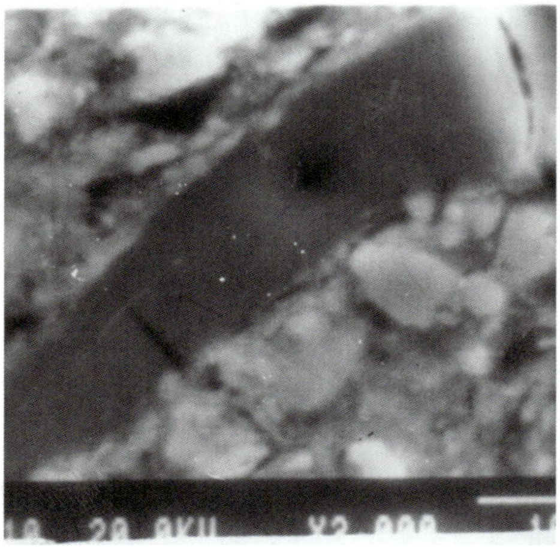

图6-20 砂岩中的有机质条带 样品号1608-9(光)，2000×

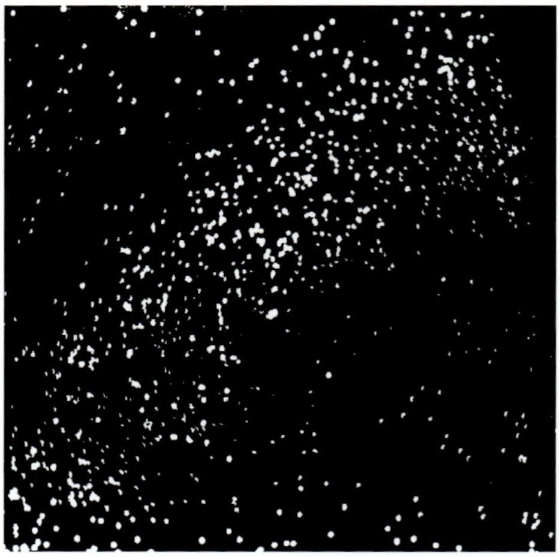

图6-21 铀的X射线面分布图像 样品号1608-9(光)

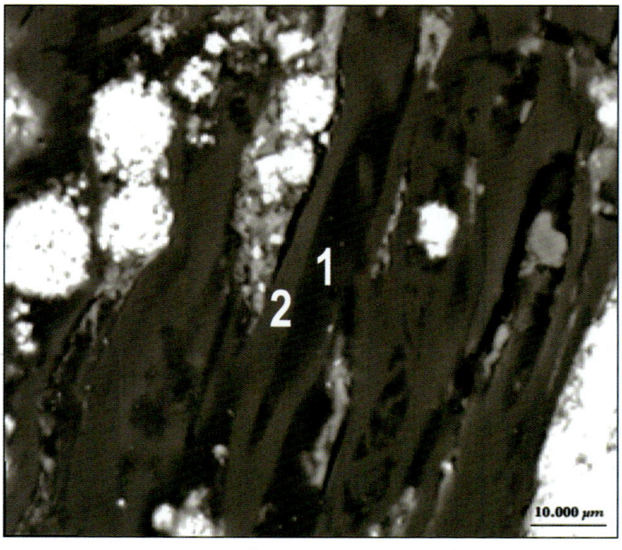

图6-22 草莓状黄铁矿交代有机质

（有机质UO_2含量2.81%；草莓黄铁矿和有机质边部UO_2含量4.17%）

表 6-8 钱家店铀矿床泥岩中与草莓状黄铁矿共生的沥青铀矿电子探针分析结果 %

化学成分	测点 1	测点 2	测点 3	测点 4	测点 5	测点 6
UO_2	63.50	35.20	49.17	49.71	55.89	65.36
SiO_2	4.15	8.45	6.20	7.22	2.97	4.01
Al_2O_3	–	1.52	1.06	1.49	0.39	–
CaO	4.24	3.28	5.27	5.37	4.07	4.3
P_2O_5	8.43	5.51	10.08	9.32	6.52	8.31
FeO	1.43	1.22	1.77	0.44	1.24	1.14
TiO_2	0.81	–	0.96	0.78	0.71	1.06
SO_2	–	–	0.84	–	–	–
MgO	–	–	0.76	1.13	0.53	0.59
总量	82.56	55.17	76.11	75.46	72.32	84.77

表 6-9 细砂岩中与胶黄铁矿、黄铜矿共生的沥青铀矿电子探针分析结果 %

化学成分	测点 1	测点 2	测点 3	测点 4
UO_2	60.29	58.51	40.75	62.17
SiO_2	5.56	7.34	17.90	5.86
Al_2O_3	0.99	0.72	2.72	2.12
MgO	0.16	0.22	0.46	0.45
TiO_2	0.37	0.64	0.26	0.14
FeO	0.44	0.36	0.38	1.08
PbO	0.35	0.13	0.18	0.24
P_2O_5	8.66	8.51	5.73	8.45
CaO	3.95	3.77	2.67	4.10
总量	80.77	80.20	81.05	84.61

表 6-10 钱家店铀矿床灰色细砂岩中有机质中铀含量电子探针分析结果 %

化学成分	测点 1	测点 2	测点 3	测点 4
UO_2	1.26	1.24	4.93	3.52
SiO_2	0.68	0.96	0.50	0.29
Al_2O_3	1.23	1.01	2.24	1.18
Na_2O	0.39	–	–	–
MgO	0.16	0.20	0.26	0.15
Cr_2O_3	0.73	0.22	–	–
SO_2	5.25	3.89	4.27	3.53
TiO_2	0.12	–	–	0.63
FeO	2.77	2.33	3.96	2.31
K_2O	0.41	0.20	–	0.89
P_2O_5	0.19	0.24	2.48	1.34
CaO	0.26	0.35	0.71	–
V_2O_5	–	–	0.19	–
总量	13.36	10.63	19.54	13.84

从表中可看出，有机质中UO_2含量为1.24%~4.93%；SO_2含量为3.53%~5.25%；FeO含量为2.31%~3.96%；Al_2O_3含量为1.01%~2.24%；SiO_2、Na_2O、MgO、Cr_2O_3、TiO_2、K_2O、P_2O_5、CaO等均少于1%。

3.含铀矿物

钱Ⅱ块砂岩型铀矿床含铀矿物主要是碎屑锆石及含铀钛铁矿等副矿物形式出现，但不具工业意义。

矿石中黄铁矿有两种存在形式：一为草莓状黄铁矿（如图6-23、图6-24所示），是成岩期形成的，并与同生沉积形成的沥青铀矿共生；另一种为胶状黄铁矿，常与沥青铀矿共生（如图6-13、图6-14所示），反映了后期在层间氧化-还原过渡带形成了黄铁矿与沥青铀矿的共沉淀。

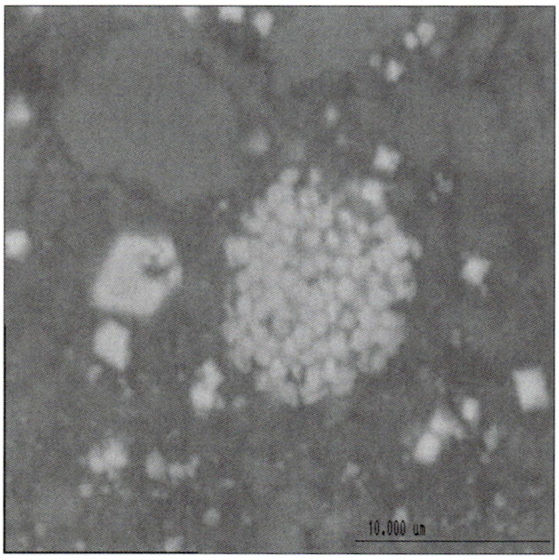

图6-23 胶结物中的草莓状黄铁矿
样品号0407-47(光)，2500×

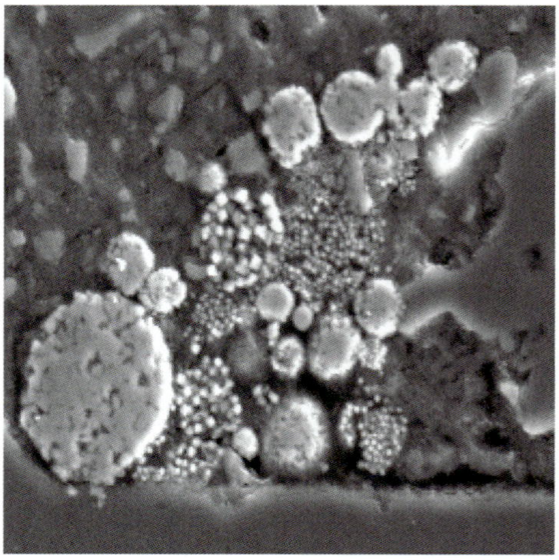
图6-24 胶结物中的草莓状黄铁矿
样品号1608-8，1200×

（二）铀矿物化学成分

该区矿石沥青铀矿成分电子探针分析结果见表6-11。

表6-11 沥青铀矿电子探针成分分析结果 %

序号	样号	赋存状态	UO_2	SiO_2	Al_2O_3	P_2O_5	K_2O	CaO	FeO	TiO_2	SO_2
1	0401-47	与黄铁矿共生的块状沥青铀矿	81.7	0.39		2.67		2.05	0.81	1.90	
2		与黄铁矿共生的块状沥青铀矿	81.4	0.92		2.80		2.75	0.71	1.77	
3		与黄铁矿共生的块状沥青铀矿	76.0	0.98	0.63	2.26		2.99	0.45	1.69	
4		胶结物中细粒状沥青铀矿	80.0	0.82		2.15		3.17	0.54	1.52	
5		胶结物中细粒状沥青铀矿	73.4	0.60	0.91	1.67	0.54	1.74	1.14	1.09	0.49
6		胶结物中细粒状沥青铀矿	76.5	1.90	1.07	2.22	0.39	2.07	0.72	1.35	
7		胶结物中细粒状沥青铀矿	83.2	0.64		2.22		1.89	0.78	1.69	0.62

续表

序号	样号	赋存状态	UO_2	SiO_2	Al_2O_3	P_2O_5	K_2O	CaO	FeO	TiO_2	SO_2
8	1608-8	粒状沥青铀矿	65.8	4.65	2.33	4.02		2.55	3.47	5.27	1.14
9		粒状沥青铀矿	63.3	5.92	3.69	1.10		2.56	3.23	5.29	0.99
10	1608-9	胶结物中块状沥青铀矿	60.7	7.69	0.68	7.36		2.31	3.33	7.34	1.69
11		胶结物中块状沥青铀矿	61.8	8.21	1.42	8.12		2.77	2.16	5.53	1.19
12		胶结物中块状沥青铀矿	55.9	9.15	3.71	9.51		2.61	1.81	2.25	0.89
13		胶结物中细粒状沥青铀矿	62.4	13.5	4.62	7.89		2.35	0.85	1.32	1.02

由表6–11可见，沥青铀矿UO_2含量为55.9%~83.2%，杂质有Si、Al、P、Ca、Ti、Fe、S等。SiO_2含量为0.39%~13.5%，Al_2O_3含量为0.63%~4.62%，P_2O_5含量为1.67%~9.51%，CaO含量为1.74%~3.17%，FeO含量为0.45%~3.47%，胶结物中的沥青铀矿UO_2含量略低，大多在55.9%~76.5%，少数UO_2达80%~83.2%；杂质成分SiO_2含量为较高，多数达1.9%~13.5%，少数为0.6%~0.82%，其他杂质成分Al_2O_3、P_2O_5、FeO、TiO_2、SO_2也较高。与黄铁矿共生的沥青铀矿UO_2含量高达76%~81.7%，杂质成分SiO_2含量较低，为0.39%~0.98%，其他杂质成分Al_2O_3、P_2O_5、FeO、TiO_2、SO_2也较低。胶结物中分散粒状沥青铀矿与胶状黄铁矿共生块状沥青铀矿杂质含量的差别可能系矿物结晶程度差异所造成。TiO_2含量为1.09%~7.34%。其成分与我国其他地区砂岩铀矿沥青铀矿相同。

（三）矿石中六价铀与四价铀比值

矿石中铀的价态特征既反映砂岩铀矿铀矿化物理化学环境，也是浸出时氧化剂类型及浓度选择的重要指标。

在层间氧化带中，氧化作用越强，岩石中U^{VI}/U^{IV}比值越大；相反，还原作用越强，矿石中U^{VI}/U^{IV}越小。从氧化带→过渡带→原生带，U^{VI}/U^{IV}比值规律性递减。

岩石中四价铀含量越高，说明介质还原作用越强，越有利于铀的成矿富集。而矿石中四价铀越高浸出时需加入的氧化剂浓度越高，消耗的氧化剂量也越多，这样才能把矿石中难溶的四价铀转化为易溶的六价铀。

姚家组下段铀矿石中铀的价态：对姚家组下段中矿石U^{IV}、U^{VI}及U^{VI}/U^{IV}比值见表6–12。

表 6–12　姚家组下段铀矿石铀的价态特征

样号	U%	U^{IV}%	U^{VI}%	U^{VI}/U^{IV}
2B–05	0.051 2	0.024 2	0.027 0	1.116
2B–06	0.055 7	0.029 6	0.026 1	0.882
2B–08	0.155 8	0.081 3	0.076 7	0.943

续表

样号	U%	U^{IV}%	U^{VI}%	U^{VI}/U^{IV}
2B-11	0.056 2	0.044 4	0.011 8	0.266
2B-13	0.054 9	0.030 2	0.024 7	0.818
2B-14	0.040 1	0.026 7	0.013 4	0.502
2B-16	0.054 9	0.030 5	0.024 4	0.800
平均		0.038 1	0.029 2	0.761

由表6-12可见，U^{IV}含量为0.024 2%~0.081 3%，平均0.038 1%；U^{VI}含量为0.011 8%~0.076 7%，平均0.029 2%；U^{VI}/U^{IV}比值为0.266~1.116，平均0.761。与我国新疆伊犁砂岩铀矿相比（伊犁512矿床过渡带U^{VI}/U^{IV}=1.44），姚家组下段U^{VI}/U^{IV}比值明显偏低，即矿石中U^{IV}含量较高。U^{IV}含量较高说明其成矿时环境还原性较强，或由于含同生沉积矿化所致。对于地浸来说，U^{IV}含量较高则需要加大氧化剂浓度及增加氧化剂消耗。

姚家组上段铀矿石中铀的价态：对姚家组上段铀矿石中铀的价态特征也进行了系统研究，24件样品铀的价态测定结果见表6-13。

表 6-13 姚家组上段铀矿石铀的价态特征

序号	样品编号	检测结果 / (μg/g)			U^{VI}/U^{IV}
		U	U^{IV}	U^{VI}	
1	1605-07	230.5	82.5	148	1.79
2	1605-08	1 176	448	728	1.63
3	1605-09	322	132	199	1.51
4	1605-10	341	123	218	1.77
5	1605-20	177.6	74.6	103	1.38
6	1401-09	538	202	336	1.66
7	1401-10	980	359	621	1.73
8	1401-12	1 036	412	624	1.51
9	1401-13	296	112	184	1.64
10	1404-16	1 288	492	796	1.62
11	1404-21	312	127	185	1.46
12	1404-24	672	269	403	1.50
13	1404-27	183.4	67.4	116	1.72
14	1404-28	392	158	234	1.48
15	1405-05	255	105	150	1.43
16	1405-06	36.5	13.8	22.7	1.64
17	1405-07	244.7	84.7	160	1.89
18	1405-08	1 699	748	951	1.27
19	1405-09	627	227	400	1.76
20	1805-10	459	183	276	1.51
21	1805-11	806	339	467	1.38
22	1805-12	1 053	369	684	1.85
23	1805-13	681	256	425	1.66
24	1805-14	1 101	471	630	1.34
平均					1.59

由表6–13可见，本区姚家组上段铀矿体U^{VI}全部高于U^{IV}，变化范围也不大，U^{VI}/U^{IV}比值为1.27~1.89，平均为1.59，与我国新疆伊犁砂岩型铀矿（伊犁512矿床过渡带U^{VI}/U^{IV}=1.44）相近。而与姚家组下段铀矿石U^{VI}/U^{IV}比值相比，姚家组上段U^{VI}明显偏高。姚家组上段U^{VI}/U^{IV}比值明显偏高，说明其成矿时环境氧化性较强。对于地浸工艺来说，U^{VI}含量高则可以减少氧化剂浓度及减少氧化剂消耗。测定结果说明姚家组上段铀矿体更有利于地浸采矿。

（四）铀在不同粒级中的分配

钱家店铀矿床中铀矿石粒度组成及不同粒级中铀的分布见表6–14。由表6–14可见，在0.1~0.25 mm粒级中，铀分布率为27.89%~76.98%，平均46.55%；在>0.25 mm粒级中，铀分布率为27.27%；在0.1~0.01 mm粒级中，铀分布率为22.85%；在<0.01 mm粒级中，铀分布率较小，多数样品分布率极小，少数样品铀分布率为3.36%~14.9%。

表 6–14 矿石中各粒级铀分布率

粒度分级 / mm	各粒级中铀的分布率 /%										
	2A–02	2A–03	2A–04	2A–05	2A–06	2A–07	2A–08	2B–06	2B–09	2B–16	平均
>1	5.41	4.53	5.29	13.08	2.39	10.19	8.25	13.29	36.32	5.83	10.46
1.0~0.5	6.79	8.47	10.70	10.17	1.83	8.15	3.09	7.72	4.65	3.83	6.54
0.5~0.25	11.07	11.53	14.86	8.80	2.95	13.25	15.46	11.13	5.09	8.56	10.27
0.25~0.1	45.28	47.83	46.19	45.47	76.98	41.18	50.52	36.80	27.89	47.36	46.55
0.1~0.05	17.70	15.09	13.50	15.04	4.80	11.72	14.43	11.85	10.18	16.21	13.05
0.05~0.01	13.74	12.55	9.46	7.44	11.05	12.13	8.25	4.31	5.61	13.48	9.80
<0.01						3.36		14.90	10.26	4.73	

矿石中不同粒级铀的分布率表明，该区铀在各粒级中均有分布，但集中分布在0.1~0.25mm粒级中，部分分布在>0.25 mm及<0.01 mm粒级中，而<0.01 mm黏土中铀分布率较小。说明该区铀矿石中铀主要分布在细砂(粒级)中，其次在粉砂及中粗砂中，黏土中铀吸附量较少，对地浸有利。

第五节 铀的浸出率

地浸试验之前，对矿石进行实验室人工破碎及浸泡实验，根据浸泡时间及浸出率来判断矿石中铀浸出的难易程度。在钱家店铀矿床中选取5个矿石样品进行铀浸出实验，这些样品均为含矿细砂岩，铀含量(140~455)×10^{-6}，样品在本矿床中具有代表性。

矿石浸出试验结果见表6–15。

表 6–15　铀矿石浸出试验结果及铀浸出率

样品原号	浸泡天数 / 酸浓度 /%	浸泡液铀含量 /10^{-6}					原样 U 含量 /10^{-6}	铀浸出率 /%				
		1	2	3	4	5		1	2	3	4	5
0113–20	0.50	47.7	52.8	80.3	93.4	104	390	12.2	13.5	20.6	24.0	26.7
	1.00	336	342	358	356	347		86.2	87.7	91.8	91.28	89.0
	1.50	332	351	355	354	359		85.1	90.0	91.0	90.77	92.1
	2.00	347	356	360	358	364		89.0	91.3	92.3	91.79	93.3
0113–6	0.50	339	377	370	374	383	455	74.5	82.9	81.3	82.2	84.2
	1.00	367	400	402	403	405		80.7	87.9	88.4	88.57	89.0
	1.50	359	397	409	411	412		78.9	87.3	89.9	90.33	90.5
	2.00	365	407	414	413	417		80.2	89.5	91	90.77	91.6
Ⅲ0401–22	0.50	15.1	19.1	21.1	26	25.2	140	10.8	13.6	15.1	18.6	18.0
	1.00	103	115	120	116	123		73.6	82.1	85.7	82.9	87.9
	1.50	127	126	128	131	127		90.7	90.0	91.4	93.6	90.7
	2.00	130	131	131	128	132		92.9	93.6	93.6	91.4	94.3
0501–27	0.50	136	142	148	152	155	193	70.5	73.6	76.7	78.8	80.3
	1.00	139	153	155	160	164		72.0	79.3	80.3	82.9	85.0
	1.50	146	163	159	166	166		75.6	84.5	82.4	86	86.0
	2.00	143	160	168	170	176		74.1	82.9	87	88.1	91.2
0401–34	0.50	141	146	154	155	152	372	37.9	39.2	41.4	41.67	40.9
	1.00	238	242	253	258	263		64.0	65.1	68	69.4	70.7
	1.50	290	315	320	321	330		78.0	84.7	86	86.3	88.7
	2.00	306	311	317	323	323		82.3	83.6	85.2	86.8	86.8

从表6–15 可以看出，在相同硫酸浓度条件下，浸出时间越长，浸出率越高；或在相同时间条件下，硫酸浓度越高，浸出率越高。5个样品在硫酸浓度为0.5%~1.5%、浸泡时间为1~2天时，铀的浸出率即可达80%以上，即使再增加硫酸浓度或延长浸出时间，浸出率的提高幅度较小。可见该区铀矿石是较易浸出的，采取硫酸浓度为0.5%~1.5%、浸泡时间为1~2天是较经济实用的方案。

本实验与真正的地浸工艺条件相差较大，但目前的结果仍有力地说明了该区铀矿石在耗酸量不高的情况下浸出率可达80%以上，是较经济可采的。

尽管如此，考虑到成本和环境污染等问题，现代地浸铀矿石一般都不采用酸法地浸了，钱家店铀矿床就是采用先进的弱碱法（亦称“无试剂”法）取得了很好的地浸效果。当前钱家店地浸铀矿山采用“CO_2+O_2”注入法已取得很好的采铀效果，而且更加环保。

钱家店铀矿床

第七章 地球物理、地球化学场特征

第一节 地球物理场和地球化学场特征

矿区位于松辽盆地开鲁拗陷钱家店凹陷的北西部，区域上曾进行过航空γ能谱及航空磁测，通过物性资料（见表7-1）分析，可略知该区域地球物理特征。本区域放射性背景场数值K_2O为（3~4）×10^{-2}；U为（3~4）×10^{-6}；Th为（9~11）×10^{-6}。上白垩统地层中的K、U、Th数值偏高，磁化率数值一般为15×10^{-5}SI(k)，但其底部为（80~90）×10^{-5}SI(k)，说明存在一个弱的磁性界面。

表 7-1 区域放射性及磁化率参数统计

地质单元	主要岩性	$K_2O/10^{-2}$		$U/10^{-6}$		$Th/10^{-6}$		磁化率 /[10^{-5}SI(k)]	
		变化范围	平均	变化范围	平均	变化范围	平均	变化范围	平均
Q_4	砂黏土风成砂	2.35~3.04	2.65	1.03~2.94	1.93	3.62~12.4	7.24	19.9~98.4	58.5
Q_3	石英砂	0.13~1.98	1.05	0.79~1.34	1.07	2.15~4.23	3.20	6.20~17.7	11.2
Q_2	砂黏土	1.56~2.24	1.91	2.01~3.31	2.74	10.5~16.3	12.5	20.0~57.5	35.9
Q_1	砂砾岩	4.03~4.53	4.37	0.81~1.01	0.91	9.15~10.8	9.82	5.00~10.0	6.4
$βQ_1$	玄武岩	1.14~1.31	1.26	2.01~2.94	2.40	4.91~5.34	5.14	630~2930	1187

续表

地质单元	主要岩性	$K_2O/10^{-2}$		$U/10^{-6}$		$Th/10^{-6}$		磁化率 /[10^{-5}SI(k)]	
		变化范围	平均	变化范围	平均	变化范围	平均	变化范围	平均
βE_{ij}	玄武岩	0.65~2.45	1.46	0.64~2.25	1.52	4.20~12.6	8.43	119~1246	319.3
K_2y	砂岩	1.65~6.74	2.91	1.21~2.73	1.93	10.1~12.5	11.6	15~25.6	19.8
K_2qn	砂岩泥岩	1.18~2.93	2.29	1.43~3.98	2.71	1.10~15.3	13.1	2.8~35.8	20.6
K_2q	砂砾岩泥岩	2.23~4.17	3.14	0.93~3.30	1.97	6.04~16.3	11.0	14~223	80.1
K_1d	碎屑岩	4.43~5.13	4.84	2.31~4.41	2.24	10.8~14.7	12.8	25.4~70.8	47.97

第二节　矿区岩层物性参数特征

矿区未进行过地面放射性测量工作，矿区地球物理特征主要是通过综合测井的地球物理资料分析研究进行的。

（1）根据矿区10个水文地质钻孔的综合测井（TYSC–3Q综合测井仪）资料，统计了矿区不同地层岩性的主要物性参数（见表7–2）。

表 7–2　地层岩石物性参数统计

地层	岩性	三侧向电阻率 /（Ω·m）		密度 /（g/cm^3）		声波时差 /（μs/m）		放射性计数 / s^{-1}	
		范围	均值	范围	均值	范围	均值	范围	均值
Q	泥岩	15~22	17.6	1.87~2.01	1.93	514~831	683	152~235	179
	粉砂岩	21~38	29.2	1.94~2.04	1.99	502~742	599	138~254	177
	细砂岩	11~71	60.7	1.88~2.03	1.97	547~817	682	49~94	91
	中砂岩	44~94	81.3	1.83~1.97	1.96	809~975	887	67~84	77
K_2n	泥岩	9~13	10.8	1.85~2.03	1.95	446~546	506	136~172	160
	粉砂岩	19~35	21.6	1.99~2.11	2.03	366~433	431	126~164	141
	含钙粉砂岩	33~138	70.4	2.02~2.23	2.13	185~451	294	124~159	140
	细砂岩	31~48	36.6	2.01~2.17	2.05	322~478	370	142~198	145
K_2y^2	泥岩	17~24	18.8	1.95~2.10	2.01	373~441	425	135~483	175
	粉砂岩	16~33	25.7	2.02~2.13	2.03	371~413	399	170~265	202
	细砂岩	20~35	32.2	1.95~2.08	2.01	334~485	456	237~512	253
	中砂岩	34~54	43.8	1.96~2.07	2.05	293~485	401	201~277	209
K_2y^1	泥岩	11~14	12.1	1.81~2.01	1.98	367~402	392	196~565	427
	粉砂岩	18~23	16.8	2.01~2.15	2.03	351~381	380	135~383	232
	含钙粉砂岩	15~36	37.7	1.95~2.04	2.01	316~340	320	181~576	465
	细砂岩	16~26	24.3	1.93~2.08	1.99	329~472	425	400~843	805

分析表明，在不同地层中，随着其岩性的变化，泥岩－粉砂岩－细砂岩－中砂岩，电阻率参数值逐渐递增，而其密度和声波时差参数值变化不大。但值得注意的是含钙岩石较同岩性的电阻率和密度值偏高，而声波时差值偏低。不同地层的放射性差异明显，第四系和上白垩统嫩江组岩性放射性强度比上白垩统姚家组上段、姚家组下段明显偏低，而后者恰为本区找矿的目的层。

（2）根据矿区钻孔的综合测井（1318XA）资料不完全统计，矿区各类不同地层和铀矿层的物性参数，见表7–3和表7–4。

表 7–3　不同地层物性参数统计

地　层	电阻率/(Ω·m)	时差/(μs/m)	有效孔隙度/%	泥质含量/%	渗透率/(10^{-3}μm^2)
水　层	34.5 (17.6 ～ 81.7)	430 (319 – 544)	24.2 (8.0 – 39.0)	20.8 (4.6 – 53.9)	1331 (59 – 6 514)
干　层	31.7 (16.8 – 52.5)	363 (277 – 407)	12.0 (2.3 – 19.7)	29.1 (2.4 – 69.8)	159 (1 – 460)
铀矿层	27.4 (12.6 – 43.0)	411 (338 – 472)	19.8 (10.8 – 35.9)	29.0 (4.9 – 58.5)	876 (37 – 4 250)
表外铀矿层	25.2 (12.3 – 52.2)	406 (342 – 461)	17.8 (8.2 – 30.4)	26.8 (3.8 – 71.3)	521 (15 – 2 256)
泥岩矿层及泥岩表外铀矿层	13.7 (9.4 – 18.1)	403 (359 – 475)	5.5 (0 –21.1)	71.1 (40.9 – 99.9)	6.2 (0.1 – 41.4)

表 7–4　铀矿层物性参数统计

铀矿层	铀含量/%	电阻率/(Ω·m)	时差/(μs/m)	总孔隙度/%	有效孔隙度/%	泥质含量/%	渗透率/(10^{-3}μm^2)
中砂岩	0.017	18.5	385.5	26.0	17.8	24.7	335.4
细砂岩	0.028	24.2	407.3	29.4	22.1	18.7	867.3
粉砂岩	0.024	26.1	421.3	30.4	19.8	24.5	735.3
泥岩	0.030	16.2	389.6	28.0	5.2	74.1	682.0

分析表明，矿区内含水层和铀矿层相对有效孔隙度高，渗透性好，但铀矿层普遍铀品位不高，差异也不大；具有低电阻性。各种岩性铀矿层的声波时差和总孔隙度差异小，但泥质含量总的偏高。相对而言，细砂岩铀矿层的泥质含量较低，有效孔隙度偏高，且渗透率也好些，而泥岩铀矿层最差。本区内主要为细粒砂岩型铀矿。

（3）为了提供铀矿勘探和地浸开发的基础地质资料，围绕矿床开展了2 km^{2}的地面磁测，基本弄清了区内辉绿岩脉的展布。对100块岩石标本进行了磁化率参数的测定（见表7–5）。

表 7-5　矿区岩石磁化率统计

地质单元	岩性	磁化率 /[10^{-6}SI(k)]		
		最小值	最大值	平均值
Q	沙土	8	10	10
K_2	辉绿岩	230	2 500	970
K_2	灰色细砂岩	9	20	15
K_2	紫红色泥岩	10	16	13
K_2	硅质胶结细砂岩	11	13	13
K_2	钙质胶结粉砂岩	12	13	13
K_2	钙质胶结砂砾岩	13	16	16

分析表明，Q和K_2地层中岩石磁化率很低，辉绿岩磁化率有波动，但其平均磁化率可高出围岩百倍左右，有明显的物性差异，可以有效地推断辉绿岩的分布。

第三节　资源量估算物性参数

在地浸砂岩型铀矿资源量估算中，一个非常重要的问题是准确确定铀矿体或铀矿石的物性参数。

（一）铀矿石密度

铀矿石密度一方面是资源量估算的直接参数；另一方面通过矿石密度可以估计原生矿石的胶结程度。矿石的胶结程度可推断能否地浸的指标，一般砂岩型铀矿石密度<2 t/m^3就表明矿石比较疏松、胶结程度差，可以间接推断是可地浸的。

钱家店铀矿床铀矿石密度测定：用烘干的一定质量的矿样在抽空状态下饱和煤油，然后再用千分之一天平称量计算。计算公式如下：

$$D=(G_1 \times D_{油})/(G_2-G_3) \tag{7-1}$$

式中：

G_1——烘干矿样的质量；

G_2——矿样饱和煤油后在空气中的质量；

G_3——矿样饱和煤油后在煤油中的质量；

$D_{油}$——煤油的密度；

D——矿样的密度。

采集不同钻孔的铀矿石样品进行密度测定，对矿区19个钻孔计54件含矿砂体样品进行了矿石密度的测定，其平均密度D为1.84 t/m^3（见表7-6），在资源量估算中以该值参与估算铀矿量。矿石密度1.84 t/m^{3}也表明钱家店砂岩型铀矿床是可地浸的。

表 7-6　钱家店铀矿床矿（岩）石密度测定结果

序号	钻孔号	原样品号	取样深度 /m	岩　性	铀含量 /%	密　度 /(t/m^3)
1	Ⅱ-001-01	1	248.40	细砂岩	0.032	2.02
2		2	250.20	细砂岩	0.032	1.39
3	Ⅱ-003-03	1	260.00	细砂岩	0.062	2.00
4	Ⅱ-004-03	1	270.70	细砂岩	0.058	2.0[illegible]
5		2	273.80	细砂岩	0.058	1.90
6	Ⅱ-005-05	1	254.30	细砂岩	0.029	2.04
7		2	255.50	细砂岩	0.029	2.08
8		3	275.00	细砂岩	0.030	2.19
9	Ⅱ-03-04	1	254.00	细砂岩	0.019	2.05
10	Ⅱ-04-04	1	249.50	细砂岩	0.032	1.82
11		2	254.30	细砂岩	0.032	1.95
12	Ⅱ-02-03	1	226.40	中砂岩	0.032	1.82
13		2	226.90	中砂岩	0.032	1.77
14		3	265.80	细砂岩	0.060	1.69
15		4	266.40	细砂岩	0.060	1.80
16		5	269.20	细砂岩	0.060	1.73
17		6	271.00	细砂岩	0.060	1.78
18		7	272.00	细砂岩	0.060	1.72
19		8	272.80	细砂岩	0.060	1.81
20		9	273.00	细砂岩	0.060	1.74
21		10	273.50	细砂岩	0.060	1.73
22		11	277.00	细砂岩	0.060	1.80
23	Ⅱ-02-04	1	248.00	细砂岩	0.026	1.68
24		2	249.00	细砂岩	0.026	1.70
25		3	250.00	细砂岩	0.026	1.31
26		4	250.80	细砂岩	0.026	1.75
27		5	252.20	细砂岩	0.026	1.71

续表

序号	钻孔号	原样品号	取样深度/m	岩性	铀含量/%	密度/(t/m³)
28	Ⅱ-02-04	6	253.00	细砂岩	0.026	1.72
29		7	254.00	细砂岩	0.026	2.03
30		8	257.00	细砂岩	0.026	1.74
31	Ⅱ-04-05	1	279.00	细砂岩	0.034	1.80
32		2	280.30	细砂岩	0.034	1.76
33		3	281.00	细砂岩	0.034	1.67
34		4	282.00	细砂岩	0.034	1.74
35	Ⅱ-SW-1B	1	289.60	细砂岩	0.027	1.85
36		2	291.00	细砂岩	0.027	1.87
37		3	295.00	细砂岩	0.027	1.75
38		4	311.50	细砂岩	0.037	1.78
39		5	313.20	细砂岩	0.037	1.80
40	Ⅱ-SW-2B	2	277.30	细砂岩	0.055	1.81
41		3	279.60	细砂岩	0.055	1.72
42	Ⅱ-01-03	1	258.50	细砂岩	0.040	1.77
43		2	261.50	细砂岩	0.040	1.93
44	Ⅱ-02-01	1	262.80	细砂岩	0.036	1.71
45		2	279.00	细砂岩	0.042	1.70
46	Ⅱ-05-05	1	257.50	细砂岩	0.032	1.79
47		2	260.10	细砂岩	0.032	1.90
48	Ⅱ-03-05	1	252.60	细砂岩	0.032	1.77
49		2	253.50	细砂岩	0.032	1.78
50		3	254.00	细砂岩	0.032	1.78
51		4	256.20	细砂岩	0.320	1.73
52	Ⅱ-SW-4A	1	277.00	细砂岩	0.068	1.93
53	Ⅱ-SW-5	1	261.50	细砂岩	0.023	1.79
54	Ⅱ-05-09	2	295.00	细砂岩	0.027	2.18
平均						1.84

（二）铀矿石湿度

据 “γ测井规范”（EJ/T 611—2002）规定，当铀矿石湿度$S>5\%$时，需对矿层中的铀含量作湿度修正：

$$Q_g=Q_s/(1-W) \qquad (7\text{-}2)$$

式中：

Q_g、Q_s——分别指矿石的干、湿铀含量的数值，%；

W——矿石湿度数值，%。

湿度测定：在实验室首先测定矿样的质量，然后将矿样在100 ℃以下烘干，再测定矿样的质量。最后计算烘干后矿样与湿矿样质量之差值，从而计算出矿样湿度的百分含量。其测定精度为0.1%。对钱家店矿区9个钻孔17个含矿砂体样品进行了湿度分析，其平均湿度为12.29%（见表7-7），表明需对矿层中的铀含量作湿度修正。

表 7-7　矿（岩）石湿度测定结果

序号	钻孔号	样品号	取样深度 /m	岩性	铀含量 /%	湿度 /%
1	II -001-01	1	226.30	细砂岩	0.024	15.5
2		2	248.40	细砂岩	0.032	13.1
3		3	250.20	细砂岩	0.028	14.9
4		4	227.00	细砂岩	0.024	11.8
5	II -001-05	1	256.00	细砂岩	0.026	14.3
6	II -003-03	1	260.00	细砂岩	0.062	14.8
7	II -004-03	1	270.70	细砂岩	0.058	12.2
8		2	273.80	细砂岩	0.058	14.2
9	II -005-05	1	254.30	细砂岩	0.029	12.3
10		2	255.50	细砂岩	0.029	12.4
11		3	275.00	细砂岩	0.030	11.7
12	II -03-04	1	254.00	细砂岩	0.019	10.8
13	II -04-04	1	249.50	细砂岩	0.032	9.2
14		2	254.30	细砂岩	0.032	14.6
15	II -SW-5	1	266.50	细砂岩	0.023	8.3
16	II -SW-7	1	208.40	细砂岩	0.023	11.3
17		3	261.00	细砂岩	0.042	7.5
平　均					0.030	12.29

（三）铀—镭平衡系数

地浸砂岩型铀矿床以含矿砂体水溶液渗透性好为前提，因此该类型铀矿床都表现出铀－镭不平衡现象。准确测定地浸砂岩型铀矿床各类岩石的铀－镭平衡系数有下列重要意义：

（1）为放射性测井解释数据提供可靠的修正参数；

（2）了解矿床各种岩性铀的迁移富集特征和规律；

（3）判断成矿铀源。

在铀矿勘查中，通过测量岩石的γ射线强度来评价其铀含量是行之有效的方法。在铀衰变系列中主要的γ射线辐射体是^{238}U的子体镭的短寿命子体核素$^{214}Pb(RaB)$和$^{214}Bi(RaC)$，其γ射线占整个铀系γ射线总量的98%，所以在γ射线测量中主要反映镭及其子体的含量。通过这个含量再换算出所测地质体中铀－镭处于平衡状态下的铀含量。而实际情况是，尤其对于地浸砂岩型铀矿床，受近代地球化学条件及地下水水文地质条件的影响，岩石中的铀不是近代被溶解迁走，就是被重新沉淀吸附，铀－镭往往存在不平衡的状态。因此，必须测定岩石的铀－镭平衡系数对放射性测量换算出的铀含量结果进行修正才能获得准确的铀含量。

放射性平衡系数的定义是：在放射性系列中，任何两种核素在岩石中的质量比值与它们所处于平衡状态的质量比值之比叫做这两种核素的放射性平衡系数。铀－镭平衡系数表示岩石中铀－镭质量比值与平衡状态时铀－镭质量比值之比，则铀－镭平衡系数K_p用下式计算：

$$K_p=Q_{Ra}/(Q_U\times3.4\times10^{-7}) \tag{7-3}$$

式中：

Q_{Ra}和Q_U——分别为样品中镭和铀的化学分析结果，以质量分数表示；

3.4×10^{-7}——铀和镭平衡时铀和镭质量数及其衰变常数换算出的系数。

铀－镭平衡系数在0.90~1.10之间，γ测井确定的当量铀含量可不予修正，超出该范围时矿层铀含量按下式修正：

$$Q_U=Q_\gamma/K_p \tag{7-4}$$

式中：

Q_U——修正后的铀含量，%；

Q_γ——修正前γ测井解释的铀含量，%。

1. 矿化砂岩铀－镭平衡系数特征

（1）钱家店铀矿床钱Ⅱ块地段矿化砂岩铀－镭平衡系数。

在钱Ⅱ块地段不同钻孔共测定94件砂岩铀矿石样品，铀的平均含量为426.52×10^{-6} g/g，样品总长度H=28.57 m。

对每个样品进行铀－镭平衡系数（K_p）计算，结果是：算术平均值K_p=0.84。

对每个样品的K_p值进行铀含量和厚度的加权平均获得K_p=0.77，即

$$K_p = \sum(H_iU_iK_{pi}) \ / \ \sum(H_iU_i)=0.77 \qquad (7\text{–}5)$$

式中：

H_i——样品长度；

U_i——样品铀含量；

K_{pi}——单个样品计算获得的铀－镭平衡系数。

钱Ⅱ块地段矿化砂岩样品铀－镭平衡系数具有正态分布特征（如图7–1所示），并表明矿化砂岩明显偏铀，与计算结果一致。

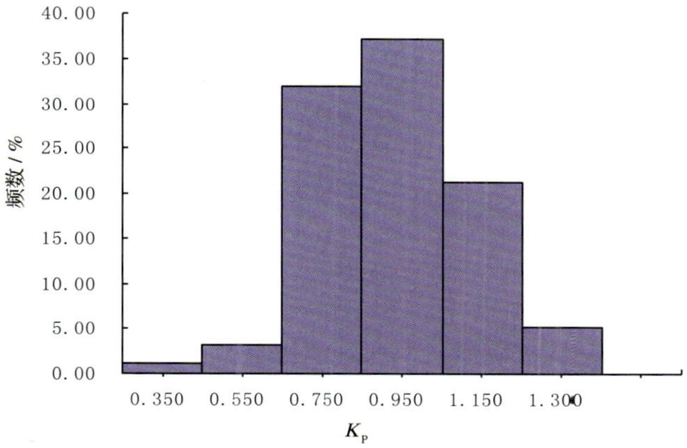

图7-1　钱Ⅱ块地段矿化砂岩铀－镭平衡系数（K_p）频谱特征

（2）钱家店铀矿床钱Ⅲ块地段矿化砂岩铀－镭平衡系数。

对钱Ⅲ块地段不同钻孔共取矿化砂岩样品81件，铀的平均含量为410.14×10^{-6} g/g。样品总长度：H=25.60 m。

对每个样品进行铀－镭平衡系数（K_p）计算，表明钱Ⅲ块地段矿化砂岩明显偏铀（如图7–2所示）。结果是：算术平均值K_p=0.76。

对每个样品的K_p值进行铀含量和厚度的加权平均获得K_p=0.66，即

$$K_p = \sum(H_iU_iK_{pi}) \ / \ \sum(H_iU_i)=0.66$$

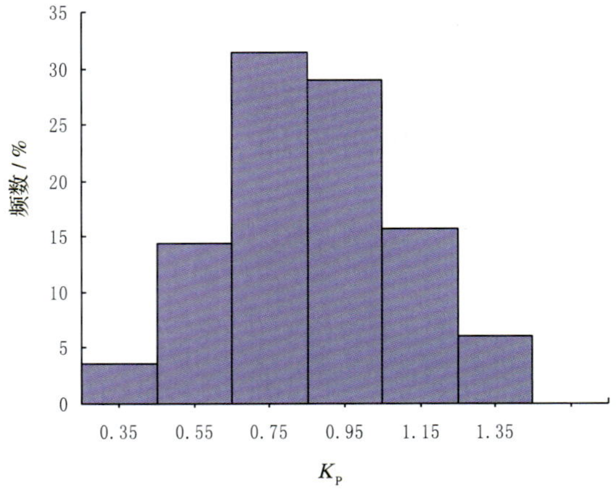

图7-2 钱Ⅲ块地段矿化砂岩铀－镭平衡系数（K_p）频谱特征

（3）钱Ⅳ块地段矿化砂岩铀－镭平衡系数。

对钱Ⅳ块地段78个矿化砂岩样品的铀、镭测定结果，铀的平均含量为822.32×10^{-6} g/g。样品总长度H=20.40 m。

对每个样品进行铀－镭平衡系数（K_p）计算，钱Ⅳ块铀矿床矿化砂岩明显偏铀（如图7–3所示）。结果是：算术平均值K_p=0.73。

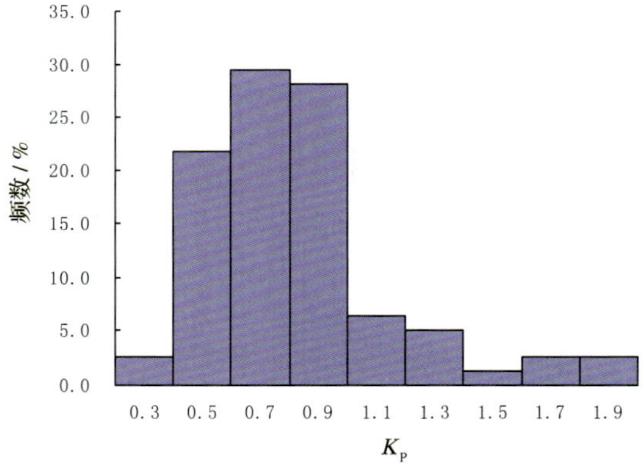

图7-3 钱Ⅳ块地段矿化砂岩铀－镭平衡系数（K_p）频谱特征

对每个样品的K_p值进行铀含量和厚度的加权平均获得K_p=0.69，即

$$K_p=\sum(H_iU_iKp_i)\ /\ \sum(H_iU_i)=0.69$$

2. 非矿化砂岩铀－镭平衡系数

（1）钱Ⅱ块地段非矿化砂岩铀－镭平衡系数。

在钱Ⅱ块地段不同钻孔姚家组非矿化砂岩样品共108件进行了铀、镭含量测定，铀的平均含量为39.08×10^{-6} g/g。样品长度总长度H=33.01 m。铀－镭平衡系数K_p的频谱分布特征如图7-4所示，可见钱Ⅱ块铀矿床非矿化砂岩明显偏镭。

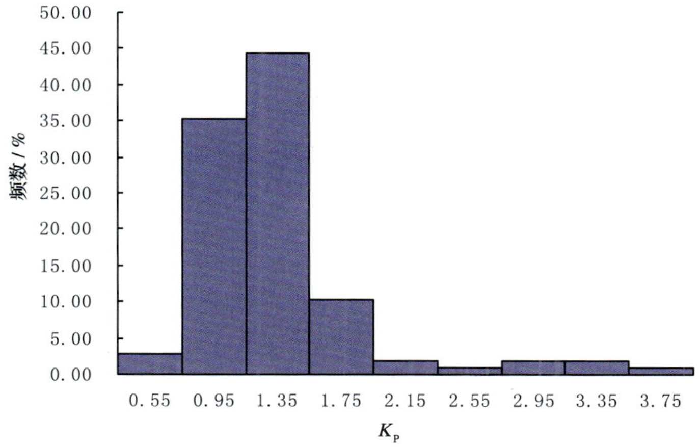

图7-4 钱Ⅱ块铀矿床非矿化砂岩铀－镭平衡系数（K_p）频谱特征

计算结果为：算术平均值K_p=1.16。

对每个样品的K_p值进行铀含量和厚度加权平均获得K_p=1.17，即

$$K_p=\sum(H_iU_iK_{pi})\ /\ \sum(H_iU_i)=1.17$$

（2）钱Ⅲ块地段非矿化砂岩铀－镭平衡系数。

钱Ⅲ块地段不同钻孔非矿化砂岩样品共151件，样品总长度H=41.73 m，铀的平均含量为39.19×10^{-6} g/g。铀－镭平衡系数（K_p）的频谱分布特征如图7-5所示，可见钱Ⅲ块地段非矿化砂岩明显偏镭。计算结果为：算术平均值 K_p=1.15。

对每个样品的K_p值进行铀含量和厚度加权平均值为1.17，即

$$K_p=\sum(H_iU_iK_{pi})\ /\ \sum(H_iU_i)=1.17$$

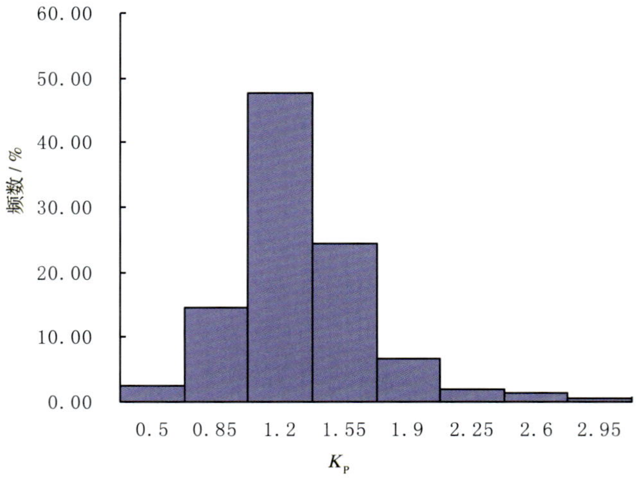

图7-5 钱Ⅲ块铀矿床非矿化砂岩铀－镭平衡系数（K_p）频谱特征

（3）钱Ⅳ块地段非矿化砂体的铀－镭平衡系数。

钱Ⅳ块地段不同钻孔非矿化砂岩样品共279件，铀的平均含量为36.15×10^{-6} g/g。样品总长度H=75.52 m，铀－镭平衡系数（K_p）频谱特征如图7–6所示，表明钱Ⅳ块地段非矿化砂岩稍微偏镭，计算结果为：算术平均值K_p=1.12。

对每个样品的K_p值进行铀含量和厚度加权平均获得K_p=1.08，即

$$K_p=\sum(H_iU_iK_{pi})\ /\ \sum(H_iU_i)=1.08$$

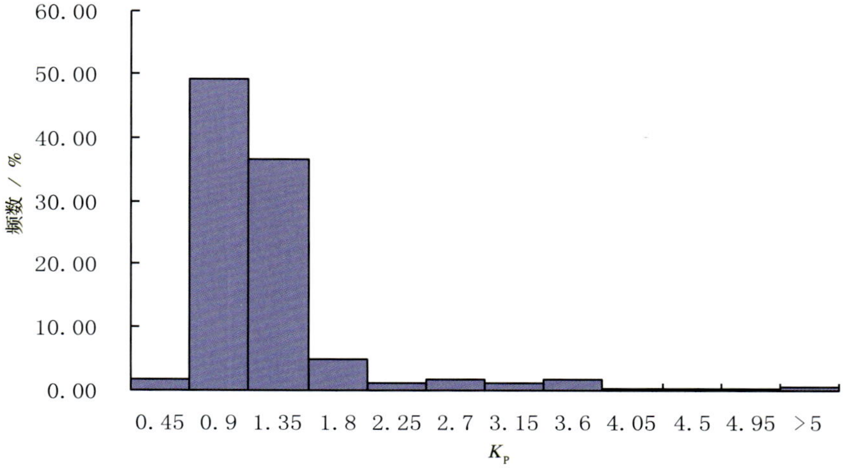

图7-6 钱Ⅳ块铀矿床非矿化渗透性砂体铀－镭平衡系数(K_p)频谱特征

3. 矿化泥岩铀－镭平衡系数

在钱家店铀矿田范围内含矿岩系姚家组无论是姚家组下段还是姚家组上段砂体都

含有多个灰色薄层泥岩或透镜体，有的泥岩有铀矿化，有的则无铀矿化，但存在好的或较大铀矿化砂岩体时，矿体附近一般都伴有灰色泥岩类岩石。笔者专门对钻孔矿化泥岩类岩石进行取样，共取86件泥岩类矿化岩石样品。其铀的平均含量为613×10^{-6} g/g。样品总长度H=23.52 m。铀－镭平衡系数（K_p）频谱特征如图7-7所示。计算结果为：矿化泥岩类矿石算术平均值K_p=0.81；厚度和铀含量加权平均值K_p=0.67。

看来矿化泥岩类岩石严重偏铀。

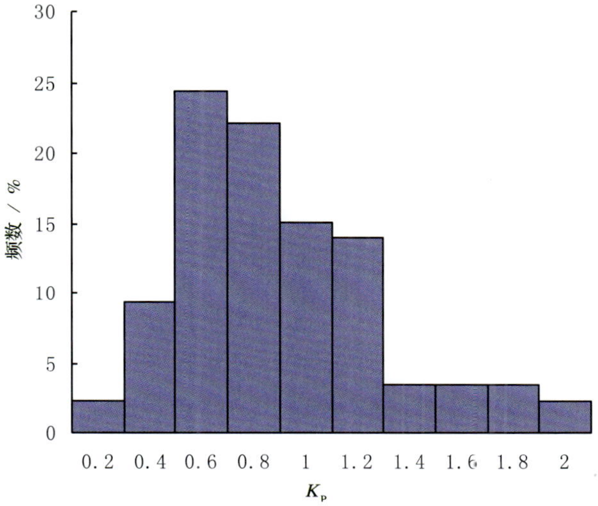

图7-7 钱家店铀矿田矿化泥岩铀－镭平衡系数（K_p）频谱特征

4. 非矿化泥岩铀－镭平衡系数

对钱家店铀矿田姚家组砂体中的非矿化泥岩夹层或泥岩透镜体共取115件样品，铀的平均含量为31.32×10^{-6} g/g 。样品总长度H=28.16 m。非矿化泥岩铀－镭平衡系数（K_p）频谱分布如图7-8所示。计算结果为：非矿化泥岩算术平均值K_p=1.52；厚度和铀含量加权平均值K_p=1.45。

显而易见，非矿化泥岩类岩石强烈偏镭。

5. 重要结论

通过对钱家店地浸砂岩型铀矿床各类岩石铀－镭平衡系数特征的系统研究，可以得出以下重要结论：

（1）钱家店铀矿床矿化砂岩偏铀，非矿化砂岩偏镭，表明近代（16 000年内）地下水在砂体中具有迁移和富集的特性，钱家店铀矿床约1/4的资源量是近现代形成的。非矿化砂体和非矿化泥岩铀迁出，矿化砂体获得铀，即非矿化砂岩和泥岩提供了铀源。

（2）由于泥岩类（包括粉砂岩）岩石表现出明显的铀－镭不平衡形象，证明泥岩类岩石是具有渗透性的。通常认为泥岩类岩石是不透水的，其铀矿化现象被视为原始沉积期铀矿化，这种观点值得商榷。钱家店铀矿田姚家组砂体中的泥岩夹层，其矿化泥岩明显偏铀，非矿化泥岩强烈偏镭，表明泥岩类岩石在铀成矿的地质时期内（不是人类活动时间）地下水是能够渗透的。

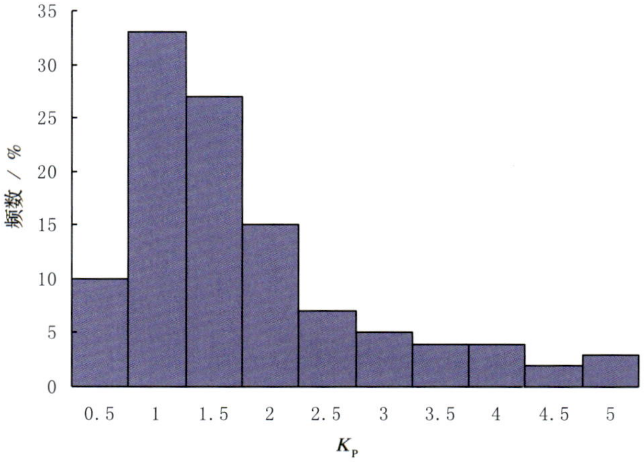

图7-8 钱家店铀矿田非矿化泥岩铀－镭平衡系数（K_p）频谱特征

（3）根据矿化砂岩和矿化泥岩都明显偏铀及非矿化砂岩和非矿化泥岩都强烈偏镭的事实，有理由相信非矿化砂岩和非矿化泥岩是铀成矿的重要铀源。这也是为什么沉积盆地产铀砂体一般都具有灰色泥岩夹层、含较多还原剂等特征，表明原始沉积就存在铀的预富集，预富集在砂体或泥岩中的铀是后来水成铀矿的主要铀源。

（4）地浸砂岩型铀矿赋存于还原容量高、特别是含有多层灰色泥岩透镜体或灰色泥岩夹层的沉积砂体，而纯净的沉积砂体不可能成矿。

以上结论或认识充实了地浸砂岩型铀矿的成矿理论，也为进一步更有效地寻找地浸砂岩型铀矿提供了重要线索或依据。

（四）镭—氡平衡系数

地浸砂岩铀矿钻进过程中，由于井液泥浆的压力大于含矿段含水层的压力，井液泥浆将进入铀矿层岩石孔隙（压氡现象），使得层间水及溶解于其中的氡一起被挤压而离开孔壁，破坏了镭氡之间的平衡，导致γ测井结果偏低。同时，在钻进过程中，泥浆渗入井壁周围一定范围，也会在井壁形成一层厚厚的泥浆饼，都会对γ射线有一定的屏蔽吸收作用，使γ测井照射量率数值偏低。因此，必须测定镭－氡平衡系数，通过修正求出正确铀含量。

依据钱家店铀矿床的矿体空间分布特点，针对姚家组上段、下段含矿层分别设计施工了钱Ⅱ–WT–1和钱Ⅱ–WT–2（2000年）、钱Ⅱ–WT–3（2011年）和钱Ⅱ–WT–4、钱Ⅱ–WT–5（2012年）共5个物探参数孔。

通过连续观察测井结果看，该区段钻孔压氡现象明显，测井前8天异常面积(镭–氡平衡系数)变化显著，特别是前2~6天变化最大。观察测井第9天~第16天异常面积(镭–氡平衡系数)的变化逐渐减小。第17天~第24天异常面积(镭–氡平衡系数)变化较小并且开始趋于稳定。在第25天~30天以后异常面积（镭–氡平衡系数）基本没有变化。

影响镭–氡平衡系数变化的主要原因是氡的迁移或屏蔽作用。氡在砂体中随含铀水一起迁移，或者沿断裂带、裂隙带析出出现局部增高。氡通过扩散和对流的途径伴随气流和水流进行迁移，在有利条件下，对流迁移是氡迁移的最主要方式。

虽然影响镭–氡平衡系数变化的因素较多，但镭–氡饱和后的平衡系数主要与沉积地质环境、矿石铀含量、砂体的渗透性和钻探方法等因素有关。

依据国家和行业相关的规程规范，镭–氡平衡系数研究方法采用γ状态观察测井，依据测井过程中异常面积的变化判断镭氡是否平衡，并利用公式计算镭–氡平衡系数P_{Rn}：

$$P_{Rn}=S_0/S_i \tag{7-6}$$

式中：

S_0——基本γ测井异常面积；

S_i——镭氡平衡后γ测井异常面积。

5个物探参数孔镭–氡平衡系数统计结果见表7–8。

表7–8　钱家店铀矿床镭–氡平衡系数计算表

孔号	统计单元	基本测井异常曲线面积/[m·nc/(kg·h)]	镭–氡平衡后测井异常曲线面积/[m·nc/(kg·h)]	镭–氡平衡系数(P_{Rn})	完成时间
钱Ⅱ–WT–1	主异常段	602.26	687.10	0.876 5	2000年
	3号异常段	388.93	443.25	0.877 5	
	6号异常段	138.31	156.45	0.881 4	
钱Ⅱ–WT–2	3号异常段	178.09	200.20	0.889 6	
钱Ⅱ–WT–3	3号异常	672.00	763.60	0.880 0	2011年
	6号异常	882.93	1 024.00	0.862 2	
钱Ⅱ–WT–4	2号异常	455.71	514.08	0.886 5	2012年
钱Ⅱ–WT–5	1号异常	1 160.78	1 339.84	0.866 4	
P_{Rn}的平均值				0.877 5	

从统计结果看，5个钻孔8个统计单元的“镭–氡平衡系数”结果很接近。钱家店

铀矿床姚家组上段“镭－氡平衡系数”的平均值为0.878 5，姚家组下段“镭－氡平衡系数”的平均值为0.889 6，两层“镭－氡平衡系数”相对误差仅为1.26%，因此可认为这两段地层的镭－氡平衡系数相同。姚家组上段、下段“镭－氡平衡系数”的平均值为0.877 5。

物探参数孔研究结果表明，钱家店铀矿床“压氡现象”明显，γ测井结果需要进行修正。姚家组“镭－氡平衡系数”为0.877 5，依据规范可用下列公式对该矿层品位进行镭－氡平衡系数修正：

$$Q_u=Q_a/P_{Rn} \tag{7-7}$$

式中：

Q_u、Q_a——分别为不存在和存在压氡现象时的铀含量；

P_{Rn}——镭－氡平衡系数。

（五）有效原子序数

γ测井换算系数是矿层γ射线谱成分和探测器能谱灵敏度的函数。决定谱成分的是矿石的物质成分，常用有效原子序数Z_{eff}表征。Z_{eff}的差异影响着小于400 keV的低能γ散射谱，会影响γ测井的换算系数。通常根据矿（岩）石化学全分析结果，利用下式计算Z_{eff}：

$$Z_{eff}=\left(\sum P_Z Z^{2.3}\right)^{1/2.3} \tag{7-8}$$

式中：

P_Z——矿石组分中原子序数为Z的元素的质量分数；

Z——相应元素的原子序数。

本矿区利用302个化学全分析的结果，计算出矿（岩）石的有效原子序数，各类不同岩性的统计结果列入表7–9。由表7–9可见，钱家店铀矿床各类样品有效原子序数没有明显变化，其算术平均值$Z_{eff}=12.4$，在《γ测井规范》EJ/T 611—2005规定的9~21的范围内，对放射性测井无影响。

表 7–9　钱家店铀矿床矿（岩）石有效原子序数（Z_{eff}）综合表

矿（岩）石类型	样品个数	Z_{eff}最大值	Z_{eff}最小值	Z_{eff}平均值
全部样品	302	14.13	11.72	12.40
砾岩、泥砾岩	18	13.78	12.18	13.11
泥岩	20	14.13	11.98	12.64
砂岩	264	13.64	11.72	12.34
>0.01%铀矿石	108	14.13	11.72	12.40
非矿石	194	13.77	12.18	12.27

（六）钍、钾元素干扰情况

在铀矿层中，Th和K元素的含量过高，其对γ总量测井的贡献会导致测井解释结果的铀含量偏高。据《γ测井规范》（EJ/T 611—2002）中指出："当γ测井确定的铀矿层中的钍含量大于0.005%或钍铀比值大于0.1"时，应进行Th干扰因素的修正。本次使用是FD－3 019 γ总量测井，如果Th、K含量高则会对测铀有不同程度的影响。故在本矿区范围内，仍对Th、K元素含量进行了大量分析，并对Th、U、K和U相关性进行了统计分析。

对钱家店铀矿床含矿层姚家组312件样品钍含量测定表明，本区姚家组岩（矿）石钍含量总体很低，所有样品均<20 μg/g，平均为9.50 μg/g，且Th/U≪0.1。由U和Th含量统计表明，U和Th的相关系数为0.070 5，即基本无相关关系（如图7–9所示）。因此，在钱家店铀矿床Th对放射性测井不会有影响，不必对Th干扰进行修正。

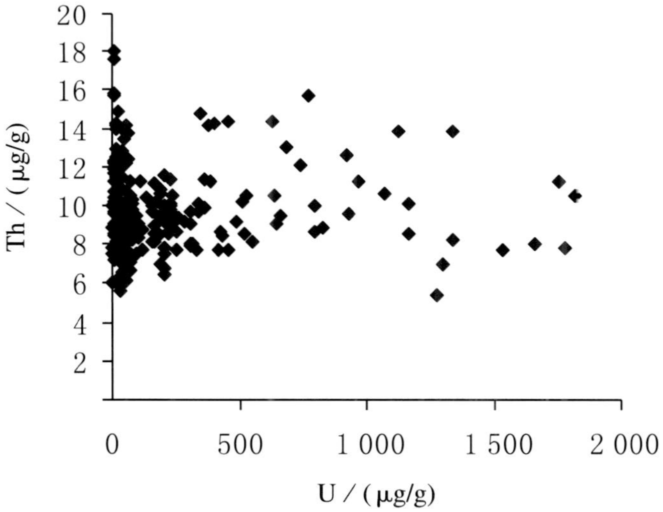

图7-9　312个样品U-Th相关图（R=0.070 51）

钾（^{40}K）也是一个具有放射性的元素。根据《γ测井规范》，钾含量大于10%时，应进行钾干扰因素修正。312件样品的钾含量都很低，平均K_2O为3.38%，U与K的相关性统计表明也没有明显的相关关系，相关系数为－0.043（如图7–10所示）。因此放射性测井不必考虑钾的影响。

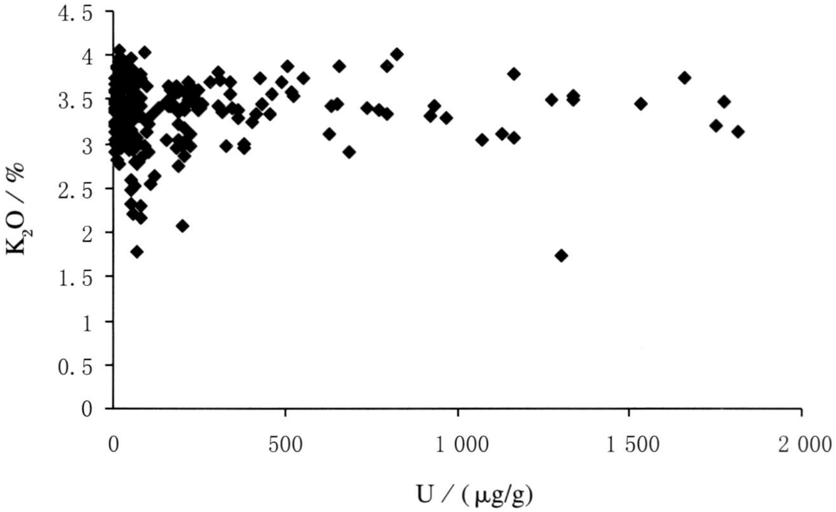

图7-10　312件U-K_2O相关图(R= −0.043)

第八章 矿床地球化学

第一节 常量元素地球化学

钱家店砂岩型铀矿床的含矿主岩是上白垩统姚家组，以灰色、灰白色岩屑长石细砂岩为主，其次为灰色含泥砾岩屑长石粗砂岩、砂砾岩、灰色粉砂岩和灰色泥岩。

灰色、灰白色岩屑长石细砂岩，多为细粒结构，孔隙胶结。碎屑成分中酸性火山岩岩屑20%~35%，花岗岩岩屑少量，长石25%~30%，石英少于20%，炭屑、黑云母含量1%~2%，其成分成熟度较低。胶结物主要为黏土，其次为碳酸盐、黄铁矿等。碎屑磨圆度多为次棱角到次圆状，结构成熟度较好。宏观上该类砂岩多为厚层状块状构造、水平层理、斜层理、波状层理、交错层理、槽状交错层理、冲刷构造等沉积构造发育。灰色、灰白色岩屑长石细砂岩是钱家店铀矿床的主要含矿主岩。灰色含泥砾岩屑长石粗砂岩、砂砾岩类多为不等粒结构，基底式胶结，碎屑成分中灰色泥岩、泥砾和红色泥岩、泥砾占5%~10%，酸性火山岩岩屑20%~30%，长石占30%，其成分成熟度低。胶结物成分主要为黏土和碳酸盐（方解石）。从宏观上，该类岩石主要分布于灰色、灰白色岩屑长石细砂岩的底部，多为块状构造。碎屑磨圆度多为次棱角状到次圆状。

灰色砂岩、灰色泥岩类多呈透镜状夹层分布于灰色灰白色岩屑长石细砂岩中，属河流间湾沉积。该类岩石普遍富含炭屑、黄铁矿。炭屑多呈长条状、碎片状、微层状产出，黄铁矿主要为草莓状黄铁矿，产于有机质胞腔中。钱家店铀矿床部分富矿（铀品位0.1%）产于该类岩石中。

根据对姚家组含矿主岩的100件硅酸盐化学全分析结果（见表8–1），按佩蒂庄岩石化学分类（如图8–1表示），姚家组含矿砂岩主要为长石砂岩，与镜下薄片鉴定结论基本相吻合。

含矿砂岩的平均SiO_2/Al_2O_3为5.97，明显低于佩蒂庄岩石化学分类中长石砂岩的平均值8.16，说明含矿砂岩成分成熟度低，含矿砂岩的平均K_2O+Na_2O为4.22%，$K_2O>Na_2O$，表明砂岩中长石主要为钾长石，与镜下薄片鉴定结果一致。含矿砂岩中平均CaO含量为0.48%，少数样品含量1%~2%，表明姚家组上段含矿砂岩属正常砂岩，碳酸盐胶结程度低。含矿砂岩的Fe^{3+}/Fe^{2+}比值为1.29，Fe^{3+}略大于Fe^{2+}，表明含矿砂岩总体处于弱氧化还原环境。

含矿粉砂岩、泥岩的平均SiO_2/Al_2O_3为5.62，平均K_2O+Na_2O为3.81%，$K_2O>Na_2O$，平均CaO含量为0.97%，Fe^{3+}/Fe^{2+}比值为0.77，Fe^{3+}略少于Fe^{2+}，以上参数表明含矿粉砂岩、泥岩的成分与含矿砂岩成分相似，物源一致，属于还原环境。

上述结果表明，姚家组的沉积物源总体上趋近于花岗质岩石的化学成分特点。

钱家店铀矿床姚家组富矿石与贫矿石的常量元素组成特征综合于表8–2。

从表8–2中可以看出，富的铀矿石（铀品位大于0.1%）的常量元素组成有两种，一种富矿石贫SiO_2，SiO_2平均含量为61.95%，Al_2O_3含量高，平均Al_2O_3含量为16.1%，平均CaO含量为1.55%。这种组成特点反映了富矿石的岩石为灰色粉砂质泥岩，主要分布于姚家组下岩性段。第二种富矿石为富SiO_2，SiO_2平均含量为76.5%，贫Al_2O_3，平均含量为9.94%，平均CaO含量为1.03%，反映富矿石的岩石为砂岩，主要分布于姚家组上岩性段。两种不同主岩的富矿，其共同特点是富FeO、S，平均FeO含量为1.74%~2.10%，Fe_2O_3/FeO比值为0.53~0.77，FeO明显大于Fe_2O_3，S的平均含量为0.55%~1.08%，明显高于贫矿的含量。这与富矿石富含黄铁矿有关。两种富矿石的平均pH值为7.24~9.62，ΔEh值为41.5~44.63 mV，均为形成于弱碱性的还原环境。

从表8–2中还可以看出，贫矿石（指铀品位在0.01%~0.1%）与富矿石的SiO_2、Al_2O_3、K_2O、CaO等常量元素组成无明显差别。它们的最大差别是Fe_2O_3大于FeO，Fe_2O_3/FeO比值为0.91~1.68，与贫矿石中不含黄铁矿有关。S含量低，平均S含量在0.2~0.3之间，pH值为9.06~8.52，ΔEh值为35.1~57.0 mV，说明贫矿化总体上表现为形成于弱氧化还原环境。

表 8-1　钱家店铀矿床含矿主岩岩石化学平均值表　（%）

地层	样品编号	岩性	样品数	Al_2O_3	SiO_2	CaO	K_2O	TiO_2	Fe_2O_3	MgO	Na_2O	MnO	P_2O_5	烧失量	FeO	SiO_2/Al_2O_3	K_2O+Na_2O	Fe^{3+}/Fe^{2+}
姚家组下段	00709	粉砂泥岩	13	12.20	73.62	1.68	3.25	0.39	2.27	0.50	0.69	0.05	0.09	5.00	1.34	6.03	3.94	0.70
		砂岩	4	12.41	71.21	2.35	3.16	0.36	2.66	0.70	0.71	0.04	0.10	6.07	1.57	5.74	3.87	0.70
	0511	灰色泥岩	1	15.11	71.69	0.60	3.01	0.57	2.51	0.60	0.39	0.03	0.10	5.20	1.31	4.74	3.40	0.92
		砂岩	2	13.12	75.85	0.70	3.67	0.32	1.24	0.33	0.47	0.01	0.08	3.92	0.71	5.78	4.14	0.74
	0705	砂岩	2	11.92	77.15	0.52	3.19	0.34	1.81	0.31	0.55	0.03	0.10	3.78	0.97	6.47	3.74	0.87
	0709	灰色泥岩	1	11.68	76.19	2.28	3.15	0.32	1.09	0.22	0.46	0.06	0.12	4.08	0.63	6.52	3.61	0.73
		砂岩	3	11.71	71.75	1.76	2.82	0.37	4.10	0.43	0.48	0.09	0.11	6.47	2.68	6.13	3.30	0.53
	0711	红色泥岩	3	16.42	66.04	0.28	3.08	0.64	5.81	0.77	0.31	0.04	0.13	6.39	1.08	4.02	3.40	4.39
		砂岩	9	11.63	72.53	2.41	3.10	0.39	2.36	0.59	0.56	0.08	0.10	5.98	1.42	6.24	3.65	0.66
姚家组上段	0816	灰色泥岩	2	14.33	59.80	5.70	3.00	0.60	3.27	1.42	0.84	0.34	0.19	10.54	1.26	4.17	3.84	1.59
		砂岩	1	10.02	80.03	0.40	3.41	0.27	1.44	0.22	1.75	0.02	0.08	1.96	0.83	7.99	5.16	0.73
	10005	泥岩	3	14.92	69.73	1.09	3.24	0.60	3.66	0.77	0.63	0.05	0.12	4.89	1.34	4.67	3.87	1.72
		砂岩	1	11.15	79.78	0.41	3.33	0.30	0.80	0.25	0.92	0.01	0.09	2.58	0.29	7.16	4.25	1.76
	1012	灰色泥岩	1	8.04	50.28	16.29	2.10	0.26	2.56	1.62	1.30	0.37	0.18	16.84	1.68	6.25	3.78	0.42
		砂岩	3	12.15	74.98	0.62	3.37	0.46	2.30	0.47	1.52	0.05	0.09	3.69	1.10	6.17	4.89	1.09
	1401	砂岩	6	12.79	72.54	1.72	3.45	0.41	2.18	0.58	1.27	0.03	0.10	4.62	1.15	5.67	4.71	0.90
	1404	灰色泥岩	2	11.46	67.33	4.07	2.89	0.39	2.91	1.24	0.96	0.16	0.15	8.34	1.89	5.88	3.84	0.54
		砂岩	2	11.50	75.02	1.39	3.34	0.36	2.11	0.47	1.29	0.05	0.10	4.07	1.07	6.53	4.63	0.98
	1412	砂岩	3	13.18	73.76	0.46	3.48	0.53	2.58	0.52	1.48	0.03	0.10	3.53	1.37	5.59	4.96	0.88
	1405	砂岩	7	11.03	76.15	0.43	3.23	0.28	2.66	0.27	0.83	0.02	0.09	4.63	1.59	6.91	4.06	0.67
	1604	砂岩	2	11.79	78.33	0.64	3.46	0.34	1.09	0.29	1.11	0.04	0.08	2.48	0.44	6.64	4.57	1.49
	1605	灰色泥岩	4	14.59	70.20	1.36	2.99	0.58	2.96	0.56	0.44	0.03	0.11	6.00	1.20	4.81	3.43	1.47
		砂岩	11	12.79	75.17	0.48	3.47	0.34	2.20	0.33	0.79	0.02	0.10	3.97	0.94	5.88	4.26	1.34
	1805	红色泥岩	1	13.49	72.98	0.35	3.29	0.54	3.14	0.51	0.91	0.02	0.11	4.40	1.05	5.41	4.20	1.99
		砂岩	4	12.45	73.10	2.01	3.35	0.40	1.69	0.51	0.96	0.04	0.12	5.09	1.07	5.87	4.31	0.59
	1616	灰色泥岩	1	11.98	61.96	7.19	2.74	0.45	3.61	0.95	0.90	0.11	0.11	9.80	1.35	5.17	3.64	1.67
		砂岩	1	9.92	76.04	1.82	3.28	0.27	1.86	0.51	1.63	0.06	0.08	4.12	1.14	7.67	4.91	0.63

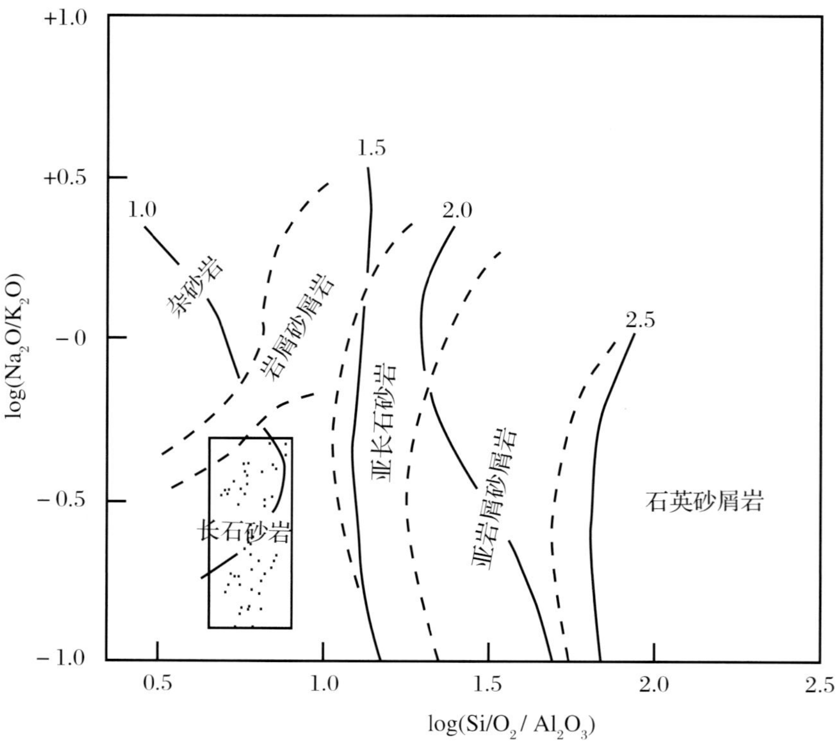

图8-1 钱家店铀矿床砂岩分类图

表 8-2 钱家店铀矿床富矿岩石与贫矿岩石的常量元素组成

岩性 化学分析	灰色泥岩	灰色泥岩	灰色泥岩	灰色砂岩	灰色砂岩	杂色砂岩	灰色泥岩	灰色粉砂岩	灰色砂岩	灰色砂岩
样品数	4	2	4	4	39	7	2	5	8	27
矿化层位	姚家组下段						姚家组上段			
矿石品级	矿化	富矿	矿化	富矿	矿化	矿化	矿化	矿化	富矿	矿化
$U / 10^{-6}$	283	1170	227	1795	319	328	308	258	1419	274
SiO_2 %	62.70	61.95	66.11	65.92	70.43	58.98	65.49	54.56	76.52	73.17
$A1_2O_3$ %	15.61	16.18	15.28	12.24	10.37	9.72	14.93	12.02	9.94	11.03
CaO %	3.09	1.55	1.36	4.80	4.36	3.40	1.56	3.65	1.03	3.29
MgO %	1.33	1.68	1.53	1.33	1.23	0.92	1.43	1.40	0.54	1.05
K_2O %	3.32	3.60	3.44	3.32	2.87	2.75	3.44	3.45	3.46	3.22
Na_2O %	0.54	0.74	0.83	0.91	1.01	0.93	0.67	0.94	1.06	1.07
TFe %	3.43	3.96	4.00	3.04	2.26	2.94	3.97	3.31	3.01	2.76
Fe_2O_3 %	2.07	1.62	2.09	1.14	1.07	1.72	1.80	1.49	0.97	0.82
FeO %	1.23	2.10	1.72	1.71	1.11	1.25	1.96	1.63	1.83	1.74
TiO_2 %	0.70	0.71	0.62	0.54	0.39	0.42	0.77	0.58	0.41	0.41
MnO %	0.10	0.08	0.06	0.21	0.09	0.07	0.04	0.09	0.12	0.18
P_2O_5 %	0.20	0.16	0.20	0.21	0.12	0.18	0.15	0.10	0.18	0.11
烧失量 %	8.55	8.09	5.90	6.88	6.58	5.89	7.10	5.49	1.88	3.17
S %	0.30	0.56	0.25	0.55	0.14	0.28	0.43	0.27	1.08	0.27

续表

岩性 化学分析	灰色泥岩	灰色泥岩	灰色泥岩	灰色砂岩	灰色砂岩	杂色砂岩	灰色泥岩	灰色粉砂岩	灰色砂岩	灰色砂岩
TOC %	0.17	0.10	0.13	0.12	0.11	0.13	0.29	0.20	0.12	0.12
pH	9.06	9.62	9.57	8.97	9.44	9.42	8.52	9.15	7.28	8.64
ΔEh / mV	47.25	41.50	38.25	41.50	27.38	32.86	57.00	39.40	44.63	35.14
SiO_2/Al_2O_3	4.02	3.83	4.33	5.39	6.79	6.07	4.39	4.54	7.70	6.63
CaO / MgO	2.32	0.92	0.89	3.61	3.54	3.70	1.09	2.61	1.91	3.13
K_2O/Na_2O	6.15	4.86	4.14	3.65	2.84	2.96	5.13	3.67	3.26	3.01
Fe_2O_3/FeO	1.68	0.77	1.22	0.67	0.96	1.38	0.92	0.91	0.53	0.47

第二节 稀土元素地球化学

对100件岩（矿）石样品进行了稀土元素分析（见表8-3）。各类岩（矿）石稀土配分模式如图8-2~图8-12所示。

砂岩类富矿石（铀品位>0.1%）的相对富集重稀土，LREE/HREE比值为3.94~9.35，δEu0.6~0.76，明显偏高，δEu损失不明显，$(La/Yb)_N$值为4.09~6.23，明显偏低，表明富铀矿石具有后生改造叠加成矿作用特点，在成矿过程中稀土元素有一定的分馏作用。

泥岩类富矿石（铀品位>0.1%）表现为相对富集轻稀土，LREE/HREE比值为8.64~9.35，δEu亏损不明显，为0.65~0.98，$(La/Yb)_N$明显偏高，8.69~9.18。

贫矿石(铀含量0.01%~0.1%)的稀土配分总体上表现富集轻稀土，LREE/HREE比值多数达8~11，少数为6~5。δEu亏损明显，多数为0.5~0.6，$(La/Yb)_N$比值多数8~12，反映明显后生氧化改造叠加成矿特点，富集轻稀土。

氧化的黄色砂岩与灰色砂岩以及姚家组上段和姚家组下段砂岩的稀土配分模式基本没有原则差别。而灰色砂岩与灰色泥岩的稀土组成也基本一致，反映了本区姚家组沉积砂岩、泥岩为同源产物。

由稀土配分模式可见，尽管在后期改造过程中轻重稀土略有分馏，但稀土配分模式基本相同或一致（如图8-2~图8-12所示），表明姚家组沉积物源来自相同源区，并且物源是分异较好的酸性岩类（花岗岩类及火山岩类，δEu负异常）。这样的物源是本区姚家组地层得以存在铀预富集的基本条件。

表 8-3 钱家店铀矿床稀土分析及参数结果表

	样号	岩性	Σ REE	LREE	HREE	LR/HR	Gd-Y	LR/Gd-Y	δ Eu	δ Ce	La/Sm	La/Yb	Ce/Yb	Eu/Sm	Sm/Nd	$(La/Yb)_N$	$(Ce/Yb)_N$	$(Sm/Eu)_N$
富矿石	1405-08	暗灰色细砂岩	146.38	120.5	25.88	4.66	25.88	4.66	0.6	0.93	3.98	8.27	17.94	0.21	0.24	5.01	4.08	1.82
	1405-21	暗灰色细砂岩	129.48	103.26	26.22	3.94	26.22	3.94	0.6	0.94	3.46	6.75	15.19	0.21	0.26	4.09	3.45	1.79
	00709-24	含炭质夹泥质细砂岩	167.21	144.08	23.13	6.23	23.13	6.23	0.64	0.95	5.6	10.19	21.78	0.23	0.19	6.18	4.95	1.69
	1605-08	含炭屑细砂岩	177.43	148.71	28.72	5.18	28.72	5.18	0.76	0.9	5.48	8.19	16.67	0.26	0.21	4.97	3.79	1.44
	1805-12	灰色细砂岩	141.02	127.4	13.62	9.35	13.62	9.35	0.65	0.9	7.04	14.35	28.13	0.21	0.18	8.69	6.39	1.8
	0816-09	灰色泥岩	172.69	154.78	17.91	8.64	17.91	8.64	0.98	0.8	6.3	15.14	27.19	0.33	0.18	9.18	6.18	1.14
贫矿石	1401-10	灰色中细砂岩	165.04	150.51	14.53	10.36	14.53	10.36	0.65	0.83	6.55	19.94	37.61	0.21	0.17	12.09	8.55	1.83
	1805-16	灰色细砂岩	129.55	116.24	13.31	8.73	13.31	8.73	0.64	0.92	6.67	12.99	26.4	0.21	0.19	7.87	6	1.85
	1605-42	灰色砂质泥岩	202.4	184.54	17.86	10.33	17.86	10.33	0.56	0.88	6.37	16.8	33.17	0.18	0.18	10.18	7.54	2.15
	1405-11	暗灰色泥岩	197.66	170.66	27	6.32	27	6.32	0.52	0.81	6.25	10.79	19.34	0.18	0.19	6.54	4.39	2.1
	1605-38	灰色细砂岩	131.89	121.58	10.31	11.79	10.31	11.79	0.64	0.93	7.63	20	40.83	0.21	0.17	12.12	9.28	1.86
	0709-10	灰色细砂岩	140.85	119.83	21.02	5.7	21.02	5.7	0.62	0.85	6.37	8.57	16.37	0.21	0.19	5.19	3.72	1.8
	1605-10	含炭屑泥砾岩	172.08	153.49	18.59	8.25	18.59	8.25	0.58	0.82	7.5	14.11	24.86	0.19	0.18	8.55	5.65	1.99
	1404-28	泥质粉砂岩	178.81	161.08	17.73	9.08	17.73	9.08	0.56	0.85	6.4	14.35	27.08	0.18	0.19	8.7	6.16	2.15
	0816-10	灰色泥岩	207.71	189.64	18.07	10.5	18.07	10.5	0.61	0.86	7.07	19.71	36.89	0.2	0.18	11.94	8.38	1.93
	1805-09	灰色细砂岩	144.76	132.47	12.29	10.78	12.29	10.78	0.68	0.87	6.75	18.6	35.85	0.21	0.18	11.27	8.15	1.78
	0705-06	灰色细砂岩	142.44	127.93	14.51	8.82	14.51	8.82	0.59	0.82	6.58	15.7	28.7	0.19	0.18	9.52	6.52	1.98
	0705-07	灰色细砂岩	127.64	114.81	12.83	8.95	12.83	8.95	0.62	0.9	6.4	14.89	30.06	0.2	0.19	9.02	6.83	1.9
	00709-26	灰色粉砂岩	136.45	122.87	13.59	9.04	13.59	9.04	0.63	0.9	6.28	14.54	29.54	0.21	0.18	8.81	6.71	1.84
	00709-20	灰色粉砂岩	138.65	126.34	12.31	10.26	12.31	10.26	0.63	0.89	6.57	16.34	32.24	0.2	0.18	9.9	7.33	1.91
	0709-05	灰细砂岩及灰泥岩	134.36	123.6	10.76	11.49	10.76	11.49	0.6	0.86	7.08	19.35	36.9	0.19	0.17	11.73	8.39	2.05
	00709-39	含炭质灰色粉砂岩	159.24	138.26	20.98	6.59	20.98	6.59	0.59	0.87	6.36	9.79	19.01	0.2	0.18	5.93	4.32	1.95
	1405-05	灰白中砂岩	126.91	115.08	11.83	9.73	11.83	9.73	0.6	0.91	7.15	16.41	32.81	0.2	0.17	9.94	7.46	1.94
	00709-09	深灰色泥岩	194.02	179.36	14.66	12.24	14.66	12.24	0.65	0.82	7.58	21.02	38.05	0.2	0.17	12.74	8.65	1.89
	1605-07	灰白色细砂岩	148.72	136.23	12.49	10.91	12.49	10.91	0.63	0.89	7.56	17.29	33.65	0.2	0.17	10.48	7.65	1.93

续表

	样号	岩性	Σ REE	LREE	HREE	LR/HR	Gd-Y	LR/Gd-Y	δ Eu	δ Ce	La/Sm	La/Yb	Ce/Yb	Eu/Sm	Sm/Nd	$(La/Yb)_N$	$(Ce/Yb)_N$	$(Sm/Eu)_N$
贫矿石	0711-27	灰色砂岩	127.1	109.9	17.2	6.39	17.2	6.39	0.62	0.83	6.23	11.1	19.63	0.22	0.19	6.73	4.46	1.77
	1405-07	灰色细砂岩	149.26	134.31	14.94	8.99	14.94	8.99	0.56	0.91	6.71	14.86	29.81	0.18	0.18	9.01	6.78	2.09
	1604-02	灰色细砂岩	126.77	114.92	11.85	9.7	11.85	9.7	0.66	0.87	6.69	15.96	31.23	0.21	0.18	9.68	7.1	1.79
	00709-28	含炭质泥砾粉砂岩	143.38	129.31	14.07	9.19	14.07	9.19	0.59	0.9	6.08	14.68	29.66	0.19	0.19	8.9	6.74	2.01
	1005-05	深灰色泥岩	174.75	157.33	17.42	9.03	17.42	9.03	0.62	0.82	6.58	15.44	28.06	0.2	0.18	9.36	6.38	1.88
	0709-03	深灰色细砂岩	181.25	160.2	21.05	7.61	21.05	7.61	0.6	0.87	5.89	12.16	23.58	0.19	0.19	7.37	5.36	1.97
	00709-29	含炭质泥砾粉砂岩	154.42	138.73	15.7	8.84	15.7	8.84	0.6	0.9	6.08	13.21	26.54	0.19	0.19	8.01	6.03	2.02
	1404-27	灰色泥砾岩	205.84	182.64	23.2	7.87	23.2	7.87	0.52	0.91	6.2	12.64	25.19	0.17	0.19	7.66	5.72	2.19
	1604-06	灰色细砂岩	120.54	108.77	11.77	9.24	11.77	9.24	0.64	0.88	6.75	15.14	29.48	0.21	0.18	9.18	6.7	1.84
	1805-03	红色泥岩	169.92	154.75	15.17	10.2	15.17	10.2	0.63	0.91	6.37	15.43	31.78	0.2	0.18	9.35	7.22	1.91
	0711-31	灰色砂岩	147.02	129.73	17.29	7.5	17.29	7.5	0.62	0.87	6.8	14.02	25.81	0.21	0.2	8.49	5.87	1.8
	00709-40	含炭质灰色粉砂岩	138.97	125.57	13.4	9.37	13.4	9.37	0.56	0.89	6.35	14.59	28.68	0.18	0.19	8.84	6.52	2.14
	1616-03	深灰色泥砾岩	170.89	152.22	18.67	8.15	18.67	8.15	0.56	0.79	6.85	15.25	26.07	0.19	0.19	9.24	5.93	2.06
	1805-07	灰色细砂岩	124.86	109.61	15.25	7.19	15.25	7.19	0.7	0.85	6.13	11.48	21.57	0.24	0.19	6.96	4.9	1.61
岩石	1605-11	灰白色细砂岩	148.54	134.42	14.13	9.51	14.13	9.51	0.64	0.88	6.43	14.63	28.81	0.2	0.19	8.87	6.55	1.9
	1605-23	灰白色细砂岩	139.58	122.93	16.66	7.38	16.66	7.38	0.55	0.92	6.19	10.52	21.75	0.18	0.19	6.38	4.94	2.13
	1012-13	深灰色泥岩	149.6	128.01	21.59	5.93	21.59	5.93	0.57	0.95	5.33	9.09	19.03	0.2	0.22	5.51	4.32	1.92
	1404-19	灰白细砂岩	133.31	121.16	12.15	9.97	12.15	9.97	0.59	0.9	6.37	15.74	31.2	0.18	0.19	9.54	7.09	2.06
	00709-43	灰色细砂岩	152.82	135.38	17.45	7.76	17.45	7.76	0.57	0.88	6.13	12.31	24	0.19	0.19	7.46	5.45	2.06
	1605-32	灰色泥岩	163.08	146.88	16.2	9.07	16.2	9.07	0.51	0.8	6.72	14.51	25.53	0.16	0.18	8.79	5.8	2.38
	0711-33	灰色砂岩	124.84	111.67	13.17	8.48	13.17	8.48	0.62	0.87	6.54	14.75	28.31	0.21	0.19	8.94	6.43	1.82
	1401-14	灰色细砂岩	125.73	115.4	10.33	11.17	10.33	11.17	0.65	0.91	6.74	18.2	36.4	0.2	0.18	11.03	8.27	1.91
	0711-25	含炭质灰色细砂岩	141.57	127.58	13.98	9.13	13.98	9.13	0.62	0.93	6.59	13.39	27.32	0.2	0.19	8.12	6.21	1.92
	1404-25	灰色细砂岩	129.63	118.53	11.1	10.67	11.1	10.67	0.59	0.91	6.54	17.3	34.79	0.18	0.19	10.48	7.91	2.08
	00709-37	灰色粉砂岩	126.57	113.4	13.17	8.61	13.17	8.61	0.58	0.86	6.51	13.08	25.05	0.19	0.18	7.93	5.69	2.01

续表

	样号	岩性	Σ REE	LREE	HREE	LR/HR	Gd−Y	LR/Gd−Y	δ Eu	δ Ce	La/Sm	La/Yb	Ce/Yb	Eu/Sm	Sm/Nd	$(La/Yb)_N$	$(Ce/Yb)_N$	$(Sm/Eu)_N$
岩石	1405−15	灰白中砂岩	136.28	123.58	12.7	9.73	12.7	9.73	0.59	0.95	6.5	15.43	32.55	0.19	0.19	9.35	7.4	2
	00709−32	灰色粉砂岩	114.21	102.14	12.07	8.47	12.07	8.47	0.58	0.89	6.22	12.63	25.16	0.19	0.19	7.66	5.72	2.01
	0711−36	灰色细砂岩	121.95	110.06	11.89	9.25	11.89	9.25	0.63	0.88	6.49	15.71	30.6	0.21	0.19	9.52	6.95	1.86
	0711−22	灰色细砂岩	150.33	136.18	14.15	9.62	14.15	9.62	0.6	0.97	6.36	13.54	29.51	0.19	0.18	8.21	6.71	2.04
	1401−08	灰色中细砂岩	128.27	117.2	11.07	10.59	11.07	10.59	0.63	0.85	7.43	16.76	31.02	0.2	0.18	10.16	7.05	1.94
	00709−15	灰色细砂岩	109.36	97.59	11.77	8.29	11.77	8.29	0.79	0.85	6.64	14.14	26.39	0.26	0.19	8.57	6	1.45
	00709−34	灰色粉砂岩	145.61	132.65	12.97	10.23	12.97	10.23	0.58	1.27	6.23	13.03	37.17	0.19	0.19	7.9	8.45	1.98
	1605−14	灰白色细砂岩	130.03	117.84	12.19	9.67	12.19	9.67	0.68	0.89	6.83	14.95	29.16	0.21	0.18	9.06	6.63	1.79
	1012−10	灰色细砂岩	155.36	139.9	15.46	9.05	15.46	9.05	0.56	0.93	6.42	13.36	27.5	0.18	0.19	8.1	6.25	2.14
	00709−11	灰色粉砂岩	130.89	116.9	13.99	8.35	13.99	8.35	0.75	0.89	6.46	13.8	27.25	0.25	0.18	8.36	6.19	1.52
	00709−07	灰色粉砂岩	138.63	124.59	14.04	8.88	14.04	8.88	0.75	0.89	6.48	14.95	29.34	0.25	0.19	9.06	6.67	1.54
	0711−14	灰色细砂岩	145.89	128.94	16.95	7.61	16.95	7.61	0.61	0.92	5.92	11.9	24.09	0.2	0.2	7.22	5.47	1.91
	0709−01	含泥砾深灰色粉砂岩	118.52	108.74	9.79	11.11	9.79	11.11	0.64	0.89	7.4	18.28	35.66	0.2	0.17	11.08	8.1	1.87
	00709−03	灰色粉砂岩	110.49	97.83	12.66	7.73	12.66	7.73	0.73	0.87	6.3	13.7	26.07	0.25	0.2	8.3	5.92	1.55
	1405−19	灰白细砂岩	122.45	109.94	12.52	8.78	12.52	8.78	0.65	0.89	6.38	13.52	26.68	0.21	0.19	8.2	6.06	1.82
	00709−12	灰色粉砂岩	137.84	125.7	12.14	10.35	12.14	10.35	0.69	0.88	7.48	17.67	33.47	0.22	0.17	10.71	7.61	1.7
	1412−08	含炭质泥砾细砂岩	139.18	126.8	12.39	10.24	12.39	10.24	0.62	0.9	6.91	15.92	31.41	0.2	0.18	9.65	7.14	1.93
	0511−08	灰色细砂岩	133.31	119.36	13.95	8.56	13.95	8.56	0.55	0.86	7.21	12.89	24.39	0.18	0.18	7.81	5.54	2.16
	1404−07	灰白细砂岩	145.1	129.87	15.23	8.53	15.23	8.53	0.53	0.87	6.72	13.93	26.55	0.17	0.19	8.44	6.03	2.19
	0711−20	灰色细砂岩	140.28	125.38	14.89	8.42	14.89	8.42	0.61	0.91	6.35	13.3	26.83	0.2	0.19	8.06	6.1	1.89
	1616−01	深灰色细砂岩	131.87	117.01	14.86	7.87	14.86	7.87	0.61	0.89	6.44	12.57	24.59	0.2	0.19	7.62	5.59	1.89
	1404−31	灰白细砂岩	136.65	118.87	17.78	6.68	17.78	6.68	0.62	0.9	5.82	10.42	20.87	0.21	0.2	6.31	4.74	1.81
	1404−04	灰白中细砂岩	130.55	118.68	11.87	10	11.87	10	0.6	0.9	6.7	14.97	30.21	0.19	0.18	9.07	6.87	2.03
	1405−03	灰白中砂岩	123.65	111.16	12.49	8.9	12.49	8.9	0.56	0.91	5.99	14.28	29	0.18	0.19	8.65	6.59	2.12
	1605−27	灰白色细砂岩	138.01	124.94	13.07	9.56	13.07	9.56	0.62	0.91	6.22	14.57	29.65	0.19	0.19	8.83	6.74	1.99
	0511−01	深灰色泥岩	149.64	135.46	14.18	9.55	14.18	9.55	0.61	0.84	6.4	14.86	27.98	0.19	0.18	9.01	6.36	2.01

续表

	样号	岩性	Σ REE	LREE	HREE	LR/HR	Gd-Y	LR/Gd-Y	δ Eu	δ Ce	La/Sm	La/Yb	Ce/Yb	Eu/Sm	Sm/Nd	$(La/Yb)_N$	$(Ce/Yb)_N$	$(Sm/Eu)_N$
岩石	1404-10	灰白细砂岩	131.44	118.68	12.76	9.3	12.76	9.3	0.57	0.93	6.39	14.27	29.53	0.18	0.18	8.65	6.71	2.09
	0511-06	灰色细砂岩	120.91	108.92	11.99	9.08	11.99	9.08	0.57	0.85	6.81	13.91	26.09	0.18	0.18	8.43	5.93	2.11
	1404-29	灰色泥砾岩	124.8	108.92	15.88	6.86	15.88	6.86	0.66	0.91	5.42	11.12	22.59	0.22	0.21	6.74	5.13	1.72
	0816-01	灰色细砂岩	127.54	117.09	10.46	11.2	10.46	11.2	0.59	0.91	7.2	16.67	33.21	0.18	0.17	10.1	7.55	2.1
	1605-33	灰色细砂岩	129	115.17	13.83	8.33	13.83	8.33	0.53	0.89	5.95	13.08	25.72	0.16	0.2	7.93	5.85	2.31
	1401-05	灰色中细砂岩	130.94	118.52	12.41	9.55	12.41	9.55	0.62	0.89	6.53	14.61	28.96	0.2	0.19	8.85	6.58	1.95
	1005-09	灰色细砂岩	135.61	125.44	10.17	12.33	10.17	12.33	0.62	0.92	7.33	21.12	42.59	0.2	0.18	12.8	9.68	1.94
	1012-07	灰色细砂岩	138.9	124.47	14.42	8.63	14.42	8.63	0.62	0.86	6.22	13.73	26.36	0.2	0.19	8.32	5.99	1.9
	1605-30	红色泥岩	186.84	168.38	18.46	9.12	18.46	9.12	0.51	0.89	6.58	13.66	27.12	0.16	0.18	8.28	6.16	2.35
	1401-16	含炭屑条带细砂岩	130.11	110.61	19.5	5.67	19.5	5.67	0.61	0.92	5.15	8.89	18.53	0.21	0.22	5.39	4.21	1.8
	1412-06	灰色细砂岩	153.33	138.07	15.26	9.05	15.26	9.05	0.56	0.93	6.22	13.8	28.86	0.18	0.19	8.36	6.56	2.11
	1412-03	灰色细砂岩	166.47	149.35	17.12	8.73	17.12	8.73	0.55	0.89	6.07	13.44	26.87	0.18	0.19	8.14	6.11	2.14
	1012-03	灰色细砂岩	157.7	141.39	16.31	8.67	16.31	8.67	0.61	0.91	6.54	13.65	27.46	0.2	0.18	8.27	6.24	1.9
	1605-18	灰白色细砂岩	146.17	133.72	12.45	10.74	12.45	10.74	0.61	0.9	7.19	15.56	30.68	0.19	0.18	9.43	6.97	2.03
	0711-05	灰色细砂岩	130.22	113.34	16.88	6.71	16.88	6.71	0.64	0.88	6.09	10.76	21.08	0.22	0.2	6.52	4.79	1.73
	1005-03	深灰色泥岩	174.09	156.3	17.79	8.78	17.79	8.78	0.58	0.9	5.88	13.42	27.64	0.19	0.18	8.13	6.28	2.04
	0711-11	含炭深灰色泥岩	260.86	238.05	22.81	10.44	22.81	10.44	0.52	0.93	6.77	17.86	36.42	0.17	0.18	10.82	8.28	2.27
	0711-08	深红色泥岩	243.31	218.71	24.6	8.89	24.6	8.89	0.52	0.9	6.27	14.61	29.51	0.17	0.19	8.86	6.71	2.25
	1401-18	灰色细砂岩	118.62	106.58	12.04	8.85	12.04	8.85	0.67	0.93	6.06	13.77	28.91	0.22	0.19	8.35	6.57	1.76
	0711-10	含炭泥岩	230.39	208.06	22.33	9.32	22.33	9.32	0.52	0.91	6.16	15.35	31.16	0.17	0.2	9.3	7.08	2.25
	1404-33	黄色细砂岩	137.35	125.85	11.5	10.94	11.5	10.94	0.61	0.9	6.62	18.4	36.73	0.19	0.18	11.15	8.35	1.98
	1005-07	红色泥岩	171.22	155.13	16.09	9.64	16.09	9.64	0.6	0.85	6.72	16.93	31.64	0.2	0.18	10.26	7.19	1.93
	1605-45	灰黄中细砂岩	117.9	106.89	11.01	9.71	11.01	9.71	0.59	0.88	7.21	15.2	29.08	0.19	0.18	9.21	6.61	2.01
	1605-50	灰黄中细砂岩	117.55	106.16	11.39	9.32	11.39	9.32	0.7	0.85	7.07	15.47	28.82	0.23	0.18	9.38	6.55	1.68

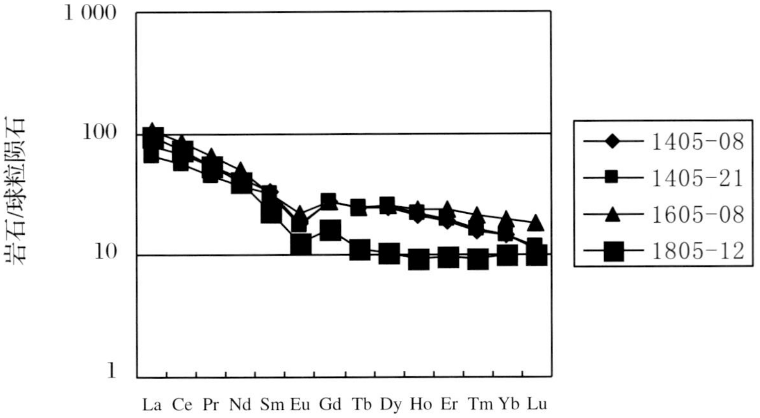

图8-2 姚家组上段砂岩富矿石（U＞0.1%）稀土配分模式

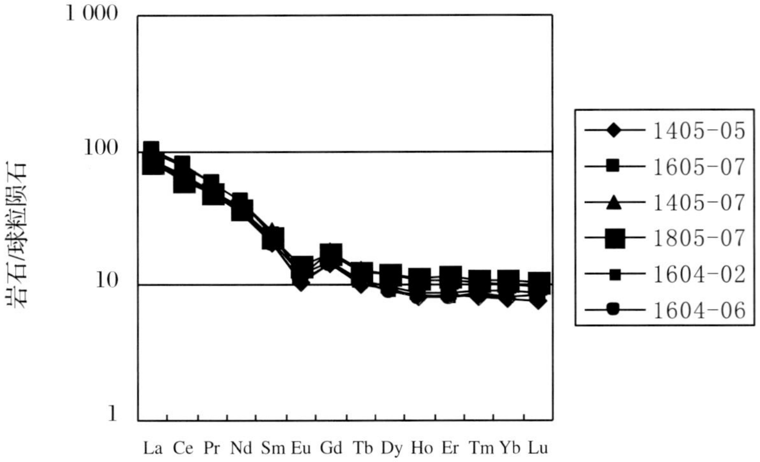

图8-3 姚家组上段砂岩矿石（U＝0.01%~0.1%）稀土配分模式

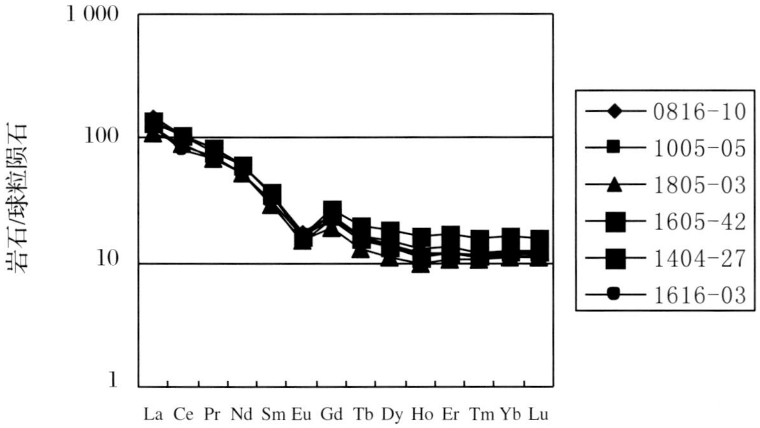

图 8-4 姚家组上段泥岩类矿石（U ＝ 0.01%~0.1%）稀土配分模式

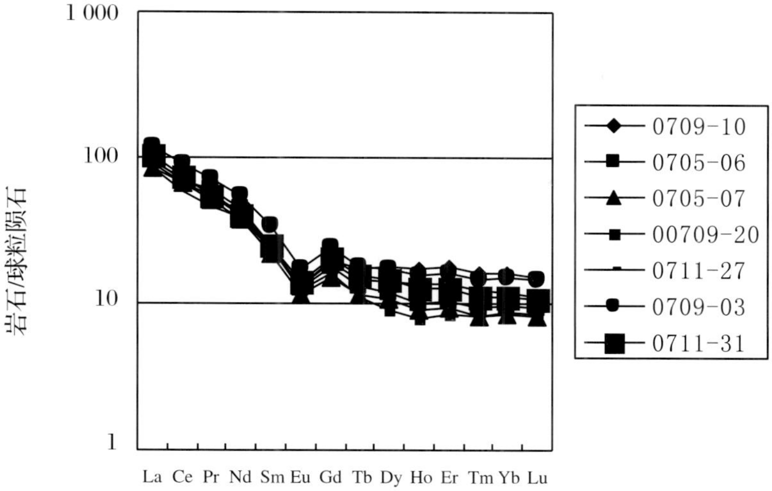

图8-5　姚家组下段砂岩矿石（U＝0.01%~0.1%）稀土配分模式

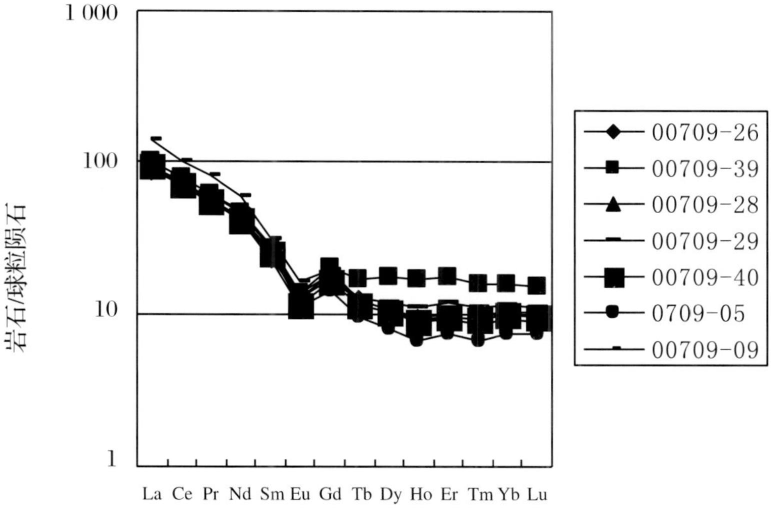

图8-6　姚家组下段泥岩矿石（U＝0.01%~0.1%）稀土配分模式

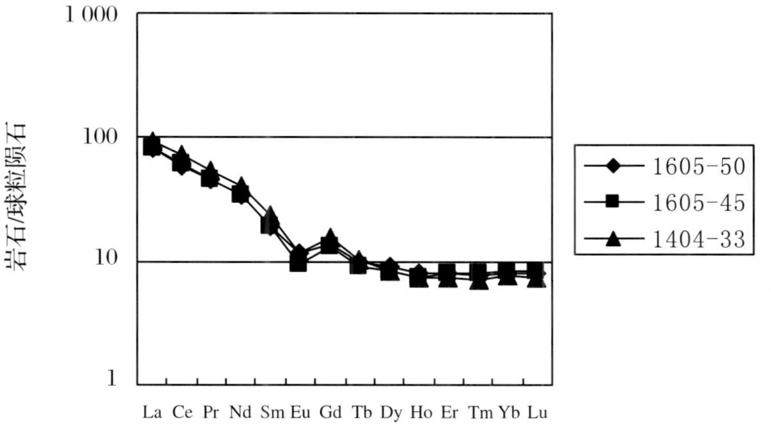

图8-7　姚家组上段黄色、红色砂岩稀土配分模式

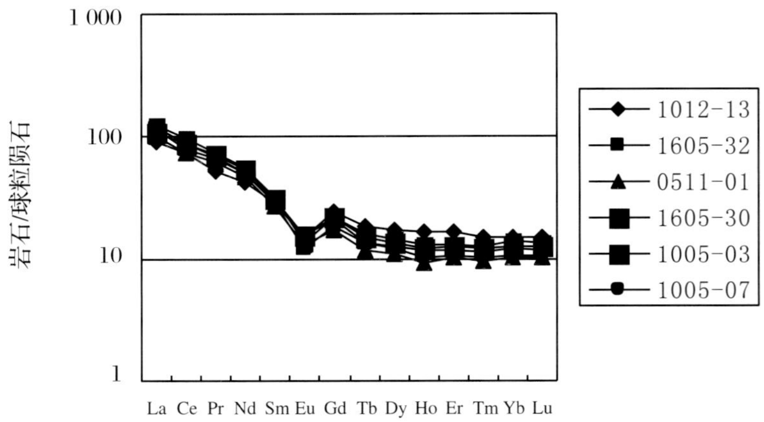

图8-8　姚家组上段红色泥岩、灰色泥岩稀土配分模式

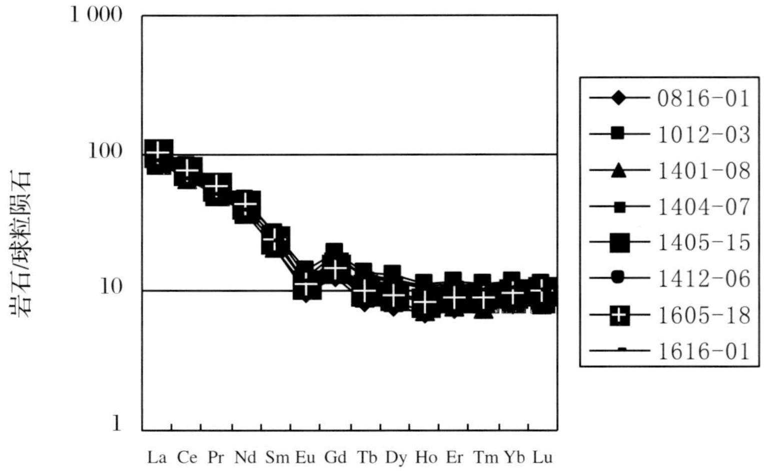

图8-9　姚家组上段灰色砂岩稀土配分模式

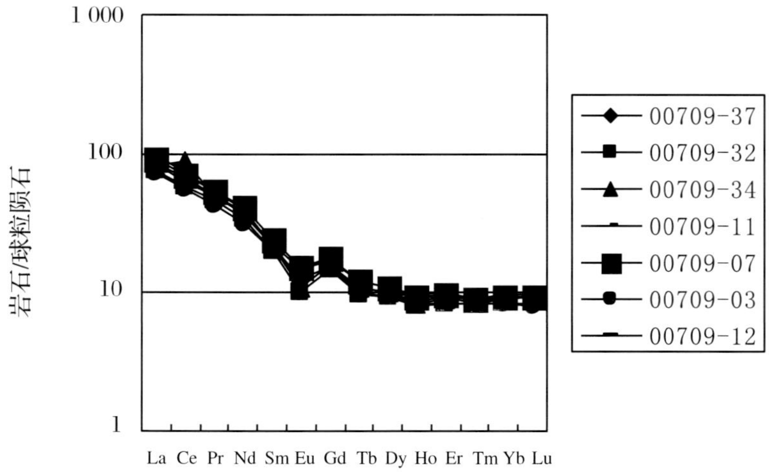

图8-10　姚家组下段粉砂岩稀土配分模式

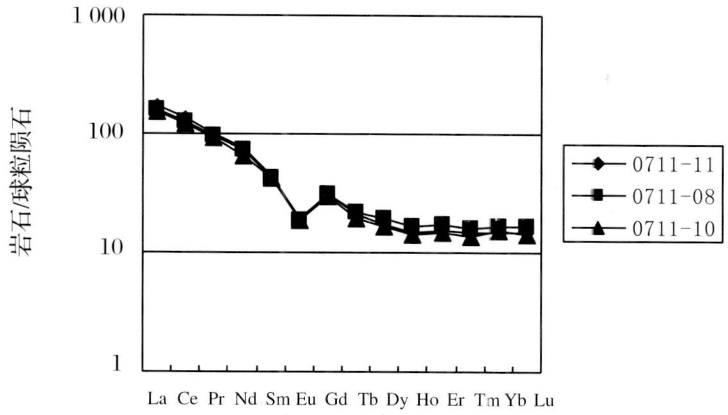

图8-11　姚家组下段泥岩稀土配分模式

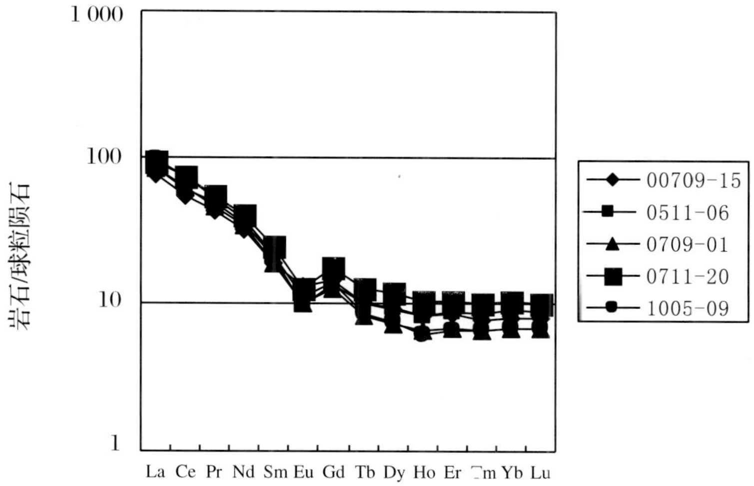

图8-12　姚家组下段砂岩稀土配分模式

第三节　铀与伴生元素和微量元素地球化学

对矿床的100件岩（矿）石样品进行了伴生元素和微量元素含量分析（见表8-4）。

（一）U与伴生元素总体分布特征

1. U与Re

100件样品U与Re的相关统计表明(如图8-13所示)，其呈非常好的正相关关系，相关系数达0.773。尤其所有样品Re的平均含量达 0.48 μg/g，达综合利用品位（地浸砂岩型铀矿Re的综合利用品位要求>0.2 μg/g）。

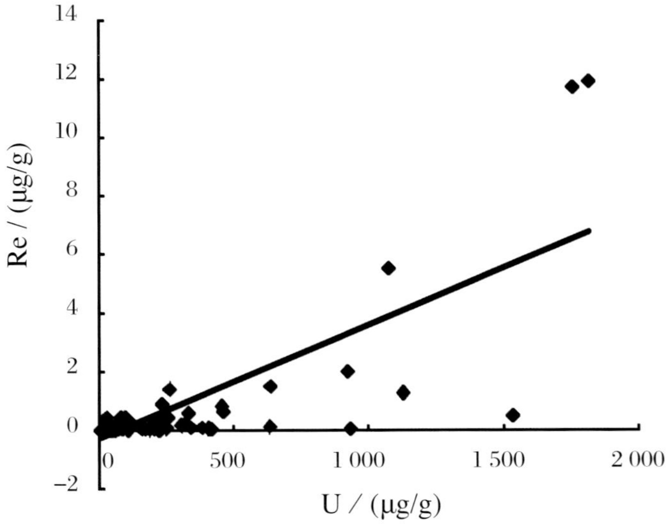

图8-13 U-Re相关图
（R= 0.773）

2. U与Se

100件样品U与Se的统计（如图8–14所示）指出，本区姚家组Se含量很低，平均值只有0.59 μg/g（地浸砂岩型铀矿Se的综合利用品位要求达10 μg/g以上），而且U与Se无相关关系。

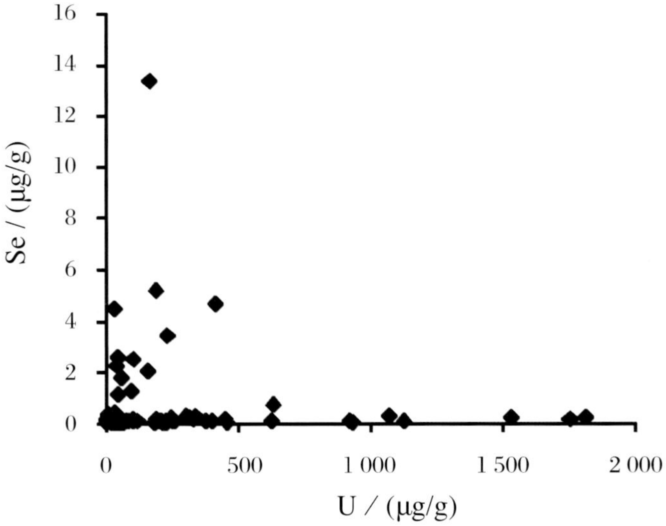

图8-14 U-Se相关图
(R= −0.012)

表 8-4 钱家店铀矿床岩矿石微量元素分析结果表

(μg/g)

序号	样品编号	岩性	U	Th	Re	Sc	V	Co	Ni	Cu	Pb	Zn	Se	Sr	Y	Mo	Ba
1	1405-08	暗灰细砂岩	1744.0	10.7	11.7	2.86	36.2	4.75	40.20	7.20	45.3	180	0.201	111	34.1	36.4	571
2	1405-21	暗灰色细砂岩	1721.0	9.46	11.9	2.76	34.0	4.00	40.20	5.27	43.4	189	0.281	79.5	35.9	36.9	500
3	00709-24	含炭夹泥质细砂岩	1704.0	9.19	0.508	4.48	89.6	13.1	24.60	10.3	69.2	49.4	0.278	331	36.3	2.27	601
4	1605-08	含炭屑细砂岩	1212.0	12.8	5.50	4.65	62.6	17.2	39.30	17.7	47.3	64.7	0.327	331	52.0	55.8	2431
5	1805-12	灰色细砂岩	1160.0	8.61	1.51	3.33	42.6	6.72	10.20	13.4	30.8	41.5	0.761	252.	21.0	2.42	553
6	0816-09	灰色泥岩	1154.0	14.3	1.28	11.2	80.9	78.2	84.60	20.1	47.5	261	0.106	297	23.4	2.52	5428
7	1401-10	灰色中细砂岩	963.0	13.0	1.99	4.16	41.7	13.2	41.20	9.34	56.0	125	0.156	346	15.7	9.88	597
8	1805-16	灰色细砂岩	930.0	9.38	0.065	3.67	28.5	4.58	8.92	6.73	30.9	48.4	0.095	283	18.0	1.12	644
9	1605-42	灰色砂质泥岩	631.0	14.7	0.133	8.62	45.6	9.32	18.60	22.0	27.1	75.5	0.159	192	22.3	4.04	509
10	1405-11	暗灰色泥岩	476.0	13.9	0.830	10.6	78.5	15.0	31.00	43.1	24.7	66.7	0.226	178	54.2	1.60	418
11	1605-38	灰色细砂岩	468.0	8.11	0.648	2.22	15.3	3.78	6.78	7.82	25.1	61.3	0.095	316	12.8	1.36	718
12	0709-10	灰色细砂岩	449.0	8.89	0.044	3.49	106.0	4.90	13.60	12.0	44.4	27.6	4.700	360	38.7	0.864	647
13	1605-10	含炭屑泥砾岩	411.0	12.3	0.609	6.52	48.8	12.2	23.20	19.5	29.3	38.6	0.195	167	28.3	14.2	621
14	1404-28	泥质粉砂岩	392.0	14.1	0.079	7.57	50.3	5.60	9.25	20.1	21.1	64.8	0.142	124	24.6	0.964	428
15	0816-10	灰色泥岩	365.0	14.0	0.117	10.7	65.7	21.5	27.80	29.1	39.0	103	0.141	301	22.2	0.624	518
16	1805-09	灰色细砂岩	341.0	9.69	0.088	4.14	49.7	3.24	5.51	7.09	23.7	46.9	0.324	284	14.9	0.688	579
17	0705-06	灰色细砂岩	331.0	9.19	0.245	4.16	41.3	6.87	13.50	50.2	22.4	115	0.273	218	20.0	1.140	460
18	0705-07	灰色细砂岩	306.0	8.30	0.185	3.73	39.4	5.22	9.75	43.2	19.3	94.2	0.304	196	17.7	0.991	468
19	00709-26	灰色粉砂岩	299.0	10.9	0.087	3.61	92.6	2.48	3.82	6.77	24.1	47.4	0.244	173	16.5	1.140	554
20	00709-20	灰色粉砂岩	274.0	11.4	0.195	4.13	42.6	2.38	4.10	11.3	20.2	50.2	0.105	156	14.7	0.646	494
21	0709-05	灰细砂岩及灰泥岩	262.0	9.30	0.448	4.08	63.6	5.81	13.80	19.0	23.2	50.7	0.111	195	13.7	1.72	556
22	00709-39	含炭质灰色粉砂岩	260.0	11.2	0.287	3.36	97.9	4.83	5.65	7.42	39.3	27.1	3.490	292	33.3	2.32	516
23	1405-05	灰白中砂岩	243.0	8.91	1.42	3.23	27.6	3.46	17.80	5.11	25.8	39.2	0.121	208	15.7	3.87	587
24	00709-09	深灰色泥岩	239.0	13.1	0.100	9.03	52.1	7.72	19.40	30.8	27.9	49.6	0.115	257	17.9	1.63	593
25	1605-07	灰白色细砂岩	236.0	10.0	0.388	5.90	46.9	4.81	11.40	15.1	20.2	66.2	0.097	193	16.2	3.29	710
26	0711-27	灰色砂岩	234.0	7.99	0.162	5.56	55.3	7.27	16.60	11.9	29.0	43.6	0.146	206	27.7	1.47	523

续表

序号	样品编号	岩性	U	Th	Re	Sc	V	Co	Ni	Cu	Pb	Zn	Se	Sr	Y	Mo	Ba
27	1405-07	灰色细砂岩	229.0	10.4	0.889	4.45	35.0	5.75	30.00	9.46	24.7	44.3	0.147	192	21.0	2.59	552
28	1604-02	灰色细砂岩	222.0	8.88	0.017	3.57	25.0	3.27	4.65	7.21	19.1	26.8	0.093	208	16.1	0.661	535
29	00709-28	含炭质泥砾粉砂岩	217.0	12.7	0.089	3.91	119.0	4.72	6.92	7.96	28.6	41.0	5.200	230	17.1	0.847	549
30	1005-05	深灰色泥岩	214.0	12.6	0.240	7.64	44.3	14.7	17.40	22.1	33.2	59.9	0.107	213	23.6	8.08	454
31	0709-03	深灰色细砂岩	201.0	10.9	0.075	8.65	84.9	15.3	38.30	15.1	27.2	175	0.137	297	32.9	0.443	302
32	00709-29	含炭质泥砾粉砂岩	190.0	11.5	0.041	4.33	137.0	5.96	7.78	8.52	29.4	48.9	2.080	301	20.9	0.891	606
33	1404-27	灰色泥砾岩	188.0	10.5	0.146	7.30	54.8	13.6	16.50	13.3	48.2	71.6	0.202	295	34.4	1.21	576
34	1604-06	灰色细砂岩	176.0	8.26	0.033	4.13	30.0	3.56	5.58	6.73	18.2	39.0	0.087	200	16.3	0.653	531
35	1805-03	红色泥岩	172.0	11.0	0.070	5.35	63.6	8.45	11.60	15.6	25.2	77.0	13.400	220	19.9	2.420	539
36	0711-31	灰色砂岩	146.0	9.21	0.240	4.70	39.1	8.82	16.00	7.99	24.9	38.6	0.134	251	25.3	2.10	565
37	00709-40	含炭质灰色粉砂岩	113.0	10.5	0.465	3.49	100.0	13.8	19.10	298	23.8	230	1.300	199	16.5	4.10	529
38	1616-03	深灰色泥砾岩	110.0	9.45	0.382	7.15	65.8	47.7	66.50	15.4	28.0	54.8	0.168	205	27.0	1.58	403
39	1805-07	灰色细砂岩	109.0	8.21	0.026	6.61	107.0	4.84	8.69	7.92	20.6	52.6	2.550	270	22.7	0.480	563
40	1605-11	灰白色细砂岩	98.5	11.0	0.073	5.05	34.0	3.51	6.04	13.4	20.0	63.0	0.128	182	18.4	1.21	630
41	1605-23	灰白色细砂岩	82.5	8.36	0.442	3.73	28.4	5.33	7.53	10.0	17.9	43.8	0.148	174	27.3	1.45	463
42	1012-13	深灰色泥岩	81.9	8.12	0.085	5.03	37.6	12.0	17.50	10.8	26.7	63.2	0.122	191	34.7	1.36	445
43	1404-19	灰白细砂岩	75.4	9.02	0.043	3.33	27.1	2.13	2.64	5.73	21.3	39.9	0.153	305	15.3	0.985	506
44	00709-43	灰色细砂岩	68.0	10.9	0.028	6.89	139.0	14.3	31.90	5.76	21.8	55.7	1.850	259	22.6	0.650	577
45	1605-32	灰色泥岩	67.4	12.0	0.144	6.69	40.4	5.44	7.64	17.8	18.1	51.7	0.108	103	23.1	1.64	349
46	0711-33	灰色砂岩	65.5	8.81	0.078	3.57	24.3	3.52	7.29	4.87	18.7	38.0	0.105	197	16.4	1.67	558
47	1401-14	灰色细砂岩	63.7	8.69	0.222	3.31	23.8	2.76	3.99	6.14	19.9	39.5	0.080	216	12.9	0.793	654
48	0711-25	含炭质灰色细砂岩	62.2	10.2	0.042	4.67	32.1	3.39	5.68	9.44	23.2	41.0	0.069	177	18.7	1.080	541
49	1404-25	灰色细砂岩	61.8	8.83	0.137	3.06	18.3	3.63	3.52	5.76	20.6	29.7	0.084	250	13.4	1.32	541
50	00709-37	灰色粉砂岩	56.6	10.4	0.006	3.55	82.7	3.04	4.09	4.77	17.0	44.8	2.600	135	15.9	0.963	477
51	1405-15	灰白中砂岩	53.6	8.24	0.109	3.26	19.5	3.22	4.06	4.65	19.6	34.2	0.096	188	16.8	0.92	507
52	00709-32	灰色粉砂岩	53.4	9.67	0.004	4.06	115.0	3.10	4.09	4.82	18.5	51.3	1.190	146	14.9	0.697	559
53	0711-36	灰色细砂岩	52.2	8.39	0.022	3.24	20.2	2.57	4.83	5.76	18.9	33.3	0.090	201	14.6	1.60	556

续表

序号	样品编号	岩性	U	Th	Re	Sc	V	Co	Ni	Cu	Pb	Zn	Se	Sr	Y	Mo	Ba
54	0711-22	灰色细砂岩	51.7	11.2	0.027	4.48	31.4	2.80	5.04	8.35	22.7	40.6	0.138	201	22.4	0.757	494
55	1401-08	灰色中细砂岩	48.5	9.65	0.082	4.18	28.6	3.11	5.93	6.20	17.7	52.5	0.104	172	13.9	0.481	528
56	00709-15	灰色细砂岩	47.8	7.34	0.008	3.96	44.0	4.96	10.30	5.99	18.9	43.4	0.095	245	16.9	0.420	821
57	00709-34	灰色粉砂岩	47.1	9.88	0.006	3.30	71.8	2.65	4.18	4.72	17.5	40.1	2.300	266	44.5	0.889	557
58	1605-14	灰白色细砂岩	46.7	9.55	0.188	3.99	28.6	5.13	7.46	16.4	18.8	42.8	0.133	142	16.4	1.38	577
59	00709-11	灰色细砂岩	46.3	8.52	0.009	4.59	41.7	4.40	9.78	7.42	22.7	39.0	0.066	285	18.8	1.52	895
60	1012-10	灰色粉砂岩	46.3	11.5	0.157	4.65	32.8	11.7	18.10	11.5	23.9	57.1	0.117	169	20.7	1.45	523
61	00709-07	灰色粉砂岩	42.6	9.42	0.011	6.36	53.1	5.28	11.50	23.4	22.5	58.8	0.087	234	17.5	0.585	627
62	0711-14	灰色细砂岩	37.8	11.0	0.033	7.53	43.9	6.33	10.30	5.60	32.4	85.2	0.148	230	23.0	0.781	497
63	0709-01	含泥砾深灰粉砂岩	36.3	7.47	0.032	2.71	33.4	2.47	2.90	18.7	17.9	44.8	0.111	218	12.3	0.821	433
64	00709-03	灰色粉砂岩	35.0	7.15	0.014	4.16	51.1	5.82	11.20	27.7	21.0	54.5	0.106	188	17.6	0.736	615
65	00709-12	灰白细砂岩	34.8	7.70	0.059	4.25	32.0	4.76	8.19	9.71	23.3	35.0	0.096	227	15.4	0.757	626
66	1405-19	灰色粉砂岩	34.8	8.39	0.045	3.90	29.1	2.99	5.10	6.48	18.1	41.1	0.103	228	17.2	0.814	524
67	1412-08	含炭质泥砾细砂岩	34.3	10.1	0.250	4.54	42.5	8.36	11.80	8.92	26.2	38.6	0.453	242	16.2	2.74	465
68	0511-08	灰色细砂岩	34.2	9.95	0.011	3.77	29.0	2.82	3.96	18.2	16.8	41.0	0.184	129	19.7	0.645	454
69	1404-07	灰白细砂岩	33.3	9.47	0.026	3.84	45.7	5.23	6.38	8.34	20.8	41.0	4.490	173	20.6	0.958	434
70	0711-20	灰色细砂岩	33.2	10.0	0.042	5.24	36.1	5.51	8.52	8.07	21.8	54.4	0.112	168	19.9	1.14	484
71	1616-01	深灰色细砂岩	33.2	8.89	0.112	4.70	37.5	6.07	7.50	6.30	19.9	56.8	0.179	192	21.9	0.889	456
72	1404-31	灰白细砂岩	31.9	10.1	0.038	7.95	60.6	11.5	14.50	8.36	25.9	85.8	0.118	156	27.1	0.390	518
73	1404-04	灰白中细砂岩	29.2	8.94	0.095	3.82	24.5	3.95	4.80	8.31	21.9	35.5	0.081	194	15.6	1.04	519
74	1405-03	灰白中砂岩	28.5	8.62	0.291	3.96	23.2	4.22	6.62	4.64	19.3	47.2	0.082	213	15.9	1.09	456
75	1605-27	灰白色细砂岩	27.8	8.65	0.283	5.31	31.0	5.38	8.90	7.13	20.0	49.3	0.135	185	18.1	1.82	485
76	0511-01	深灰色泥岩	27.4	10.8	0.444	6.26	37.9	347	589.00	75.0	19.4	78.9	0.123	149	18.9	21.5	466
77	1404-10	灰白细砂岩	25.6	8.71	0.003	2.97	24.7	2.23	3.05	4.43	17.0	28.9	0.154	175	16.9	1.03	472
78	0511-06	灰色细砂岩	25.4	8.87	0.013	3.16	20.9	1.82	2.27	8.85	16.9	25.8	0.110	121	16.3	0.637	473
79	1404-29	灰色泥砾岩	25.1	9.24	0.038	8.26	37.0	13.0	14.30	6.48	36.1	91.30	0.134	282	22.8	0.611	815
80	0816-01	灰色细砂岩	24.5	8.64	0.009	2.30	22.6	1.47	2.64	4.31	20.6	24.4	0.138	237	13.4	1.38	539

续表

序号	样品编号	岩性	U	Th	Re	Sc	V	Co	Ni	Cu	Pb	Zn	Se	Sr	Y	Mo	Ba
81	1605-33	灰色细砂岩	22.8	8.07	0.049	4.78	26.5	3.05	5.76	6.90	19.7	56.9	0.128	164	20.6	0.632	443
82	1005-09	灰色中细砂岩	18.9	7.39	0.000	3.23	73.3	1.29	2.38	17.2	21.6	27.2	0.277	271	12.5	0.768	478
83	1401-05	灰色细砂岩	18.9	8.38	0.033	4.46	25.6	3.38	6.07	6.11	19.2	51.4	0.102	224	17.0	0.515	510
84	1012-07	灰色细砂岩	17.8	10.7	0.005	4.29	30.0	3.22	4.92	5.92	24.7	45.7	0.135	193	18.5	0.938	557
85	1605-30	红色泥岩	17.1	13.9	0.018	7.31	49.7	2.76	5.77	22.1	15.3	49.6	0.157	82.2	25.3	1.18	367
86	1401-16	含炭屑条带细砂岩	15.60	10.4	0.039	9.37	54.6	10.8	14.80	9.25	26.0	83.8	0.153	148	30.3	0.775	424
87	1412-06	灰色细砂岩	15.3	11.5	0.036	6.78	42.4	6.62	9.85	12.1	22.8	61.3	0.146	124	20.9	1.13	462
88	1412-03	灰色细砂岩	14.6	11.5	0.010	7.48	43.6	11.0	16.70	13.0	22.3	62.1	0.117	195	23.3	0.592	506
89	1012-03	灰色细砂岩	12.0	11.9	0.007	6.43	37.0	5.78	12.40	11.3	24.3	57.9	0.139	140	21.0	0.519	543
90	1605-18	灰白色细砂岩	10.6	9.78	0.021	3.91	23.6	2.34	3.57	14.6	18.9	36.3	0.182	174	16.8	0.769	627
91	0711-05	灰色细砂岩	9.90	10.3	0.005	7.02	43.0	4.65	8.06	5.66	23.6	51.0	0.330	163	25.0	0.614	678
92	1005-03	深灰色泥岩	9.40	12.5	0.030	10.1	49.5	13.9	22.70	96.6	25.5	157	0.410	173	23.9	0.914	399
93	0711-11	含炭深灰色泥岩	8.93	19.6	0.034	8.65	58.9	5.62	12.20	26.2	38.7	65.1	0.145	157	27.2	0.833	385
94	0711-08	深红色泥岩	8.59	18.6	0.005	12.2	73.2	8.55	18.00	21.2	41.3	110	0.198	164	30.2	1.29	402
95	1401-18	灰色细砂岩	8.23	8.34	0.013	3.14	26.9	1.61	2.48	5.36	19.5	22.4	0.067	206	16.5	0.769	761
96	0711-10	含碳泥岩	6.58	17.3	0.005	9.26	87.1	4.23	12.60	21.4	41.8	69.4	0.180	165	26.2	1.45	427.
97	1404-33	黄色细砂岩	6.13	8.20	0.007	2.42	30.4	2.91	9.93	4.45	18.9	30.2	0.078	231	13.7	1.05	569
98	1005-07	红色泥岩	4.45	12.3	0.000	7.65	62.2	5.23	11.50	24.0	24.6	58.2	0.156	164	20.5	0.813	486
99	1605-45	灰黄中细砂岩	4.11	8.69	0.007	2.97	25.8	1.66	6.32	6.36	16.1	28.9	0.094	114	14.8	0.738	501
100	1605-50	灰黄中细砂岩	3.30	7.78	0.005	3.11	28.6	2.73	5.24	5.14	17.7	32.8	0.099	181	15.5	0.554	704

3. U与Mo

100件样品U与Mo的统计（如图8-15所示）表明，本区姚家组岩石中Mo含量不高，平均为2.96 μg/g（地浸砂岩型铀矿Mo的综合利用品位为100 μg/g以上），但与U具有比较好的正相关，相关系数达0.64。

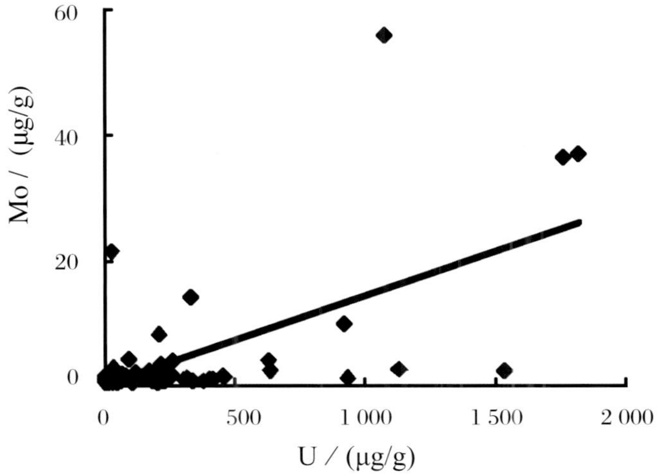

图8-15　U-Mo相关图
(R=0.64)

4. U与V

100件样品U与V的统计(如图8-16所示)也表明二者没有相关关系，V含量也很低，平均V = 48.7 μg/g（地浸砂岩型铀矿V的综合利用品位为800 μg/g以上）。

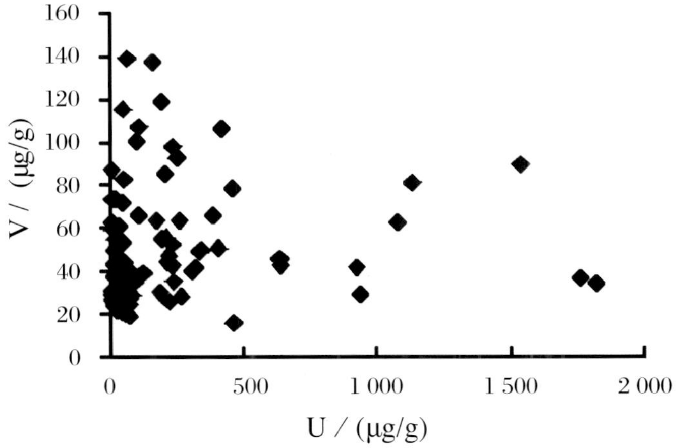

图8-16　U-V相关图
(R= 0.11)

5. U与Sc

100件样品U与Sc的统计 (如图8-17所示)表明，它们之间无相关关系，但地层中Sc

含量较高，平均Sc = 5.17 μg/g（地浸砂岩型铀矿Sc的综合利用品位为*n* μg/g以上）。因此，本区姚家组地层Sc可能达综合利用品位。

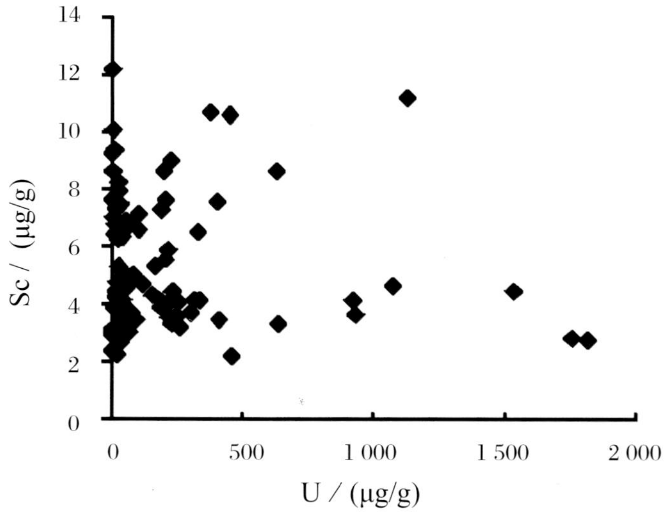

图8-17 U-Sc相关图
(R= －0.03743)

矿床共生、伴生矿产综合评价：

钱家店铀矿床姚家组含矿砂体与铀共生、伴生的元素主要是铼（Re）。Re元素含量分析表明，铼普遍发生富集，达到综合利用工业指标（0.2×10^{-6}），平均Re含量达0.483 μg/g，而且Re的分布与U呈很好的相关关系（相关系数达0.773，如图8-13所示）。

（二）U与微量元素分布特征

如果把样品分为泥质岩类和砂岩类进行讨论，即对泥质岩类和砂岩类分别进行相关分析（见表8-5、表8-6），可以发现与上述伴生元素有大致相似的规律。

由表8-5可见，泥岩类岩（矿）石中U与Re、Ba、Zn、Pb、S呈正相关，其相关系数分别为0.774、0.746、0.449、0.390、0.430。U与Th、Sc、V、Co、Ni、Mo、Sr、Se呈负相关或相关不明显。反映了还原环境泥质吸附，同生沉积的特点。

由表8-6可见，砂岩类岩（矿）石中U与Pb、Re、Mo、Ni、Y、Zn、Co、Ba、S呈正相关关系，其相关系数分别为0.828、0.726、0.693、0.659、0.551、0.566、0.327、0.319、0.782。U与Th、Sc、V、Cu、Se、Sr等元素呈负相关或相关不明显。矿石中的Pb、Zn、Mo与含矿层物源主要来自富Pb、Zn、Mo的中酸性火成岩有关，U、Re来自含矿层本身，S、Co、Ni等元素与矿石中富含黄铁矿有关，表明铀矿环境为弱酸性的还原环境。反映后生改造叠加的成矿特点。

表 8-5　钱家店铀矿床泥岩类岩石微量元素与 U 相关分析表

$n-2=31$　　$\gamma_{0.05}=0.344$

U	Th	Re	Sc	V	Co	Ni	Cu	Pb	Zn	Se	Sr	Y	Mo	Ba	S
1	0.207	0.774	0.314	0.151	0.052	−0.007	−0.006	0.390	0.449	−0.021	0.339	0.103	0.099	0.746	0.430
	1	0.091	0.695	0.150	−0.036	−0.035	0.609	0.493	0.226	−0.071	−0.224	0.224	0.005	0.081	0.064
		1	0.261	0.070	0.337	0.284	0.225	0.260	0.532	−0.123	0.133	0.254	0.367	0.674	0.536
			1	0.268	0.082	0.062	−0.031	0.540	0.410	−0.311	−0.020	0.312	−0.002	0.265	0.137
				1	0.191	−0.203	0.105	0.107	0.094	0.297	0.153	−0.042	−0.254	0.090	−0.200
					1	0.996	0.168	−.004	0.177	−0.098	−0.096	−0.074	0.785	0.151	0.143
						1	0.169	−0.106	0.119	−0.098	−0.133	−0.073	0.796	0.072	0.126
							1	−0.108	0.631	−0.055	−0.116	−0.119	0.206	−0.051	0.091
								1	0.352	−0.085	0.505	0.237	0.089	0.389	0.167
									1	−0.069	0.144	−0.056	0.031	0.635	0.089
										1	0.128	−0.072	−0.072	−0.064	−0.117
											1	0.085	−0.196	0.353	0.008
												1	−0.037	−0.050	0.109
													1	−0.012	0.619
														1	0.168
															1

表 8-6　钱家店铀矿床砂岩类岩石微量元素与 U 相关分析表

$n-2=65$　　$\gamma_{0.05}=0.241$

U	Th	Re	Sc	V	Co	Ni	Cu	Pb	Zn	Se	Sr	Y	Mo	Ba	S
1	0.203	0.762	−0.173	0.198	0.327	0.659	0.091	0.828	0.551	0.039	0.210	0.566	0.693	0.319	0.782
	1	0.178	0.545	0.202	0.524	0.467	0.125	0.334	0.374	−0.041	0.111	0.384	0.297	0.208	0.303
		1	−0.194	−0.004	0.126	0.651	−0.041	0.517	0.679	−0.033	−0.184	0.505	0.863	0.274	0.909
			1	0.488	0.586	0.260	0.092	0.053	0.301	0.025	−0.102	0.382	−0.128	−0.081	−0.131
				1	0.574	0.443	0.140	0.392	0.195	0.558	0.410	0.515	0.061	0.108	0.076
					1	0.732	0.183	0.550	0.427	0.091	0.331	0.637	0.315	0.328	0.367
						1	0.082	0.705	0.731	0.063	0.183	0.671	0.655	0.303	0.756
							1	0.010	0.275	0.010	0.001	0.117	0.030	0.629	0.010
								1	0.453	0.164	0.427	0.656	0.540	0.325	0.660
									1	0.081	−0.105	0.468	0.509	−0.051	0.594
										1	0.262	0.275	0.028	0.004	−0.035
											1	0.121	0.009	0.332	0.169
												1	0.639	0.462	0.619
													1	0.684	0.946
														1	0.518
															1

从聚类分析结果也可以得出与相关分析同样的结论(如图8–18~图8–21所示)，与U关系比较密切的元素是Pb、Re、Zn、Ni、Mo等元素。

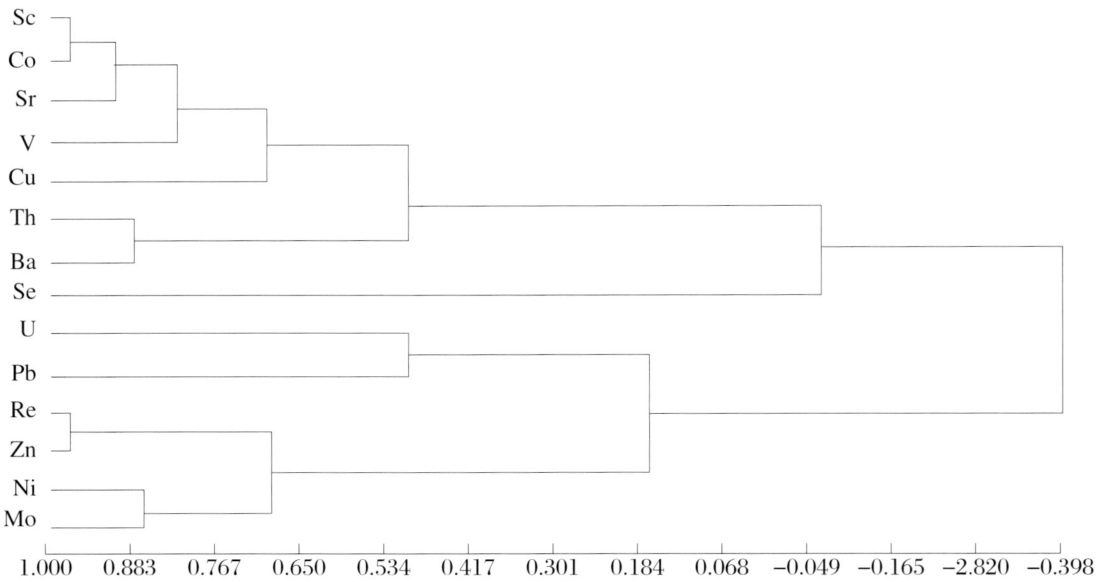

图8-18 富矿砂岩（U>0.1%）聚类分析图

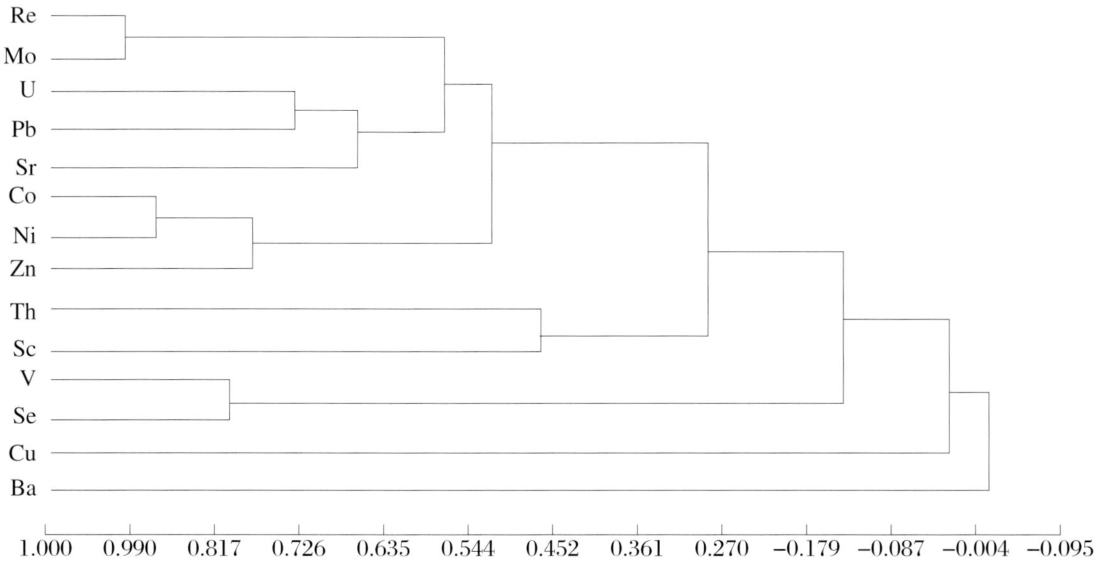

图8-19 贫矿砂岩（0.01%<U<0.1%）聚类分析图

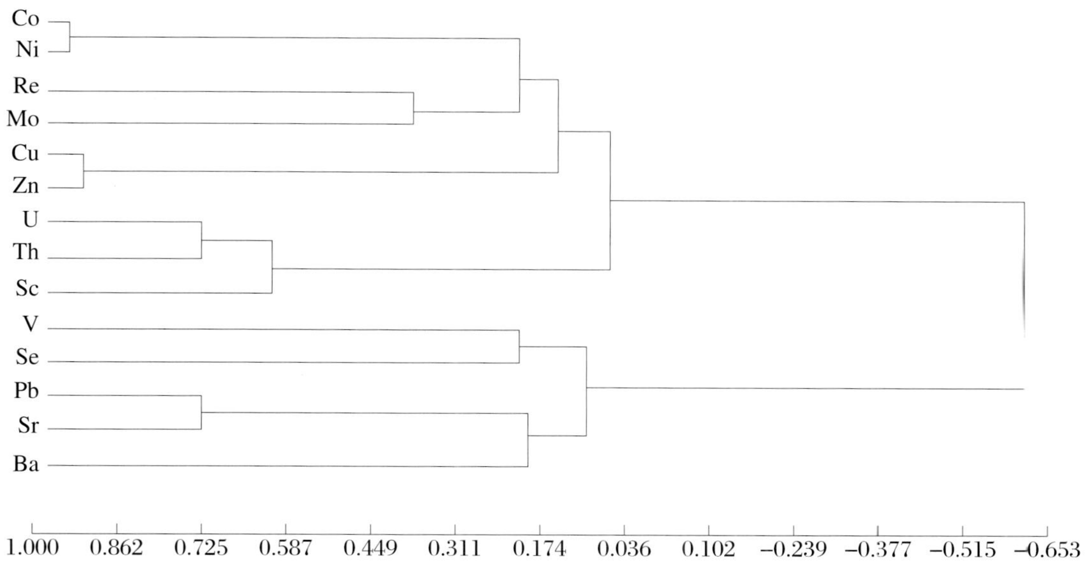

图8-20　贫矿泥岩（0.01%<U<0.1%）聚类分析图

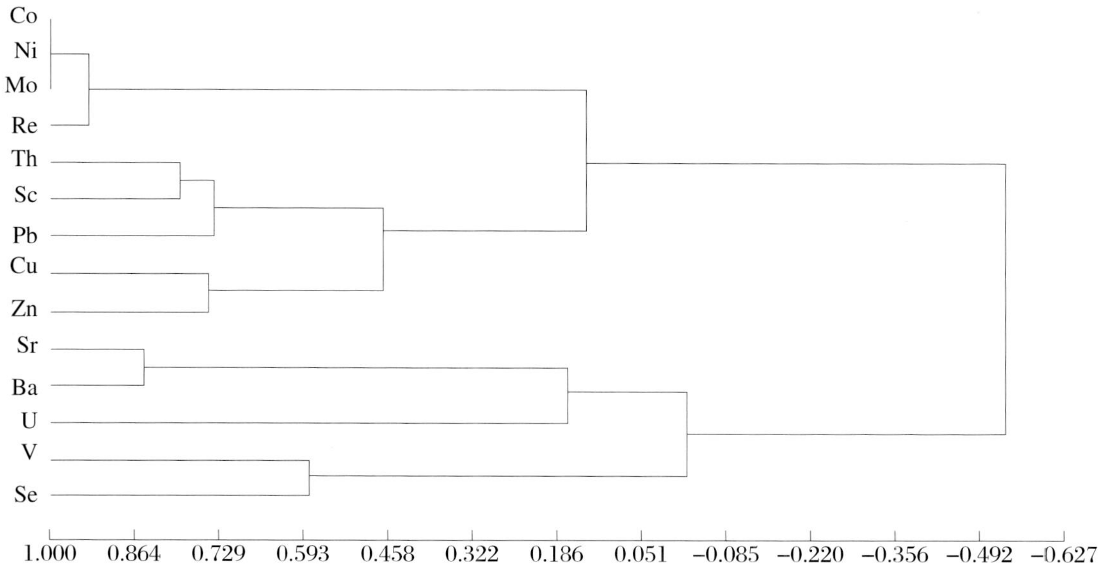

图8-21　无矿泥岩（U<0.01%）聚类分析图

第四节 铀与还原剂

（一）U与S

硫（S）是地浸砂岩型铀矿成矿的重要还原剂组分，姚家组岩石100件样品S的平均含量为0.15%，是比较富S的。主要是油气裂解及有机质分解作用的产物。当H_2S被解离时，S^{2-}与溶液中的Fe^{3+}形成黄铁矿，并还原U的沉淀，在矿床中普遍出现草莓状黄铁矿、胶状黄铁矿与沥青铀矿共生。U与S呈正相关关系（如图8-22所示），表明铀成矿与H_2S还原作用有密切相关。

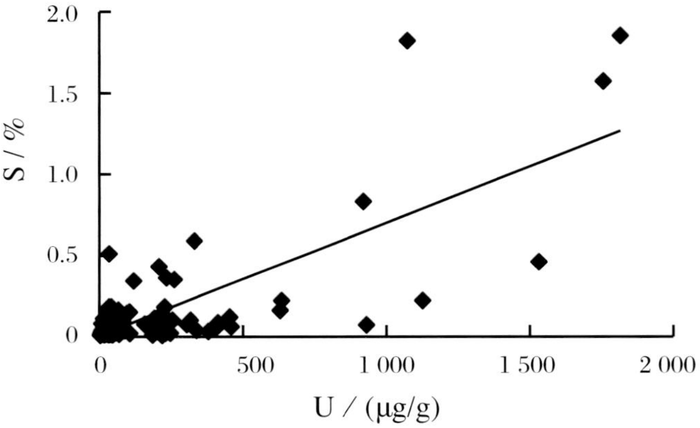

图8-22 U与S相关图
（R= 0.77）

（二）U与有机碳

岩石中有机碳（Org.C）含量也是衡量岩石还原能力的重要指标，一般认为Org.C含量≥0.1%时，岩石就具备比较好的还原能力。本区姚家组岩石39件样品Org.C平均含量为0.2%，说明姚家组砂体对铀成矿具备较好的还原能力。从U与Org.C的相关统计也指出（如图8-23所示），二者具很好的相关性，也表明铀的成矿作用与Org.C的还原作用关系密切。

（三）U与CH_4

一般认为，岩石中酸解烃的存在是深部有机气体上渗的结果，并且也是岩石还原容量的一项指标。98件样品酸解烃的主要成员CH_4含量达565.7 μl/kg，其中氧化岩石CH_4含量最高，红色砂岩平均CH_4含量达943.57 μl/kg，灰色砂岩的平均CH_4含量为

224.87 μl/kg，中、低品位矿石的CH_4含量为134.06 μl/kg，高品位矿石的CH_4含量为101.06~423.1 μl/kg。U与CH_4的统计表明，它们之间无相关关系（如图8-24所示）。岩石酸解烃含量如此之高，是深部油气上渗的重要证据之一，在钱家店铀矿床含矿层中下部及区域上均发现油浸褐黄色斑及油浸砂，这种油气渗漏扩散作用可能属铀成矿期后。

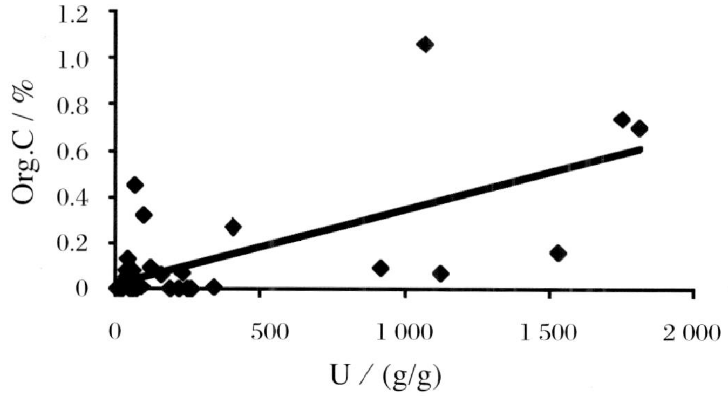

图8-23　U与Org.C相关图

（R=0.633）

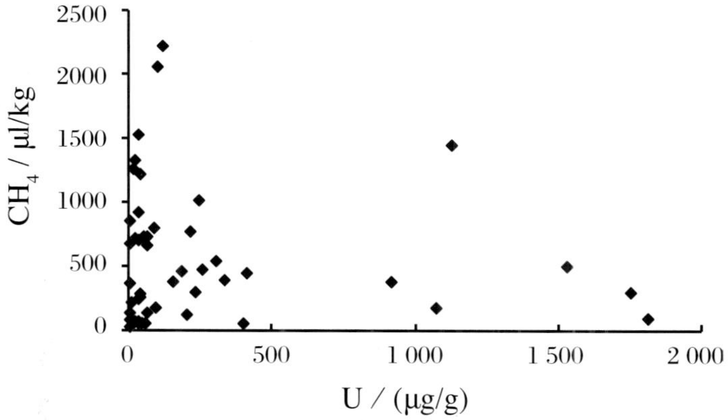

图8-24　U与CH_4相关图

（R= −0.102）

第五节　辉绿岩侵位

钻探表明，在钱家店凹陷北部浅部经常钻遇辉绿岩的分布，一般产于嫩江组顶部，下切入姚家组，而且在铀矿化较好的地段一般浅部都有辉绿岩的分布。因此应该测定辉绿岩的侵位年龄，以便推测辉绿岩侵位与铀成矿的联系。

马汉峰的博士论文对该区辉绿岩的侵位年龄进行了准确研究。在矿化很好的Ⅱ-0202孔浅部取新鲜辉绿岩样品进行Ar-Ar法同位素年龄测定，两次测定结果为：（53.0±2.3）Ma和（45.8±8）Ma（1σ），平均为（49.4±5）Ma（1σ）。该年龄结果表明，辉绿岩的侵位是古近纪本区反转构造活动时期形成，与后面将要论述的成矿流体和成矿年龄相联系。我们有理由断定辉绿岩侵位提高了地下水温度，促使地层中预富集的铀进一步改造、叠加成矿。

第六节　成矿流体地球化学特征

钱家店铀矿床晚白垩世嫩江期未至古近纪至明水期反转隆升萎缩剥蚀和古近纪伸展断陷隆升剥蚀作用形成的构造剥蚀天窗，NE、NW向贯穿断裂对本区深部油田流体的渗出和地表水的渗入创造有利的构造环境。根据矿床水文地球化学研究，钱家店铀矿床成矿水文地球化学环境在垂向具明显的分带性，自上而下可划为第四系至古近系氧化潜水带，上白垩统青山口组以下为还原性油田水带和介于二者之间的上白垩统姚家组及相邻的嫩江组与青山口组之间的姚家组为潜水-油田水混合过渡带（如图2-12所示）。

根据矿床流体包裹体研究，钱家店铀矿床含矿层姚家组岩矿石中含有大量的油气包裹体(如图8-25~图8-28所示)，这些油气包裹体主要封存于含矿砂岩碳酸盐胶结物及石英、长石碎屑颗粒的次生裂隙和脉状方介石中，油气的存在为该区深部蕴藏着油气田已为石油探井所验证。矿化带西北部NE向断裂带的发育为深部油气上升渗漏提供了通道，油气沿断裂带上升，由于泥岩隔水层的阻隔，油气向姚家组砂体(姚家组下段及姚家组上段砂体)渗透，使砂岩还原性大大增强，油气及砂岩中有机质的还原作用，为层间氧化带中含U含氧层间水中铀的还原沉淀提供了条件。

据碳酸盐中的含烃盐水包裹体的均一温度测定表明，所有的温度值均大于100 ℃，大多集中在140 ~180 ℃之间；包裹体的盐度(质量分数)为0.88%~4.34%/NaCl，其中在1.2%~2.4%/NaCl之间最多，与现测渗出流体的矿度基本一般（如图8-29、图8-30所示）。脉状方介石液相包裹体均一温度为154 ℃，盐度为4.65%/NaCl。以上表明钱家店铀矿床成矿流体属深部油田还原流体与地表氧化水混合的过渡性的低温流体，这种低温热液的形成可能与矿区存在的古近纪辉绿岩（50 Ma）活动有关，也表明该铀矿床具有热水叠加成矿作用的特点。

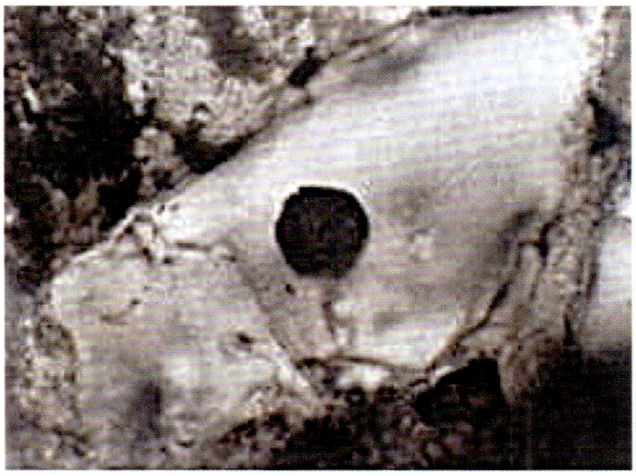

图8-25 姚家组下段灰色细砂岩石英中黑褐色液烃包体

岩石中U=616×10^{-6}（610×）

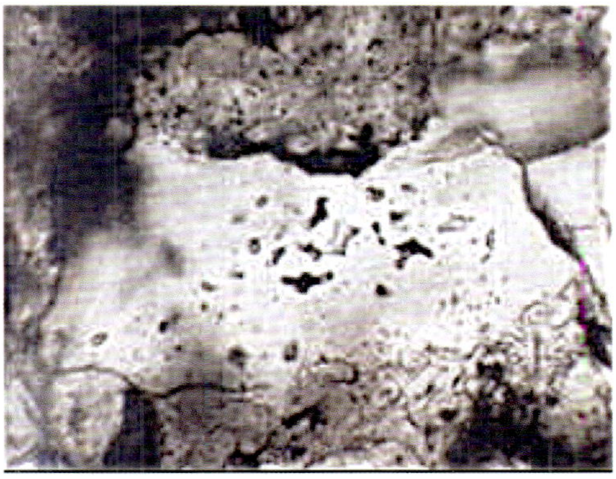

图8-26 姚家组下段灰色细砂岩石英中黑褐色液烃包体

岩石中U=616×10^{-6}（610×）

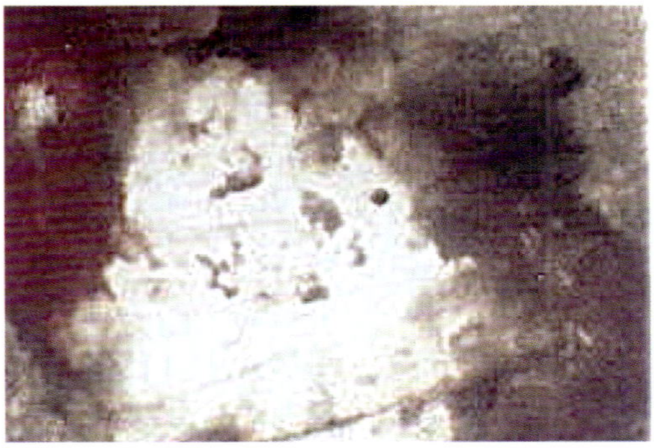

图8-27 姚家组下段灰色细砂岩白云石中深灰色丝网状沥青中的气液烃包体

岩石中U=51.2×10^{-6}（610×）

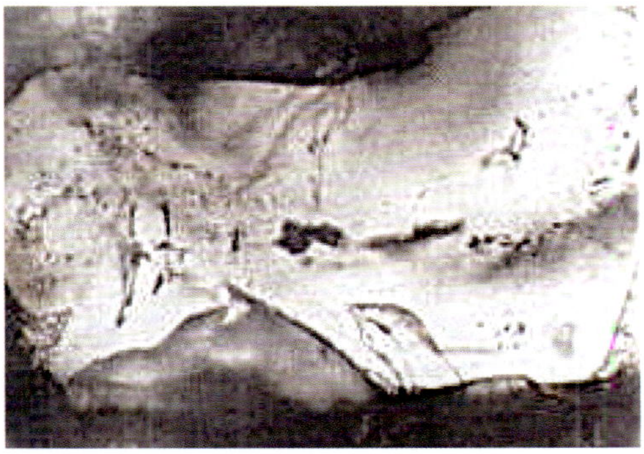

图8-28 姚家组下段灰色细砂岩石英中深黄灰黄色丝网状沥青中的气液烃包体

岩石中U=616×10^{-6}（610×）

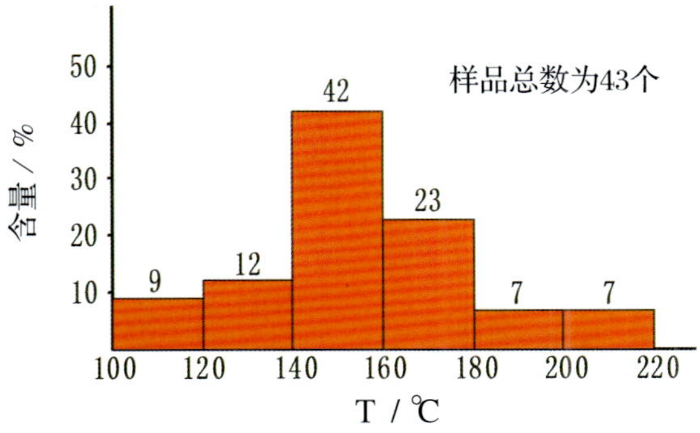

图8-29 钱家店铀矿床碳酸盐中流体包裹体均一温度

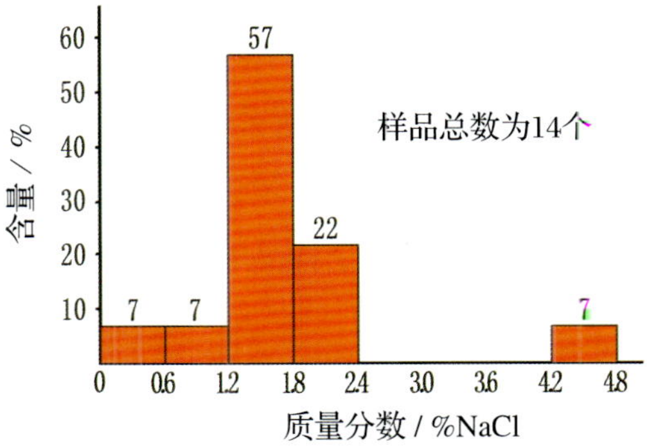

图8-30 钱家店铀矿床碳酸盐流体包裹体盐度

第七节　铀成矿年代学

成矿年代学研究是各种矿床成因机制研究中的重要课题，特别对于地浸砂岩类型铀矿床，对其成矿作用和成矿过程仍有不同的见解，相当多的学者认为是蚀源区的含铀含氧水沿着透水性砂体“鱼贯而入”，在氧化还原过渡带沉淀成矿，因而成矿是连续过程。按照这种连续成矿的观点，就不可能测定其成矿年龄，也就没有必要对沉积盆地中的砂岩型铀矿进行成矿年代学研究了。然而，成矿年龄是成矿机制研究中非常重要的依据，特别是地浸砂岩型铀矿，是连续成矿还是阶段性成矿一直是人们关注的焦点，这就需要对其成矿年龄做更精细的研究。因为在这种类型矿床中若有含铀矿物也是及其稀少或微小的，很难精选出可供测定的对象，况且铀矿物的年龄只能代表在强还原条件下的一次成矿作用，并不能完全反映整个成矿过程。因此，地浸砂岩型铀成矿年龄的测定一直是国内外同位素地质界的难题。笔者在从事地浸砂岩型铀成矿年代学研究中，采用一种特殊方法对铀矿石样品来测定其成矿年龄。业已证明我国沉积盆地砂岩型铀矿的成矿年龄具有与盆地构造演化历史密切相关、铀成矿作用是“幕式”的、具多阶段成矿特点。

笔者意识到该类型铀矿床是在特殊的地质、构造、古气候和水文地质条件下形成的。研究表明，U–Ra不平衡现象在可地浸砂岩型铀矿区几乎是一中普遍现象，表明铀矿石U–Pb同位素体系处在近代开放的状态下。这是因为近代地下水在透水性岩石中运移，使原岩中的铀有的被带走则偏镭，有的吸附了铀则偏铀。因Ra的半衰期为1 602年，所以U–Ra不平衡现象只能反映16 000年以内的铀、镭变化。近代小于16 000年铀的得失对样品的铅同位素组成没有明显的影响，但对U–Pb等时线年龄会有很大偏差。样品获得铀，使年龄偏小，样品丢失铀使年龄偏大，这是为什么一般不能用矿石样品进行U–Pb同位素年龄测定的根本原因。为此，在进行U–Pb等时线年龄计算时，笔者采取利用矿石样品U–Ra平衡系数对样品现今铀含量进行修正到U–Ra平衡系数等于1时铀含量，利用修正后的铀含量进行U–Pb等时线计算，获得了比较可靠的铀成矿年龄结果。

首先要确定每个样品的U–Ra平衡系数K_p：

$$K_p = \mathrm{Ra}/(\mathrm{U} \times 3.4 \times 10^{-7}) \tag{8-1}$$

式中：

Ra、U——样品现测镭、铀含量；

K_p——U – Ra平衡系数。

$$\mathrm{U_p} = \mathrm{U} \times K_p \tag{8-2}$$

式中：

U_p——假设样品U-Ra平衡系数K_p=1时的铀含量，即修正后的铀含量。

各样品现测和修正后铀含量以及Pb同位素测定结果见表8-7。

表 8-7　钱家店铀矿床岩（矿）石样品 U-Pb 同位素组成测定结果

序号	样品号	U / (μg/g)	Ra / (Bq/g)	K_p	U_p / (μg/g)	Pb / (μg/g)	Pb 同位素组成 / %			
							^{204}Pb	^{206}Pb	^{207}Pb	^{208}Pb
1	1605-06	45.2	1.31	2.34	105.56	22.6	1.333	27.247	20.695	50.725
2	1605-07	224.1	3.93	1.41	316.68	21.1	1.230	32.540	19.387	46.843
3	1605-08	1 106.2	9.69	0.71	780.82	56.4	1.059	40.664	17.728	40.549
4	1605-09	332.5	5.57	1.35	448.83	24.7	1.242	31.786	19.635	47.337
5	1605-37	117.6	1.81	1.24	145.85	25.3	1.323	27.531	20.672	50.474
6	1605-38	446.7	3.43	0.62	276.39	25.1	1.085	39.794	17.858	41.262
7	1605-39	719.1	4.34	0.49	349.72	54.9	0.775	55.228	14.515	29.481
8	1805-05	24.8	0.6	1.95	48.348	16.6	1.358	25.994	21.059	51.589
9	1805-06	205.3	1.73	0.68	139.40	24.6	1.327	27.568	20.735	50.370
10	1805-07	98.0	2.02	1.66	162.77	17.9	1.305	28.600	20.475	49.620
11	1805-09	309.6	4.68	1.22	377.12	20.5	1.248	31.643	19.773	47.336
12	1805-11	736.4	9.29	1.02	748.59	26.4	1.155	36.383	18.589	43.873
13	1805-13	563.2	11.16	1.60	899.27	32.4	1.166	35.904	18.599	44.331
14	0709-01	38.2	0.76	1.60	61.24	15.2	1.359	25.976	21.068	51.597
15	0709-02	86.9	1.03	0.96	83.00	19.9	1.340	26.810	20.837	51.013
16	0709-03	215.4	1.74	0.65	140.21	26.7	1.322	27.935	20.549	50.194
17	0709-04	162.8	2.12	1.05	170.83	18.9	1.241	31.867	19.506	47.386
18	0709-05	268.0	3.28	0.99	264.30	19.4	1.211	33.557	19.183	46.046
19	0709-06	457.6	7.94	1.40	639.81	31.1	1.021	43.464	16.636	38.879
20	0709-07	1 756.8	18.73	0.86	1 509.27	44.6	0.593	65.074	11.789	22.544
21	0709-08	1 908.7	17.86	0.75	1 439.16	107.6	0.786	55.291	14.011	29.912
22	0709-09	1 385.6	13.81	0.80	1 112.81	71.2	0.759	56.650	13.751	28.841
23	0508-11	58.4	0.83	1.15	67.2	16.45	1.357	27.125	20.795	50.726
24	0508-15	840.0	3.57	0.34	285.6	37.16	0.933	47.175	16.482	35.412
25	0501-13	42.5	0.45	0.85	36.1	13.15	1.319	27.519	20.655	50.509
26	0501-32	720.0	6.16	0.69	496.8	19.82	1.056	41.255	17.639	40.052
27	0501-39	223.0	2.83	1.02	227.5	17.78	1.199	32.623	19.454	45.726
28	0809-24	58.10	0.82	1.14	66.2	22.23	1.362	26.361	21.003	51.276
29	0909-4	2.09	0.042	1.30	3.4	19.36	1.375	24.889	21.334	52.405
30	0909-9	38.4	0.55	1.15	44.2	14.45	1.356	25.435	21.185	52.026
31	0909-11	96.7	0.91	0.77	74.5	34.15	1.356	25.944	21.119	51.583

利用修正后的铀含量进行U-Pb等时线年龄计算。U－Pb等时线方程式为：

$$^{206}Pb/^{204}Pb=(^{206}Pb/^{204}Pb)_0+{}^{238}U_p/^{204}Pb[\exp(\lambda t)-1] \quad (8-3)$$

式中：

$^{206}Pb/^{204}Pb$——样品Pb的同位素比值；

$(^{206}Pb/^{204}Pb)_0$——样品初始Pb的同位素比值；

$^{238}U_p/^{204}Pb$——样品的$^{238}U_p$与^{204}Pb同位素比值；

λ——^{238}U的衰变常数，为$0.000\ 155\ 125 \times 10^{-6}a^{-1}$；

t——成矿年龄。

对样品进行U-Pb等时线拟合，获得以下成矿年龄结果。

（一）同生沉积成矿年龄

0709号钻孔1501钻孔铀矿石样品的U-Pb等时线结果为（89±11）Ma的结果（如图8-31所示）。这个年龄值在误差范围内与上白垩统姚家组的沉积年龄相当，是沉积成岩期就存在铀聚集（或铀矿化）的重要证据。

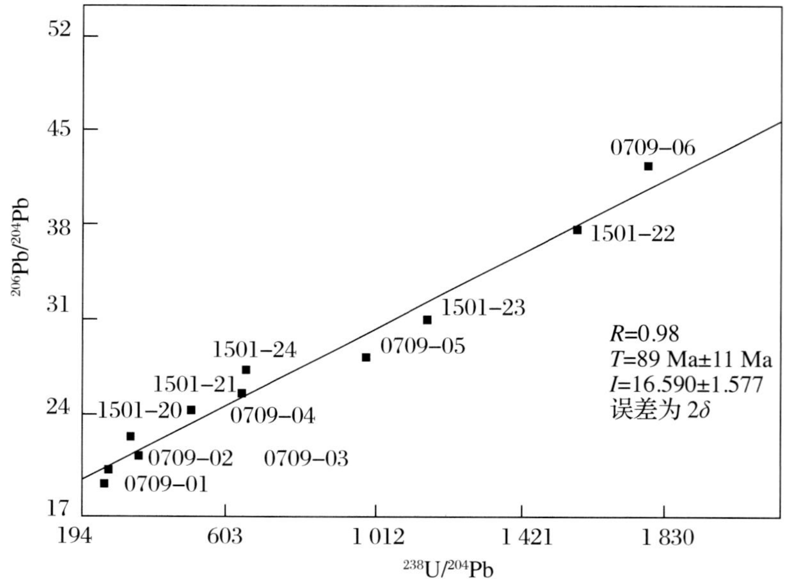

图8-31 0709孔和1501孔矿石样品U-Pb等时线图解

（二）后生叠加成矿年龄

（1）0501孔、0809孔和0909孔供9件样品（姚家组下段砂岩）构成一条很好的U-Pb等时线（如图8-32所示），其年龄为（67±5）Ma。该年龄值与白垩纪末嫩江运动相吻合，嫩江运动使本区地壳掀斜为地下水运移造成很好的水动力条件，从而有利于铀成矿。

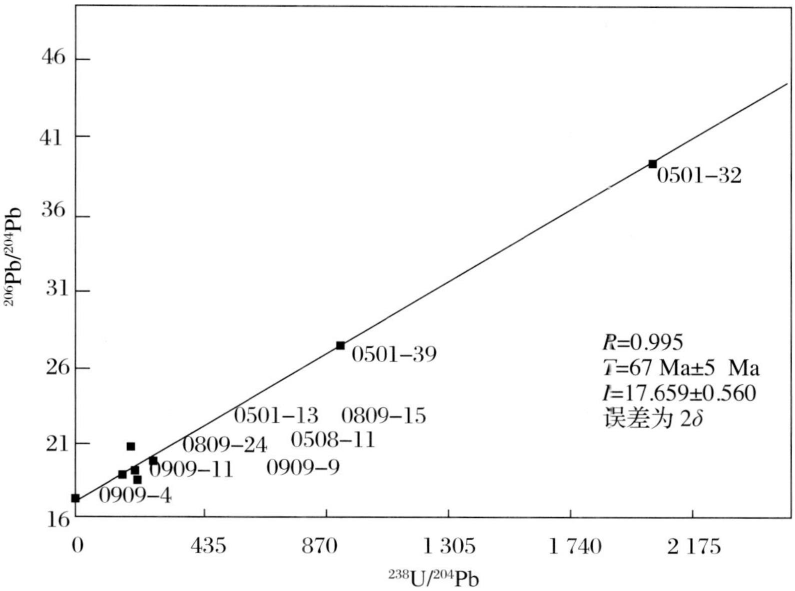

图8-32 0501、0809和0909孔矿石样品U-Pb等时线图解

（2）0101、0113、0401、0909、1601、1608等孔的样品还获得（53±3）Ma的成矿年龄（如图8–33所示）。

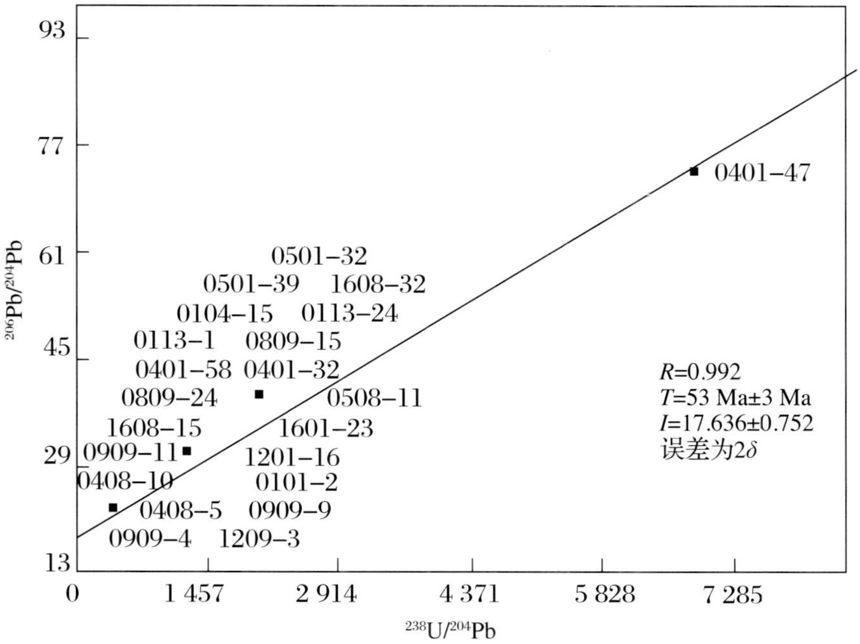

图8-33 钱家店铀矿床矿石U-Pb等时线图解

（3）0317、1805、1605孔的样品合并进行U_pB等时线处理（如图8–34所示），则获得的年龄值为（44±4）Ma。

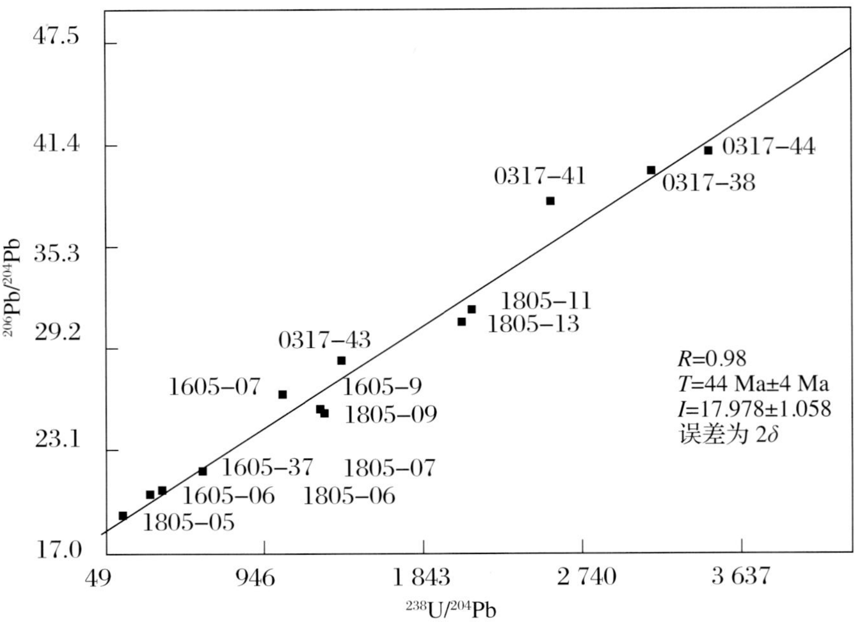

图8-34 0317、1805、1605孔矿石样品U-Pb等时线图解

对上述年龄结果进行综合归纳，获得钱家店铀矿床的成矿年龄为（89±11）Ma、（67±5）Ma、（53±3）Ma、（44±4）Ma。其中（89±11）Ma与晚白垩世姚家组沉积年龄相当，表明姚家组沉积时就有铀的富集；而（67±5）Ma、（53±3）Ma、（41±4）Ma的成矿年龄与晚白垩世末~古近纪早期该区地壳抬升掀斜和反转构造形成的构造“天窗”相以及辉绿岩侵位时间相吻合，该时期形成了有利的地下水动力学环境，使大规模的成矿作用发生。

第九章

矿床成因及成矿模式

第一节　矿床成因类型

砂岩型铀矿床按其成矿作用特点一般分为沉积成岩型、后期改造型和成岩－后期改造型三类。其中沉积成岩型是指在沉积成岩作用过程中形成的铀矿床；后期改造型铀矿床是指含矿沉积主岩形成后，由后期的外生地质作用（主要是层间氧化作用）或低温的成矿流体改造富集形成的矿床；成岩－后期改造型－褐煤型赋存于沼泽、湖泽或近海成因的褐煤沉积物内，铀都是被吸附在碳质物或铀酰腐殖酸上。陈祖伊等（2010年，内部资料）对中国砂岩型铀矿床的分类见表9-1。

表 9-1　砂岩型铀矿床的分类

大类		亚类	矿床实例
沉积成岩			汪家冲、大红山、花台寺
后生氧化	层间	层间氧化	库捷尔泰、十红滩
		古层间氧化	皂火豪
	潜水	古河谷	白音乌拉、城子山、山市
		含铀煤	达拉地、唐家沟
复成因		地沥青叠加层间（潜水）氧化	巴什布拉克
		沉积成岩叠加热液改造	大寨
		沉积成岩叠加层间氧化	钱家店
		沉积成岩叠加潜水氧化	萨瓦布齐

表9-1中把钱家店铀矿床归为沉积成岩叠加层间氧化的复成因类型，也有把其划为典型的层间氧化带型砂岩铀矿床。钱家店铀矿床具复成因特点是事实，但不能简单的定位为沉积成岩叠加层间氧化类型，更不能定位为层间氧化带类型。

钱家店铀矿床成矿特征与国内外典型的层间氧化带砂岩型铀矿床具有明显的差异。首先钱家店铀矿床氧化带并不发育，只在局部地段见到规模很小的氧化砂体。通过系统研究，钱家店铀矿床成矿作用至少经历了以下几个成矿阶段。

（一）同生沉积（预富集）铀成矿阶段

在中国已知产铀盆地都受特定沉积层位的控制，如伊犁盆地和吐哈盆地的铀矿都产于中、下侏罗统水西沟群；鄂尔多斯盆地的铀矿产于中侏罗统直罗组；二连盆地铀矿产于下白垩统白彦花群及上白垩统二连组；而松辽盆地的铀矿则产于上白垩统姚家组。这就向人们提出一个问题，为什么特定盆地铀矿一定产在特定的沉积层位中？笔者对这些产铀盆地曾做过调查和研究，其结论是：赋存铀矿的层位一定存在沉积期铀具预富集的砂体。

钱家店铀矿床铀矿化严格受层位控制（见第三章、第四章和第六章），铀矿床定位于上白垩统姚家组辫状河洼地，沉积物源是富铀的酸性火山岩类和花岗岩类，当时为干旱与潮湿交替的古气候环境，在沉积洼地的沉积物中普遍含有较高的有机质、S等强还原剂，在灰色粉砂质泥岩、灰色泥质细砂岩以及灰色细砂岩中形成铀的初始富集，铀含量普遍达到10~30 μg/g，有的地段甚至达到工业富集或富矿化的程度。据80个钻孔（姚家组下段）统计，68个钻孔见泥岩中铀矿化，其中2层泥岩见矿有19个孔，3~7层泥岩见矿有38个孔。灰色泥岩薄层或透镜体发育处，砂岩中才有工业铀矿化。另据114个钻孔资料（姚家组上段为主），有59个钻孔泥岩中有铀矿化，其中，2~5层泥岩中见矿有21孔。同样，灰色泥岩发育密集处，砂岩中才有工业铀矿化。含矿砂岩及泥岩常见有机质、草莓状黄铁矿与沥青铀矿共生，有机质含UO_2达1.26%~4.93%，也表明有同生沉积成因的铀成矿作用。更有甚者，在姚家组六个沉积旋回小层中均存在不同程度的铀矿化或不同规模的铀矿体，宏观上铀矿体产状与地层产状基本一致，不存在矿体与地层产状相交或切割现象。剖面上矿体呈似层状或透镜状，平面上呈板状或条带状产出。这些特征表明初期铀矿化与沉积作用密切相关。

0709和1501号钻孔姚家组下段的样品构成一条很好的U-Pb等时线，其年龄值为（89±11）Ma，该成矿年龄在误差范围内与上白垩统姚家组的沉积年龄相当，这也是姚家组沉积期就有铀矿化的最有力的证据。

（二）后生改造叠加铀成矿阶段

结合本区构造作用、油气活动、层间氧化作用、矿石物质成分等特点以及同位素年龄测定结果，钱家店铀矿床具有明显的后期改造叠加成矿的特点。

（1）白垩世晚期－嫩江期末至明水期发生了强烈的掀斜及断裂构造活动，断裂构造活动促使松辽盆地油田流体渗出的主要构造期，地壳掀斜使区域地层总体向NW方向缓倾，使NE和SE方向数十公里外的姚家组大面积裸露，并造成了良好的地下水动力学环境，为地表含铀含氧水渗入姚家组地层提供了良好的通道。深部含油气水沿贯通断裂上渗，在河道沉积洼地汇聚，使原生红色砂岩、灰色砂岩产生还原退色，并使顺层而来的含铀含氧水发生二次还原形成二次铀矿化。例如矿芯常为浅灰色－灰白色；有的矿芯有发红现象（钱Ⅱ-18-05孔，247 m处，姚家组上段矿体中）；矿区多个钻孔中可见有层间氧化砂岩，此种层间氧化作用与深部油气上升产生的还原环境，形成了面状氧化－还原过渡带，这个过渡带是铀的沉淀区，从而形成了板状铀矿体。

0501孔、0809孔和0909孔（67±5）Ma的U-Pb等时线年龄正好指示了这一期的铀成矿作用。

（2）古近纪至新近纪时期本区又一次较强烈的隆升和反转构造活动，在矿区NE和SW几公里范围内形成姚家组的“构造天窗”，铀矿床基本围绕“构造天窗”分布（如图9-1所示）。在天窗地段大面积出露姚家组地层，是大气降水渗入姚家组的天然“通道”，该时期［（49.4±5）Ma］伴随着辉绿岩脉的侵入。辉绿岩的侵位提高了地下流体的温度，加强了地下流体的活动能力，驱使地下水对富铀地层进一步改造，使富铀地层中的铀进一步迁移、富集，促使铀的活化迁移和成矿。NE和SE部的含铀含氧水沿斜坡顺层向姚家组深部运移并溶解地层中的铀，在沉积洼地部位还原容量增强，又与西北部沿NE向断裂渗出的深部油气水相遇，形成氧化还原地球化学障而使铀沉淀成矿，表现为大范围的白－灰白色高岭石黏土蚀变。此期成矿作用为（53±3）Ma和（41±4）Ma。

铀成矿年龄结果表明，该区砂岩型铀矿化作用与松辽盆地西南部构造演化历史和古气候密切相关。钱家店凹陷上白垩统姚家组地层是在干旱－半干旱的古气候下形成，物源为富铀的酸性花岗岩类及酸性火山岩类，因而姚家组具备了同生沉积富铀的基本条件。在白垩纪末和古近纪时期，该区地壳隆升掀斜的构造活动创造了良好的地下水动力学条件，尤其在隆升掀斜反转构造活动期间有辉绿岩脉侵入，提高了地下流体的温度，加强了地下流体的活动能力，驱使地下水对富铀地层进一步改造，使富铀地层中的铀进一步迁移、富集，并伴随着深部还原性流体的渗入，形成新的铀成矿作用。

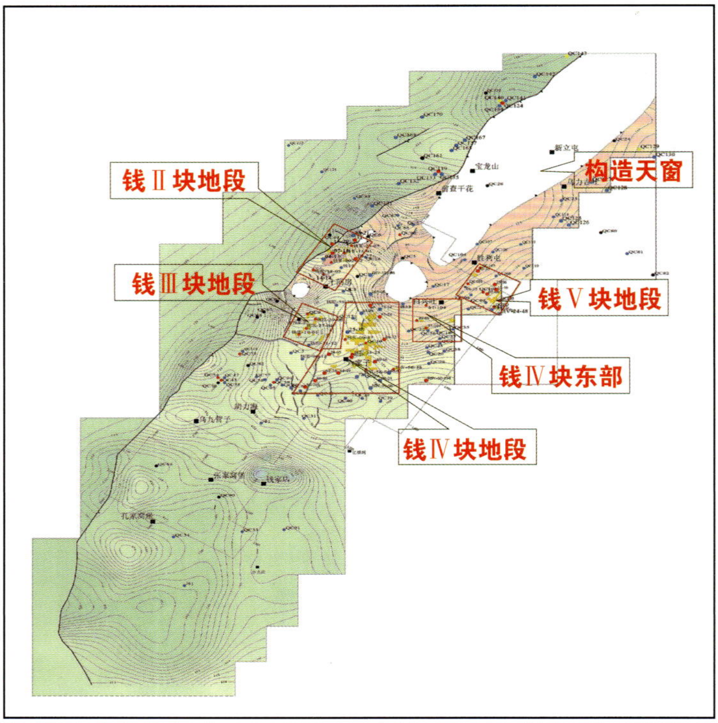

图9-1　钱家店凹陷嫩江组底界及铀矿床空间分布示意图

注：据雷安贵，2012，略修改。

因此，钱家店（钱Ⅱ块）铀矿床是同生沉积加后生改造(氧化和油气还原及热改造)叠加成因，是属于一种可地浸砂岩型铀矿床的新类型。

第二节　矿床成矿模式

国内外传统地浸砂岩型铀矿的成矿模式主要是强调富铀蚀源区的含铀含氧水以及层间氧化带的作用，强调铀源主要来源于蚀源区的含铀含氧水。如图9–2所示就是伊犁盆地南缘可地浸砂岩型铀矿成矿模式地质示意图,铀矿化严格受层间氧化带控制，铀矿体形态呈“卷状”。

根据上一节的论述，钱家店砂岩型铀矿床具有独特成矿特点和成矿过程，与典型的层间氧化带砂岩型铀矿的成矿特点和成矿过程有明显不同。考虑到钱家店铀矿床成矿特点和成矿要素，我们建立了钱家店铀矿床的“预富集–构造–层间氧化–油气还原–热改造”五位一体的成矿模式地质示意图（如图9–3所示）。该模式指出，形成钱家店式砂岩型铀矿床含矿沉积地层必须存在沉积期铀的预富集，预富集的铀是形成铀矿床的基础；地壳掀斜、贯通深部的断裂构造和构造天窗构建了良好的地下水动力学条件，并为后生氧化作用、深部油气上渗形成二次还原创造了良好的环境；辉绿岩侵位提高了地下流体温度使叠加成矿增加了另一个有利条件。

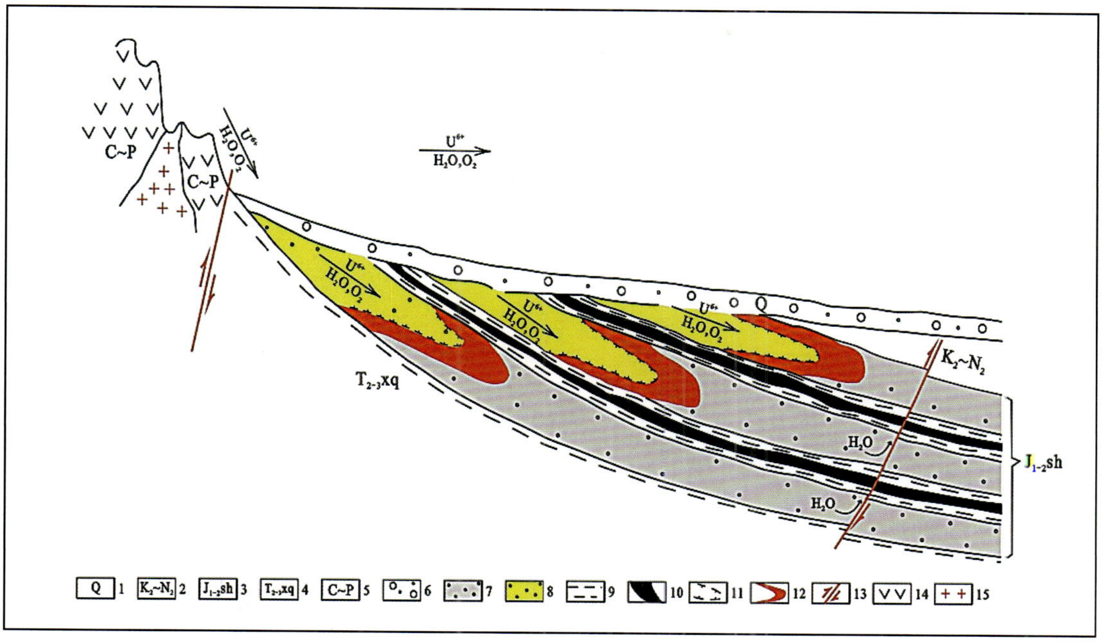

图9-2　层间氧化带型砂岩铀矿成矿模式地质示意图

1-第四系；2-下白垩至新近系；3-中下侏罗统；4-三叠系；5-石炭-二叠系；6-第四系砂砾岩；7-原生带；8-氧化砂体；9-氧化带前锋线；10-煤；11-隔水层；12-铀矿体；13-断层；14-火山岩；15-花岗岩

显然，钱家店铀矿床的成矿模式特别强调了以下几点：

（1）强调蚀源区岩石特性。尤其是富铀的中酸性火成岩类，是形成富铀的沉积砂体最原始的物质基础。

（2）强调岩相古地理。特别强调辫状河道心滩相及沉积洼地，砂体富有机质、炭屑、黄铁矿等还原性物质，是沉积砂体能有铀预富集最有利的沉积环境。

（3）强调后生改造叠加成矿环境：

贯通深部的断裂构造是油气上渗到砂体中从而提高砂体的还原容量的重要通道；

构造掀斜是沉积地层产状适中，能形成良好的地下水动力学条件；

反转构造形成的“构造天窗”是大气降水进入渗透性砂体的重要通道，从而局部发育层间氧化作用。

（4）强调沉积砂体中的铀。由钱家店铀矿床成矿模式示意图可见，成矿铀源主要是姚家组沉积砂体中自身的铀，经过氧化迁移而后又经过油气或在还原容量增高的地段沉淀成矿。

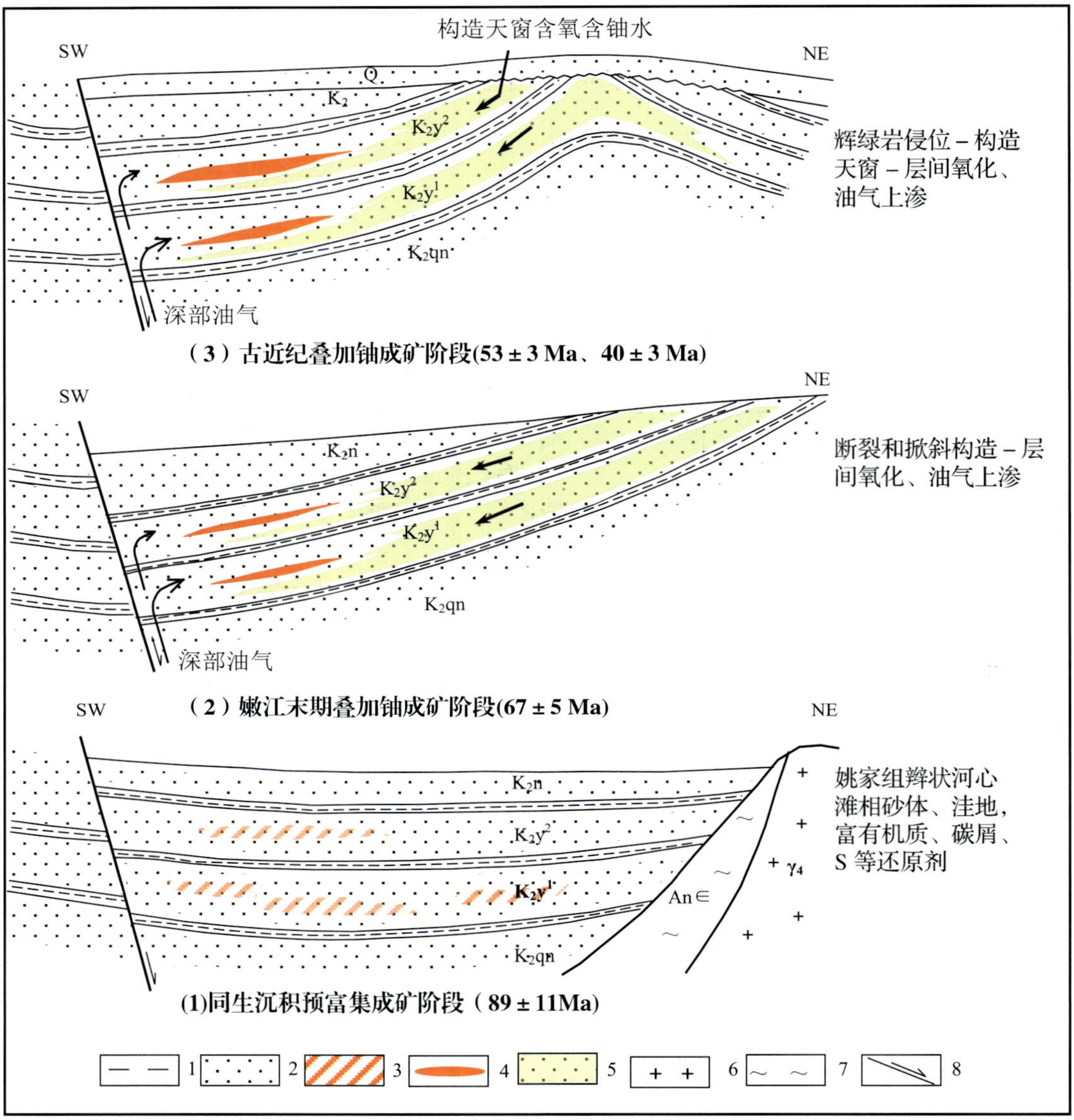

图9-3 钱家店铀矿床成矿模式地质示意图

1-泥岩 2-砂岩 3-同生沉积预富集 4-铀矿体 5-氧化砂体
6-海西期花岗岩 7-前寒武系变质岩 8-断裂

笔者在研究鄂尔多斯盆地直罗组砂岩的铀成矿作用时，通过铀成矿年代学和样品的U－Pb同位素反演，证明直罗组沉积期就存在铀富集或成矿作用，又证明直罗组氧化砂体释出的铀足以形成超大规模的铀矿床。假设一个长50 km、宽5 km、厚40 m的氧化砂体（这个氧化砂体并不算大），如果按所获得的岩石的原始铀含量（U_0）和铀的变化系数（ΔU）值计算，则结果表明可以提供35万吨的金属铀！如果其中20%的铀形成铀矿体，则可以形成7.0万吨的铀矿床。看来氧化砂体足以为铀成矿提供丰富的铀源。

值得关注的是，钱家店铀矿床另一个重要特点是所有的矿化岩石普遍偏铀，U－Ra平衡系数平均为0.77或者更低（见第七章第三节），指出钱家店铀矿床近现代还在成矿，大概有近1/4的铀资源量是近现代聚集的，其铀源来自于姚家组非矿化的砂体和泥岩类岩石，这也可能是可地浸的重要标志。

建立的钱家店铀矿床"预富集－构造－层间氧化－油气还原－热改造"的成矿模式，其核心内容是强调原始沉积地层富铀加后生改造叠加的成矿作用，成矿铀源主要是沉积砂体中自身的铀。该成矿理论很可能具有普遍性，根据中国沉积盆地砂岩型铀矿的成矿要素，坚持这种观点对盆地找矿将至关重要！

第三节　控矿因素

钱家店铀矿床产出的控制因素可概况为层位控矿、沉积相古地理控矿、岩性控矿、构造－油气－层间氧化和热改造作用控矿五个方面。

（一）层位控矿

钱家店铀矿床各个矿体均赋存于上白垩统姚家组层位砂体中。矿区东北部既有产于姚家组下段中的矿体，也有产于姚家组上段中的矿体。姚家组上部层位嫩江组及下部层位青山口组均无矿化。由于矿体产出的层控性，因而矿体走向大致与地层层位相一致，呈似层状或透镜状产出，未见矿体的穿层现象。上述特征由各个纵、横剖面图上得到印证。

（二）沉积相古地理控矿

（1）铀矿床产于河流相砂质辫状河砂体中，沉积亚相相当于辫状河的心滩，而其他相位（泛滥平原、越岸沉积等）无矿化。由于辫状河的多次改道使多个砂体重叠，形成多个沉积韵律，矿体赋存于不同韵律层的砂体中。

（2）铀矿床定位于大致呈NNE向的古洼地中，姚家组下段沉积期洼地封闭，姚家组上段沉积期古洼地向东不封口。姚家组上段洼地大于姚家组下段洼地。小洼地以灰、深灰色砂岩夹多层薄层深色泥岩为特征。

（三）岩性控矿

（1）铀矿化岩性主要赋存于灰、灰白色细砂岩中，少量于深灰色泥岩中。

（2）砂岩中富含有机质、炭屑及黄铁矿。

（3）凡含矿砂岩地段都有多个灰色泥岩层。

（四）构造—油气—层间氧化和热改造作用控矿

矿区西北部为走向NE，倾向SE的1号深断裂，由于断距大（<2 000 m），极有可能以断层为通道沟通深部油气（含矿砂体中CH_4含量达565.7 μl/kg；此外个别钻孔中见有地沥青等），使含氧含铀水与油气还原形成氧化–还原界面而产生铀的富集。

“构造天窗”也是重要的控矿因素。由于晚白垩世末至古近纪的构造掀斜和反转构造活动，在矿区的东北部形成“构造天窗”而使姚家组地层直接裸露于地表，为地表含铀含氧水渗入姚家组地层提供了良好的通道。“构造天窗”地区的含铀含氧水沿斜坡顺层向姚家组深部运移并溶解地层中的铀，在沉积洼地部位还原容量增强，又与西北部沿NE向断裂渗出的深部油气水相遇，形成氧化还原地球化学障而使铀沉淀成矿。这一控矿作用成矿年龄为（67±5）Ma、（53±3）Ma和（41±4）Ma，属于后生改造叠加成矿作用期，即晚白垩世末至古近纪时期应是本矿床主要的成矿时期。

辉绿岩的侵位（49.4±5 Ma）提高了地下水温度，促使地层中的铀进一步活化富集，叠加成矿。

第四节　找矿模式

根据前节所建立的钱家店铀矿床成矿模式（如图9–3所示）以及控矿因素的论述，建立了钱家店式成矿预测和找矿模式框架图(如图9–4所示)。

所论述的成矿条件分析都是寻找砂岩型铀矿的前提条件和理论基础，根据找矿模式，从应用和可操作角度可考虑，该类型铀矿床的找矿标志是：

（1）区域上存在富铀的蚀源区岩石，如花岗岩类或中酸性火山岩类，这是能形成富铀砂体最原始的物质基础；

（2）有利的沉积环境，即辫状河向曲流河过渡地带的沉积区，砂体中富含有机质、炭屑及黄铁矿等还原介质，有利于形成原始富铀地层；

（3）具有一定厚度（20~30 m或以上）、相对稳定、上下有隔水层的砂体；

（4）要寻找具有一定断距的深断裂及其派生断裂构造，是沟通深部还原性流体（油气或油气水）的重要通道；

（5）“构造天窗”周围的斜坡带部位值得引起重视，往往是成矿的有利部位；

（6）具有层间氧化的黄色砂体，并具有油气还原的漂白砂岩等后生改造的地质现象。

由图9–4可见，蚀源区岩石－风化剥蚀－沉积砂体－后生改造作用－铀成矿－铀成矿机理、预测评价是工作的主线；相继应该进行蚀源区岩石年龄和提供铀源能力的研究；对沉积砂体应该进行沉积物源、富集情况、后生改造作用和提供成矿铀源能力的研究；确定铀成矿年龄，为成矿机制研究提供重要依据。

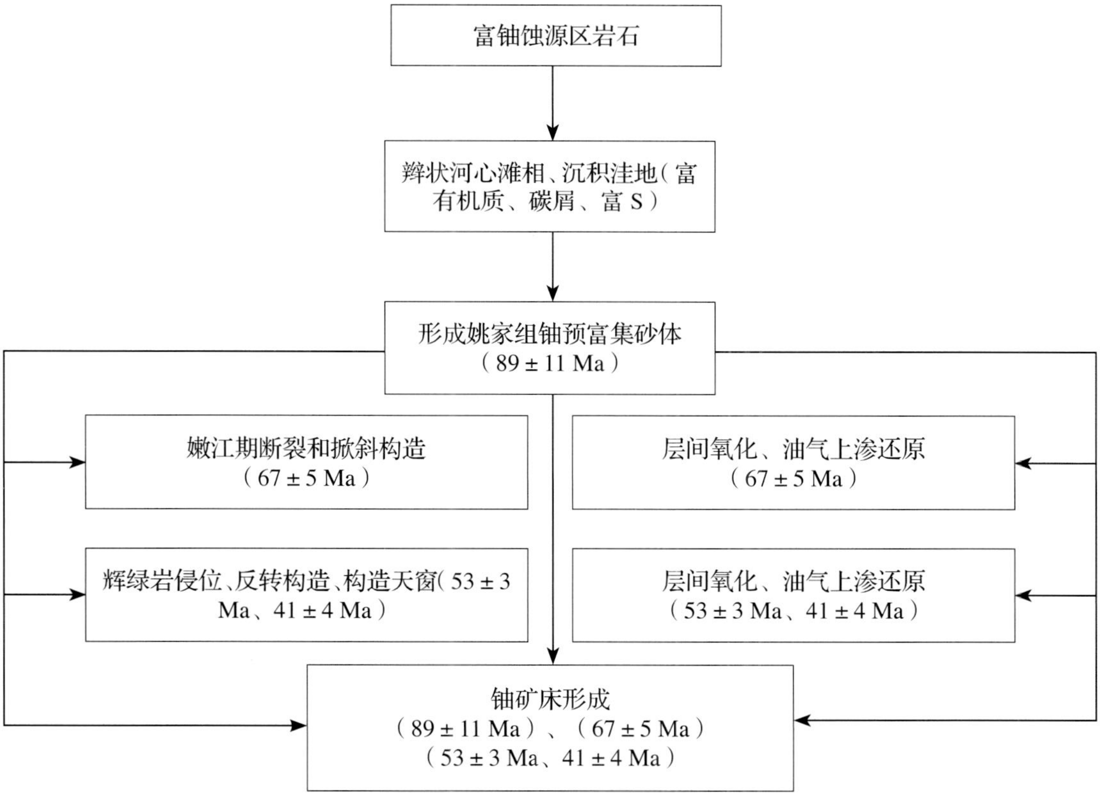

图9-4　钱家店式铀矿床成矿预测和找矿模式框架图

总之，在沉积盆地找矿首要的科技攻关问题是探索和确定在该盆地的找矿目的层，找矿目的层的首要特征是具有沉积期铀的预富集；其次要探索和确定目的层的地层结构和后生改造作用（构造抬升作用、层间氧化作用、还原条件、水动力条件等）。这个观点可能对我国在中新代沉积盆地找矿具有重要指导意义。

第十章

结论

（1）对松辽盆地西南部区域地质研究表明，松辽盆地的基底主要有中深变质岩、浅变质岩和花岗岩组成。盆地蚀源区岩浆岩以海西期、燕山期酸性、中酸性侵入岩和火山岩为主，其次为燕山期中性次火山岩、基性超基性侵入岩及新近纪、第四纪玄武岩等。整个盆地演化过程大致经历了盆地初期（早白垩世）的断陷阶段、中期（晚白垩世）的凹陷阶段和晚期（晚白垩世末期及古近纪、新近纪）的萎缩阶段。蚀源区的中酸性侵入岩类是形成富铀砂体的良好物源，也是提供含铀含氧水的重要条件。钱家店凹陷自嫩江末期至古近纪，经历了长期半干热－干热性的古气候，而这时，本区正好处于隆升剥蚀期，这对层间氧化叠加成矿作用是非常有利的。

（2）在深入研究松辽盆地的地质背景和砂岩型铀矿成矿地质条件的基础上，确定钱家店凹陷含矿层姚家组沉积属冲积扇－冲积平原沉积体系的一部分，沉积相主要属于辫状河流相，为有利成矿的岩相。该相沉积在钱家店凹陷具有很好的泥－砂－泥结构，是寻找砂岩型铀矿的目的层。这是我国新的工业铀矿化层位，是继我国西部侏罗系含矿目标层的新发现，实现了我国砂岩型铀矿含矿层位的新突破。

（3）含矿地层具有稳定的泥－砂－泥结构，含矿层上下为区域性分布较稳定的泥岩隔水层（厚5~10 m），含矿层中部还发育有一层稳定的泥岩隔水层（厚5~10 m），把姚家组地层分为上下两个含矿含水层，姚家组上段含矿砂体平均厚度68.26 m，姚家组下段含矿砂体平均厚度54.35 m。含矿主岩主要为灰色长石砂岩，以细粒砂岩为主，岩石孔隙度平均30.3%。含矿砂体在矿区中分布相对较稳定，变化不大，属辫状河流相沉积体系，含矿砂体均夹有数层灰色泥岩、粉砂岩的不连续透镜体，厚0.5~2 m。

（4）根据高分辨率层序地层学原理，将钱家店地区姚家组划分为1个三级层序，其内部又可进一步分为2个中期基准面旋回（相当于四级）和6个短期基准面旋回（相当于五级）。在单井高分辨率层序地层划分的基础上，建立了研究区以短期基准面旋回为单元的等时地层格架。

（5）铀矿化在6个砂组层中均有分布，其中厚大铀矿体主要赋存于Ⅲ、Ⅳ、Ⅴ砂组的河道边部或心滩边部位置，在泛滥平原中的次要河道中也有一定的分布。在区域上，由于受矿区东北部架马吐突起的影响，整个矿区的含矿地层均向南西方向缓倾，地层埋深从西南向东北方向逐渐变浅并向地表开启，使得地表的含铀地下水向下入渗，含矿层位因埋深的影响而从东北向西南不断变浅、变新。总之，本区的铀矿化除受断裂构造影响外，含矿层的地层结构、沉积不整合、砂体的连通性与孔渗性能、沉积物的还原容量等直接制约着铀成矿的潜力与规模大小。

（6）含矿含水层具典型的泥－砂－泥结构，顶底板隔水层产状稳定、隔水性能好。含矿含水层涌水量为27.20~108.86 m^3/d，单位涌水量为0.01~0.036 L/（s·m），较有利于地浸开采。而渗透性较差，渗透系数为0.025~0.223 m/d，地下水矿化度2.8~3.85 g/L，含矿含水层与矿体厚度比值为2.8，属可地浸的条件。尤其本矿床姚家组下段承压水水位埋深较浅，一般为5.39~7.06 m，水位标高154.28~155.77 m，承压水头高度大，一般都在232.98~264.28 m，对地浸采矿有利。这些成果为该矿床今后地浸开采工艺设计提供了必要的科学依据。

（7）查明了矿石物质成分和铀的存在形式。根据大量取样分析，矿石呈细粒结构，多数较疏松，少数胶结较好、较致密。矿石碎屑成分以长石为主，含少量岩屑；黏土矿物以高岭石为主，伊利石、伊蒙混层次之。铀在矿石中以分散状吸附为主，有利于地浸，富矿石含少量沥青铀矿。铀矿石中铀的价态研究表明，本区姚家组上段铀矿体U^{6+}/U^{4+}比值为1.27~1.89，平均为1.59，而姚家组下段铀矿石U^{6+}/U^{4+}比值0.266~1.116，平均0.761。即姚家组上段U^{6+}明显偏高。说明其成矿时环境氧化性较强。对于地浸工艺来说，姚家组上段铀矿体更有利于地浸采矿。

（8）查明了钱家店铀矿床姚家组伴生元素组合。含矿砂体与铀共生、伴生的元素主要是铼（Re）。Re元素含量分析表明，铼普遍发生富集，达到综合利用工业指标（0.2×10^{-6}），平均Re含量达0.483 μg/g，而且Re的分布与U呈很好的相关关系，与铀矿体分布相吻合。

（9）建立了钱家店铀矿床成矿规律、成矿模式及找矿模式。

1）查明了钱家店铀矿床矿体分布规律：上白垩统姚家组下段砂体分布有三层矿体，主矿体分布在姚家组下段上部；上白垩统姚家组上段砂体分布有三层矿体，主矿体分布在姚家组上段下部。

2）明确指出本矿床具有同生沉积铀成矿作用：铀矿体定位于姚家组沉积期辫状河流沉积体系中的洼地，该地段富含有机质、硫等还原剂，并富含泥岩粉砂岩透镜体，其铀含量较高。姚家组砂体对铀成矿具备较好的还原能力，有利于铀的同生沉积预富集，沉积成岩期铀的预富集是铀成矿的基础。获得同生沉积成矿年龄为（89±11）Ma，与姚家组沉积年龄相当。

3）确定了后生改造叠加铀成矿作用：①在晚白垩世晚期－嫩江末至明水期发生了强烈的反转隆升及断裂构造活动，深部含油气水沿贯通断裂上渗，并使原来的含铀含氧水发生二次还原形成二次铀矿化。矿区东南侧大范围的姚家组地层裸露区，含氧水渗入形成层间氧化作用，与深部油气渗出水相遇形成氧化－还原沉淀区，有利于铀的后生富集。②古近纪至新近纪时期本区又一次较强烈的隆升掀斜构造活动，在矿区NE和SW几公里范围内形成姚家组的构造天窗，为地表含铀含氧水渗入姚家组地层提供了良好的通道。尤其在隆升掀斜反转构造活动期间有辉绿岩脉侵入［（49.4±5）Ma］，提高了地下流体的温度，驱使地下水对富铀地层进一步改造、迁移、富集，并伴随着深部还原性流体的渗入，形成新的铀成矿作用。获得后生改造叠加成矿年龄为（67±5）Ma、（53±3）Ma和（41±4）Ma。应是本矿床主要的成矿时期。

4）明确了控矿因素及找矿方向。钱家店铀矿床产出的控制因素可概括为层位控矿、沉积相古地理控矿、岩性控矿、构造－油气－层间氧化和热改造作用控矿五个方面。

5）建立了钱家店铀矿床的“预富集－构造－层间氧化－油气还原–热改造”五位一体的成矿模式。该成矿模式的核心内容是：①蚀源区岩石是形成富铀的沉积砂体最原始的物质基础。②辫状河道心滩相及沉积洼地，砂体富含有机质、炭屑、黄铁矿等还原性物质，是沉积砂体能有铀预富集最有利的沉积环境。③贯通深部的断裂构造是油气上渗到砂体中从而提高砂体的还原容量的重要通道，从而形成面状氧化还原带区；构造掀斜使沉积地层产状适中，能形成良好的地下水动力学条件；反转构造形成的“构造天窗”是大气降水进入渗透性砂体的重要通道，从而进一步发育层间氧化作用。④构造掀斜使沉积地层产状适中，能形成良好的地下水动力学条件。⑤反转构造形成的“构造天窗”是大气降水进入渗透性砂体的重要通道，从而进一步发育层间氧化作用。⑥成矿铀源主要是姚家组沉积砂体中自身的铀。

6）钱家店铀矿床近现代还在成矿。矿化岩石普遍偏铀，U－Ra平衡系数平均为

0.77或者更低，这说明大概有近1/4的铀资源量是近现代聚集的。非矿化岩石（砂岩和泥岩类）普遍偏镭，说明近现代的成矿铀源来自于姚家组非矿化的砂体和泥岩类岩石。

因此，确定钱家店（钱Ⅱ块）铀矿床是同生沉积加后生改造叠加成因的砂岩型铀矿床。

（10）在沉积盆地找矿的科技攻关问题：首先必须探索和确定在该盆地的找矿目的层，找矿目的层的重要特征是具有沉积期铀的预富集；其次要探索和确定目的层的地层结构和后生改造作用（构造抬升作用、层间氧化作用、还原条件、水动力条件等）。

松辽盆地是我国北方第三大陆相沉积盆地，钱家店大型砂岩铀矿床的发现和落实不仅增加了我国地浸砂岩型铀矿的资源量，而且对进一步在松辽盆地乃至其他沉积盆地寻找铀矿都有重要启示作用；不仅坚定了在我国东北部地区继续寻找和突破新的砂岩铀资源的信心，而且对我国同类铀矿的勘查也具有重要的实际和理论意义。

钱家店铀矿床在我国是渗透性偏低但地浸采矿效益好的铀矿床，建立的地浸矿山属绿色环保型矿山，已成为科尔沁草原一颗灿烂的明珠。

感　　谢

感谢核工业北京地质研究院领导：赵凤民院长、李德连院长、马飞院长、李子颖院长先后对钱家店铀矿的评价、预测和落实所进行的精心指导和大力支持。

感谢辽河油田为我们提供了研究项目和方便的野外工作条件，特别是陈义贤、郑纪伟、李真济等为我们提供了相关资料和工作指导。

感谢多年来与我共同工作的同事们：林锦荣、李子颖、刘汉彬、李胜祥、陈戴生、黄世杰、郑懋公、孙丕诺、陆士立、朱杰辰、李林强、修群业、范光、欧光习、王志明、李月湘、董文明、马汉峰、韩军等，本书的许多成果与他们的辛勤劳动和心血是分不开的。

感谢夭华、范光对本书初稿进行了认真阅读，提供了宝贵的修改补充意见。修群业对最终出版稿进行了认真校对。

在此，笔者再一次对上述学者表示衷心感谢！

参 考 文 献

[1] 王东坡，刘立，张立平，吕传江. 松辽盆地白垩纪古气候沉积旋回层序地层. 长春:吉林大学出版社，1995.

[2] 王东坡，刘招君，刘立. 松辽盆地演化与海平面升降. 北京：地质出版社，1994.

[3] 辽河油田石油地质志编辑委员会. 中国石油地质志（卷3）——辽河油田. 北京：石油工业出版社，1987.

[4] 李德生. 中国含油气盆地的构造类型. 石油学报，1982（3）.

[5] 高瑞祺，等. 松辽及外围盆地油气勘探新进展. 北京：石油工业出版社，1995.

[6] 高瑞祺，蔡希源，等. 松辽盆地油气田形成条件与分布规律. 北京：石油工业出版社，1997.

[7] 陈义贤，等. 辽西及邻区中生代火山岩. 北京：地震出版社，1997.

[8] 张功成，等. 裂陷盆地分析原理和方法——以松辽盆地为例. 北京：石油工业出版社，1996.

[9] 张功成，徐宏，等. 中国含油气盆地构造. 北京：石油工业出版社，1999.

[10] 冯增昭. 沉积岩石学. 北京：石油工业出版社，1994.

[11] 高锡兴. 中国含油气盆地油田水. 北京：石油工业出版社，1994.

[12] 李兴国. 陆相储层沉积微相与微型构造. 北京：石油工业出版社，2000.

[13] 侯读杰，汉子辉，等. 松辽盆地石油地球化学研究新进展. 北京：石油工业出版社，1999.

[14] 王骏，王东坡，C.A.乌沙科夫，等. 东北亚沉积盆地的形成演化及其含油气远景.北京：地质出版社，1997.

[15] 陈肇博. 认识形势 统一思想 加快寻找“可地浸”砂岩型铀矿. 核地质经济,1998（1）.

[16] 陈祖伊，张书成，陈跃辉，等［译］. 沉积岩中稀有金属——铀的成矿作用. 核工业北京地质研究院科技信息中心，1997.

[17] 陈戴生. 我国中新生代盆地砂岩型铀矿研究现状及发展方向的探讨. 铀矿地质，1994，10（4）.

[18] 陈戴生，等. 伊犁盆地层间氧化带砂岩型铀矿成矿模式. 铀矿地质，1997，13（6）.

[19] 田万文，等. 松辽盆地可地浸砂岩铀矿调研. 核工业240研究所，核科技报告，1996.

[20] 赵忠华，等. 松辽盆地南部可地浸砂岩铀矿水文地质条件研究. 核工业240研究所，核科技报告，1997.

[21] 赵忠华，刘广传，等. 松辽盆地白城－开鲁地区可地浸砂岩型铀矿1∶50万区调. 核工业240研究所，核科技报告，1997.

[22] 方锡衡，等. 松辽盆地可地浸砂岩型铀矿成矿条件分析及远景预测. 核工业北京地质研究院，核科技报告，1997.

[23] 杜化宇，等. 松辽盆地南部地区航测遥感综合调查报告. 核工业航测遥感中心，科研报告，1998.

[24] 张振强，赵忠华，等. 松辽盆地南部可地浸砂岩型铀成矿环境及远景区段选择. 核工业240研究所，核科技报告，1999.

[25] 狄永强，我国北西部周边国家中新生代砂岩铀矿盆地的成矿条件分析. 铀矿地质，1998，14（4）.

[26] 王仲刚，等. 稀土元素地球化学. 北京：科学出版社，1989.
[27] 刘英俊，等. 元素地球化学. 北京：科学出版社，1984.
[28] 李群，刘招君. 松辽盆地南部西部斜坡区层序地层学研究——从地表地层学到层序地层学. 北京：石油工业出版社，1997：73-78.
[29] 李群 . 松辽盆地西北地区层序地层学研究——从地表地层学到层序地层学. 北京：石油工业出版社，1997：79-83.
[30] 瞿辉，郭齐军. 松辽盆地东南隆起区陆相层序地层学分析——地表地层学到层序地层学. 北京：石油工业出版社，1997：90-95.
[31] 蔡希源，陈章明，王玉华，等. 松辽两江地区石油地质分析. 北京：石油工业出版社，1999.
[32] 张卫海. 开鲁盆地陆家堡西部凹陷地震地层学研究. 第五届全国沉积学及岩相古地理学术会议论文集，乌鲁木齐：新疆科技卫生出版社，1997：527-530.
[33] 赵霞飞，等. 松辽盆地东北部白垩系泉头组三、四段古河流系统与油气分布. 沉积学及岩相古地理新进展，北京：石油工业出版社，1995：151-153.
[34] 辛仁臣，等. 松辽盆地中生代三角洲类型、主要控制因素及特征. 沉积学及岩相古地理新进展，北京：石油工业出版社，1995：154-156.
[35] 池英柳，等. 陆相层序地层学研究方法. 沉积学及岩相古地理新进展， 北京：石油工业出版社，1995：467-470.
[36] 梅冥相，等. 层序地层、旋回地层及其与岩石地层的关系. 沉积学及岩相古地理新进展，北京：石油工业出版社，1995：474-476.
[37] 陈国群，陈发景. 松辽盆地反转构造. 北京：地质出版社，1998.
[38] 龙胜祥，等. 含油气盆地分析与资源评价——以松辽盆地十屋－德惠地区为例. 北京：地质出版社，1999.
[39] 姜生兴，李华启，等. 层序地层学原理及应用. 北京：石油工业出版社，1996.
[40] 朱筱敏. 层序地层学. 北京：石油大学出版社，2000.
[41] 朱筱敏. 层序地层学原理及应用. 北京: 石油工业出版社, 1998.
[42] 刘建明，等. 盆地流体中有机组分的成矿效应. 矿物岩石地球化学通报，2000，19(3).
[43] 刘建明，等. 论盆地流体成矿／成烃作用的耦合关系. 矿物岩石地球化学通报，2000，19(2).
[44] 刘建明，等. 沉积盆地动力学与盆地流体成矿. 矿物岩石地球化学通报，2000，19(2).
[45] 刘建明，等. 盆地流体及其成矿作用. 矿物岩石地球化学通报，2000，19(2).
[46] 韩德仁，等. 层间氧化带砂岩型铀矿区域预测准则及其在新疆准噶尔盆地东部的运用. 铀矿地质, 1995.
[47] 胡见义，等. 中国陆相石油地质理论基础. 北京: 石油工业出版社, 1991.
[48] 黄世杰. 层间氧化带砂岩型铀矿的形成条件及找矿判据. 铀矿地质, 1994, 10（1）
[49] 简晓飞，秦立峰. 浅谈中亚地区层间氧化带砂岩型铀矿成矿作用. 铀矿地质, 1996, 12（2）.
[50] 李思田，林畅松，解习农，等. 大型陆相盆地层序地层学研究. 地学前缘, 1995, 2（3－4）.
[51] 李思田. 含能源盆地沉积体系. 武汉: 中国地质大学出版社, 1996.
[52] 李思田，卢宗盛，等. 能源盆地沉积体系. 武汉：中国地质大学出版社，1996.
[53] 李思田，路凤香，等. 中国东部及邻区中、新生代沉积盆地演化及动力学背景. 武汉：

中国地质大学出版社，1997.
[54] 李文厚，林晋炎，袁明生，等. 吐鲁番-哈密盆地的两种粗碎屑三角洲. 沉积学报，1996，14（3）.
[55] 孙圭，赵致和，牟长林，等. 中亚及邻区地浸砂岩铀矿. 核工业西北地勘局科技处，1994.
[56] 孙圭，赵致和. 中国北西部铀矿地质. 核工业西北地质局，1998.
[57] 吴崇筠，薛叔浩，等. 中国含油气盆地沉积学. 北京：石油工业出版社，1993.
[58] 中国核工业总公司地质总局. 中国铀矿找矿指南. 1997.
[59] 陈毓川，叶天竺，等. 中国主要成矿区带矿产资源远景评价. 北京：地质出版社，1999.
[60] 陈毓川，等. 当代矿产资源勘查评价的理论与方法. 北京：地震出版社，1999.
[61] 田在艺，张庆春. 中国含油气盆地岩相古地理与油气. 北京：地质出版社，1997.
[62] 程裕淇. 中国区域地质概况. 北京：地质出版社，1994.
[63] 丘东洲. 中国中新生代陆相盆地沉积分类探讨. 沉积学报，1988，6（2）：50－59.
[64] 朱夏，等. 中国中、新生代构造与含油气盆地. 地质学报，1983，3：235－241.
[65] 陈功，等. 中国中、新生代盆地铀矿的成矿条件及成因模式探讨. 地质学报，1983，3：283－293.
[66] 陈功. 外生铀矿床成矿铀质来源与资源评价若干问题. 沉积学报，1987，5（3）.
[67] 于文卿，孙希，于恩君，屈旭钧. 松辽盆地白垩纪地质时代划分. 铀矿地质，1999，15（5）.
[68] 于文卿. 松辽盆地演化历史和铀成矿地质条件. 铀矿地质，1998，14（5）.
[69] 于文卿，李长顺. 松辽盆地可地浸砂岩型铀矿成矿地质条件. 铀矿地质，1996，12（1）.
[70] 王金平. 陕甘宁盆地层间氧化带砂岩型铀矿成矿远景研究. 铀矿地质，1998，14（6）.
[71] 中华人民共和国核行业标准：γ测井规范.（EJ/T－611—91）
[72] 夏毓亮，林锦荣，侯艳先，刘汉彬，范光. 伊犁盆地砂岩型铀矿同位素地质特征. 矿物岩石地球化学通报，2001，20（4）.
[73] 夏毓亮，林锦荣，李子颖，刘汉彬，侯艳先，范光. 海拉尔盆地西部砂岩型铀矿成矿年龄研究. 铀矿地质，2004，20（3）：146－150.
[74] 夏毓亮，林锦荣，李子颖，刘汉彬，侯艳先，范光. 海拉尔盆地西部蚀源区岩石提供铀源能力的研究. 铀矿地质，2006.
[75] 夏毓亮，林锦荣，刘汉彬，等. 中国北方主要产铀盆地砂岩铀矿成矿年代学及成矿铀源研究. 中国核科技报告, 北京：原子能出版社，2004年第2集，79-87.
[76] 夏毓亮，刘汉彬. 地浸砂岩型铀矿成矿年代学研究. 地球学报，2005，26（增刊）：127-129.
[77] 夏毓亮，刘汉彬. 鄂尔多斯盆地东胜地区直罗组砂体铀的预富集与铀成矿. 世界核地质科学，2005，22（4）：187－190.
[78] 夏毓亮，林锦荣，李子颖，等. 松辽盆地钱家店凹陷砂岩型铀矿预测评价和铀成矿规律研究. 中国核科技报告，CNIC-1735，北京：原子能出版社，2003年.
[79] 夏毓亮，林锦荣，李子颖，李林强，等. 松辽盆地钱家店铀矿床成矿特征和成矿模式. 矿床地质，2010，29（增刊）：154－155.
[80] 夏毓亮，李林强. 钱家店铀矿床地质特征和成因机制研究. 北京：核地质科技论文集，地质出版社，2009，65－71.

[81] 夏毓亮. 岩石样品U_0和ΔU值的计算. 铀矿地质, 2004,20(6).
[82] 夏毓亮，修群业，等. 地浸砂岩型铀矿床U-Ra平衡系数研究及其地质意义. 铀矿地质，2013，29（2）.
[83] 张金带，简晓飞，等. 中国北方中新生带沉积盆地铀矿资源调查评价（2000-2010）. 北京：地质出版社，2013.
[84] 张金带. 进入新世纪以来铀矿地质工作的探索与实践. 北京：中国原子能出版社，2013.
[85] M.Ф.马克西莫娃,E.M.什玛廖维奇. 夏同庆，等译. 层间渗入成矿作用. 核工业西北地质局二O三研究所, 1996.
[86] C.K.威尔格斯，等. 层序地层学原理. 北京: 石油工业出版社, 1993.
[87] E.N.哈什曼，S.S.亚当斯. 秦楚笛译. 陆相砂岩卷型铀矿床地质学和识别判据. 北京：原子能出版社, 1988.
[88] A.И别列里曼. 熊福清，等译. 水成铀矿床. 核工业西北地质局二O三研究所, 1995.
[89] P.И.戈利得什金，等. 狄永强，等译. 中亚自流盆地的成矿作用. 北京：地震出版社，1996.
[90] X.K.卡里莫夫，等. 狄永强，等译. 乌兹别克斯坦共和国乌奇库杜克型铀矿床. 核工业总公司地质总局，1997.
[91] 《沉积构造与环境解释》编著组. 沉积构造与环境解释. 北京: 科学出版社, 1991.
[92] P.A.艾伦，J.R.艾伦，陈全茂，等译. 盆地分析-原理与应用. 北京: 石油工业出版社, 1995.
[93] W.I.Finch，刘士偶，译. 关于砂岩型铀矿床的结论. 国外铀矿地质, 1987,（2）.
[94] W.E.盖洛韦，D.K.霍布德. 陆源碎屑沉积体系在石油、煤和铀勘探中的应用. 北京：石油工业出版社，1989.
[95] Chen Zhaobo. “Double mixing” genetic model of uranium deposits in volcanic rocks and relationship between China' s Mesozoic vein-type uranium deposits and Pacific plate tectonics, Metallogenesis of uranium (Proc. 26th IGC, Belgrade, 1981).
[96] International Atomic Energy Agency, Geological Environments of Sandstone-Type Uranium Deposits, IAEA-TECDOC-328, IAEA, Vienna, 1985.
[97] International Atomic Energy Agency, Guidebook to Accompany IAEA Map: World Distribution of Uranium Deposits, IAEA, Vienna, 1996.
[98] Dahlkamp Franz J. Uranium Ore Deposits, Springer-Verlag, 1991.
[99] Adams SS, Cramer RT. Data-process-criteria model for roll-type uranium deposits. IAEA-TECDOC-328,383-399,Vienna,1985.
[100] Catchpole G, Kirchner G. The Crow Butte ISL project-A case history. IAEA-TECDOC-720, Vienna, 1993.
[101] Collings SP, Knode RH. Geology and discovery of the Crow Butte uranium deposit, Dawes County, Nebraska .Wyoming Fuel Company,1983.
[102] Comte D, Blachere H, Varlet M. Geologic environment of uranium deposits in the Permian of Lodeve Basin. IAEA-TECDOC-328,Vienna,1985.
[103] Dooley JR, Harshman EN, Rosholt JN. Uranium – lead ages of the uranium deposits of the Gas Hills and Shirley Basin, Wyoming. Economic Geology, 1974, 69:527-531.

[104] Finch WI, Davis JF. Sandstone – type uranium deposits – an introduction. TECDOC – 328, 11 – 19, Vienna, 1985.
[105] Finch WI. Sandstone-type uranium deposits – summary and conclusions. IAEA-TECDOC-328, 401—408, Vienna, 1985.
[106] Galloway WE. The depositional and hydrogeologic environment of Tertiary uranium deposits, South Texas Uranium Province. IAEA-TECDOC-328, 215-227, Vienna, 1985.
[107] Goldhaber MB, Reynolds RL, Rye RO. Origin of a South Texas roll-type uranium deposits: Ⅱ.Petrology and sulfur isotope studies. Econmic Geology,1978,73（8）:1690-1705.
[108] Landais P. Organic geochemistry of sedimentary uranium ore deposits. Ore Geology Reviews, 1996, 11:33-51.
[109] Langen RE, Kidwell AL. Geology and geochemistry of the Highland uranium deposit, Converse County, Wyoming. Mountain Geologist,1974,11（2）:85-93.
[110] Lovley DR, Phillips EJP, Gorby YA, Landa ER. Microbial reduction of uranium. Nature, 1991, 350: 413-416.
[111] Ludwig KR, Simmons KR,Webster JD. U-Pb isotope systematic and apparent ages of uranium ores, Ambrosia Lake and Smith Lake districts, Grants mineral belt, New Mexico. Econ.Geol.,1984,79:322-337.
[112] Ludwig KR. Uranium-daughter migration and U/Pb isotope apparent ages of uranium ores. Shirley Basin, Wyoming. Econ.Geol.1978,73:29-49.
[113] Mays WM. Restoration of groundwater at three in-situ uranium mines in Texas. IAEA-TECDOC-720, Vienna, 1993.
[114] Miller-Corbett C, Konwinski GR, Grimm JP. Regulatory requirements for development of in situ leach mining in the United States of America. IAEA-TECDOC-720, Vienna, 1993.
[115] Mueller A, Halbach P. The Anderson mine （Arizona）-an early diagenetic uranium deposit in Miocene lake sediments. Econ. Geol., 1983,78:275-292.
[116] Nash JT, Granger HC, Adams SS. Geology and concepts of genesis of important types of uranium deposits. Econ. Geol., 1981,75:63-116.
[117] Reynolds RL, Goldhaber MB, Carpenter DJ. Biogenic and nonbiogenic ore-forming processes in the South Texas uranium district: evidence from the Panna Maria deposit: Economic Geology,1982,77:541-556.
[118] Reynolds RL, Goldhaber MB. Iron disulfide minerals and the genesis of roll-type uranium deposits: Economic Geology, 1983,78:105-120.
[119] Sanford RF. A new model for tabular type uranium deposits.Econ.Geol.,1992,87:2041-2055.
[120] Skorovarov JI, Fazlullin MI. Underground leaching of uranium in the Commonwealth of Independent States. IAEA-TECDOC-720,Vienna,1993.
[121] Tauchid M, et al. World uranium production and demand: A review.IAEA-TECDOC-720,Vienna,1993.
[122] Underhill DH. In-situ leach uranium mining in the United States of America: Past, present and future. IAEA-TECDOC-720,Vienna,1993.

[123] Venatovskij IV. Study of the geotechnical conditions of uranium deposits in Uzbekistan during exploration work. IAEA-TECDOC-720, Vienna, 1993.

[124] Walton AW, Galloway WE, Henry CD. Release of uranium from volcanic glass in sedimentary sequences: an analysis of two systems. Economic Geology, 1981,76:69-88.

[125] Wilde AR, Wall VJ. Geology of the Nabarlek uranium deposit. Northern Teritory, Australia. Econ. Geol. ,1987, 82: 1152-1168.

[126] Crawely RA, Holen HK, Chenoweth WL. Geology and application of geologic concepts, Morrison Formation, Grants Uranium region, New Mexico, USA.IAEA-TECDOC-328, Vienna, 1983.

[127] Report of the working group on Uranium Geology (1985): Geologic environments of sandstone-type Uranium deposits, International Atomic Energy Agency, Vienna, Austria.

[128] Adler HH. Concepts of uranium -ore formation in reducing environments in sandstones and other sediments, information of Uranium Ore Deposits, International Atomic Energy Agency, 1974, 141-168.